普通高等教育"十一五"国家级规划教材
全国高职高专教育土建类专业教学指导委员会规划推荐教材

合同管理与工程索赔

(建筑工程管理与建筑管理类专业适用)

本教材编审委员会组织编写
李永光 主编
郝风春 主审

中国建筑工业出版社

图书在版编目(CIP)数据

合同管理与工程索赔/李永光主编. —北京:中国建筑工业出版社,2007

普通高等教育“十一五”国家级规划教材. 全国高职高专教育土建类专业教学指导委员会规划推荐教材

ISBN 978-7-112-08944-4

Ⅰ.合... Ⅱ.李... Ⅲ.①建筑工程—经济合同—管理—高等学校:技术学校—教材②建筑工程—索赔—高等学校:技术学校—教材 Ⅳ.TU723.1

中国版本图书馆CIP数据核字(2007)第068802号

普通高等教育“十一五”国家级规划教材

全国高职高专教育土建类专业教学指导委员会规划推荐教材

合同管理与工程索赔

(建筑工程管理与建筑管理类专业适用)

本教材编审委员会组织编写

李永光 主编

郝风春 主审

*

中国建筑工业出版社出版、发行(北京西郊百万庄)

各地新华书店、建筑书店经销

北京千辰公司制版

北京富生印刷厂印刷

*

开本:787×1092毫米 1/16 印张:13¾ 字数:330千字

2007年7月第一版 2012年8月第六次印刷

定价:**25.00**元

ISBN 978-7-112-08944-4

(20884)

(邮政编码 100037)

本书是普通高等教育“十一五”国家级规划教材，主要介绍建设工程相关法律制度和基础知识、建设工程合同管理、国际工程合同管理、工程索赔和反索赔等内容并附有一定数量的案例。

本书注重案例教学，体现产学结合，密切联系工程实践，吸收了国内外合同管理和索赔的最新成果，内容新颖，体系完整。本书从建筑工程合同管理的实务出发，注重实用性、可操作性和知识体系的完整性。为了加深理解，书中介绍了近50个有代表性的合同管理和索赔的案例，并从多个角度逐一作了分析和评价。本书可以作为高职高专工程管理类专业教材和教学参考书，同时也可作为建筑施工企业、工程咨询和监理公司以及建设单位工程管理人员的参考书。

*　　*　　*

责任编辑：张　晶
责任设计：赵明霞
责任校对：安　东　陈晶晶

本教材编审委员会名单

序　言

全国高职高专教育土建类专业教学指导委员会工程管理类专业指导分委员会(原名高等学校土建学科教学指导委员会高等职业教育专业委员会管理类专业指导小组)是建设部受教育部委托,由建设部聘任和管理的专家机构。其主要工作任务是,研究如何适应建设事业发展的需要设置高等职业教育专业,明确建设类高等职业教育人才的培养标准和规格,构建理论与实践紧密结合的教学内容体系,构筑"校企合作、产学结合"的人才培养模式,为我国建设事业的健康发展提供智力支持。

在建设部人事教育司和全国高职高专教育土建类专业教学指导委员会的领导下,2002年以来,全国高职高专教育土建类专业教学指导委员会工程管理类专业指导分委员会的工作取得了多项成果,编制了工程管理类高职高专教育指导性专业目录;在重点专业的专业定位、人才培养方案、教学内容体系、主干课程内容等方面取得了共识;制定了"工程造价"、"建筑工程管理"、"建筑经济管理"、"物业管理"等专业的教育标准、人才培养方案、主干课程教学大纲;制定了教材编审原则;启动了建设类高等职业教育建筑管理类专业人才培养模式的研究工作。

全国高职高专教育土建类专业教学指导委员会工程管理类专业指导分委员会指导的专业有工程造价、建筑工程管理、建筑经济管理、房地产经营与估价、物业管理及物业设施管理等6个专业。为了满足上述专业的教学需要,我们在调查研究的基础上制定了这些专业的教育标准和培养方案,根据培养方案认真组织了教学与实践经验较丰富的教授和专家编制了主干课程的教学大纲,然后根据教学大纲编审了本套教材。

本套教材是在高等职业教育有关改革精神指导下,以社会需求为导向,以培养实用为主、技能为本的应用型人才为出发点,根据目前各专业毕业生的岗位走向、生源状况等实际情况,由理论知识扎实、实践能力强的双师型教师和专家编写的。因此,本套教材体现了高等职业教育适应性、实用性强的特点,具有内容新、通俗易懂、紧密结合工程实践和工程管理实际、符合高职学生学习规律的特色。我们希望通过这套教材的使用,进一步提高教学质量,更好地为社会培养具有解决工作中实际问题的有用人材打下基础。也为今后推出更多更好的具有高职教育特色的教材探索一条新的路子,使我国的高职教育办得更加规范和有效。

全国高职高专教育土建类专业教学指导委员会
工程管理类专业指导分委员会

前　言

“合同管理与工程索赔”是高职高专工程管理类专业的主干课程。本书是国家级“十一五”规划教材，依据全国高职高专土建类专业教学指导委员会审核通过的工程管理类专业“合同管理与工程索赔”教学大纲的要求编写。其目的是培养工程管理类专业的学生掌握一定的建设工程合同管理的理论方法，具有从事工程合同管理的能力。

本书在编写过程中参考了大量近年出版的有关工程合同管理的书籍，以案例教学说明系统理论，立足于我国工程合同管理的现状，结合造价师和建造师的理论要求，密切关注建筑业政策调整，力求适应实践活动的要求，体现高职高专教材“实用、够用、适用”的原则。

本书全面阐述建设工程合同管理的内容，从合同法律基础到工程施工合同全过程的合同管理工作。全书在结构上由工程建设合同基础、工程建设合同管理和工程合同索赔管理及案例四部分构成。第一部分着重于工程合同的相关法律基础和合同法原理的内容；第二部分是工程合同管理的基本理论和合同管理的具体内容，着重于合同履行全过程的管理程序，重点剖析施工合同和其他相关合同的内容要求；第三部分着重于工程合同索赔管理的理论、方法和实践；第四部分是各类案例，强化学生的实践能力，全书内容相互联系，共同形成整个工程合同管理和索赔的理论本系。

本书由内蒙古建筑职业技术学院李永光担任主编，湖南建筑职业技术学院李成贞为副主编，全书由内蒙古 建筑职业技术学院郝风春教授负责主审。具体编写分工是：第一章、第二章、第五章由内蒙古建筑职业技术学院张国华编写，第三章、第九章由李永光编写，第四章由四川建筑职业技术学院廖涛编写，第六章由内蒙古建筑职业技术学院樊文广编写，第七章、第八章由湖南建筑职业技术学院李成贞编写。参编人员长期在教学、科研、生产第一线从事相关工作，具有丰富的专业知识、教学经验和实践经验，曾多次参加国家级、省部级规划教材的编写。

本书吸纳了工程合同管理的最新内容和科研成果，在此，谨向这些著作的编著者致以诚挚的谢意。同时，由于本书编者的学术水平有限，书中难免存在缺点和不足，恳请广大读者批评指正。

目　录

第一章 合同管理的相关知识

【**本章提要**】本章介绍合同管理的法律基础知识和法律制度。重点剖析我国立法的层次、法律效力、法律关系等概念，并研究了国内建设工程合同涉及的法律制度，阐述法人的民事权利能力和行为能力、时效制度、代理制度和财产权基本内容，简明扼要地讲述工程保险、担保制度在构建工程信用体系中的具体作用，以及保险担保制度和公证、鉴证制度在工程合同管理中的应用。

第一节 基础知识

法律是人类社会活动的准绳和统治阶级的意志的集中表现，属于上层建筑的范畴，由经济基础决定，并为经济基础服务。所有的通过工程招标投标签订的合同，应当受到工程所在国现行法律约束，要依据工程所在国的法律解释。为了开展工程招投标，进行工程合同管理，每个国家都制定有一系列法律、法规，从事此工作的人员了解相关法律知识是完全必要的。我国的立法层次大体如下：

全国人民代表大会及常务委员会所制定的以国家主席令的形式颁布执行的是法律。如：中华人民共和国（以下略）民法通则、合同法、招标投标法、建筑法、安全生产法、消防法、标准化法、环境保护法、水污染防治法、固体废物污染环境防治法、环境噪声污染防治法、劳动法、行政处罚法、行政复议法、仲裁法、行政许可法、保险法、电力法、公路法、计量法、矿山安全法、水法、防洪法、放射性污染防治法、矿产资源法等。

国务院制定的以国务院总理令的形式发布的是行政法规。行政法规如：建设工程质量管理条例、建设工程安全生产管理条例、建设工程勘察设计管理条例、企业职工伤亡事故报告和处理规定、女职工劳动保护规定等。

省、自治区、直辖市人民代表大会及其常务委员会制定颁布的是地方性法规。在本地区具有法律效力。

国务院各部委，或省、自治区、直辖市政府以首长令的形式颁布的是行政性规章，行政性规章一类是部门规章，部门规章规定的事项属于执行法律或国务院的行政法规、决定、命令的事项。另一类是地方政府规章，地方政府规章是地方政府根据法律、行政法规、地方性法规制定的规范性文件。行政性规章在各自权限范围内施行。行政性规章的名称只能使用："规定、办法、实施细则、规则"等；必须以首长令的形式向社会各界公布，而且要在发布后的30日之内呈报国务院备案，由国务院法制局进行严格审查；不得与上一层次的立法相抵触，否则，视为无效。

《安全生产法》、《建设工程安全生产管理条例》、《建设工程质量管理条例》、《建设工程勘察设计管理条例》均强调工程建设强制性标准不得违反合同管理的法律制度也包括工程建设强制性标准、行政性文件和国际惯例，对一些又要适用国际惯例的工程项目的合同管理，要注意加入 WTO 后的国际接轨问题，对具体项目的合同管理不得违背工程建设强制性标准，否则依法承担法律责任。

一、法律分类

1. 按文字分类，包括成文法和案例法。成文法是用条文形式，经严格的法律程序审批后生效的法律；案例法又称判例法，其特点是没有条文规定，只以过去的案例为准，通常不经过立法程序而是由司法系统审理，承认其有效性。

2. 按内容分类，包括实体法（如合同法、刑法等）和程序法。实体法规定权利义务，确定具体对象，解决实际问题。程序法又称审判法，是为保证实体法实施而制定的，规定审判程序的法律。如民事诉讼法、刑事诉讼法、行政复议法等。

3. 按所调整的范围分类，包括民法、刑法、行政法。

民法是调整平等民事主体间的财产、人身关系的行为规范。民事活动必须遵守法律、政策，尊重社会公德，形式上的民法就是指民法典，这是按一定逻辑顺序编纂的民事法律规范体系，实质上的民法指调整人身关系和财产关系的民事法律规范的总和，如民法典以及各种民事单行法。合同法是民法的重要组成部分，调整民事主体之间的财产关系。

刑法是保卫国家和社会制度，保护公私财产和公民权利，维护社会和经济秩序的法律。我国的刑事法律体系有刑法、刑事诉讼法等法构成。刑法是实体法，规定的是什么是犯罪和对犯罪怎么处罚；刑法是规定犯罪、刑事责任与刑罚的法律规范的总和，属于实体法，即规定什么是犯罪，犯罪的构成，犯罪要承担哪些刑事责任等的法律。刑事诉讼法是程序法，规定的是刑事案件的管辖权以及诉讼的程序等问题。它规范人民法院、人民检察院、公安机关进行刑事诉讼和当事人及其他诉讼参与人进行和参加刑事诉讼的一切有关的法律规范，属于程序法，就是说规定刑事诉讼如何进行，各机关在立案、侦查、起诉、审判与执行的权限和职责，当事人和其他诉讼参与人在诉讼过程中有哪些权利等。

行政法是以行政关系为调整对象的有关国家行政管理法律规范的总称。行政法调整的对象是行政关系，指行政主体即行政机关在实施“国家行政权”的过程中所发生的关系。行政关系包括行政主体之间的关系，行政主体与行政人员的关系，行政主体与其他国家机关的关系，行政主体与企事业单位、社会团体的关系，行政主体与公民之间的关系，行政主体与外国组织及外国人之间的关系。

行政合法原则要求“国家行政管理必须法制化”，具体要求有：行政主体服从行政法律规范；行政主体对剥夺相对人权益或设定相对人义务的行为必须有公开的法律依据；行政行为必须遵守行政法律程序；行政违法行为一律无效，自发生时起就不具有法律效力；行政违法行为主体均应承担法律责任。

行政合理原则指行政主体对其“自由裁量”的行为要发生法律效力，必须做到合法合理，对不合理行为，有关机关既有权力也有义务纠正。国家行政主体的行为很大部分是“自由裁量”的行为，法律只规定原则、幅度，行政主体根据判断采用适当的方法处理，这就涉及行政行为合理的问题。行政合理原则必须服从行政合法原则，超越法律的“合理性”部分，行政法都不承认。行政法内容由分散、繁多的法律规范组成，涉及行政主体、行政行为、行政程序、行政责任等。

4. 按适用范围分类，包括国际法和国内法。国际法又分为国际公法和国际私法；国内法由各国根据自己具体情况进行制定，体现各国统治阶级的意志，由国家机关强制执行并实施。

二、法律规范的效力

法律规范的效力是指法律规范在何地、何时、对何人具有约束力，即法律的空间、时间和对人的效力。当前我国经济建设发展速度较快，法律变化较大，新法出台，旧法淘汰；加之经济发展的地域不平衡，造成法律状况的差异。因此，解决这个问题有助于正确地适用法律。

（一）法律的空间效力

宪法、法律、行政法规和部门规章在我国全部领土范围内生效；地方性法规、规章、条例、单行条例只在相应的行政区划和管辖的范围内有效。法律明确规定特定适用范围的，在该范围内有效。

（二）法律的时间效力

包括法律何时开始生效、何时停止生效以及法律的溯及力。通常从公布之日起生效；多数法律都规定生效时间，有时在发布法律的命令中宣布生效日期。法律失效一般有三种情况：新法生效，旧法失效；法律规定失效日期或者法律失去存在条件而自行失效；国家明令宣布废除法律及废除日期。

法律的溯及力是指新法律颁布施行后对生效以前的事件和行为是否适用。新法一般不具有溯及力，但法律另有规定的除外。

（三）对人的效力

即法律对何种人有约束力。我国公民在我国领域内适用我国法律；外国人、无国籍人在我国领域内除法律有特别规定的以外适用我国法律。

三、合同法律关系

（一）法律关系的概念

是指人与人之间的社会关系为法律规范调整时，所形成的权利和义务关系。人们在社会生活中结成各种社会关系，当某一社会关系为法律规范所调整并在这一关系的参与者之间形成一定权利义务关系时，即构成法律关系。因此，法律关系是诸多社会关系中的一种特殊社会关系。社会关系的不同方面需要不同的法律规范去调整，由于各种法律规范所调整的社会关系和规定的权利不同，因而形成了内容和性质各不相同的法律关系，如：行政法律关系、民事法律关系、合同法律关系、紧急法律关系等。

（二）法律关系的特征

1. 法律关系是一种思想社会关系，是建立在一定经济基础上的上层建筑。

2. 法律关系是以法律上的权利和义务为内容的社会关系。

3. 法律关系是由国家强制力保证的社会关系。

4. 法律关系的存在，必须以相应的现行法律规范的存在为前提，法律关系不过是法律规范在实际生活中的体现。

（三）合同法律关系的概念

合同法律关系是指由合同法律规范调整的当事人在民事流转过程中形成的权利义务关系。合同法律关系同其他法律关系一样，都由主体、内容和客体三个不可缺少的部分构成，三者称为法律关系的构成要素。

1. 合同法律关系主体

合同法律关系主体是指合同法律关系的参加者或当事人，即参加合同法律关系，依法享有权利、承担义务的当事人。合同法律关系主体包括法人、自然人和其他组织。

自然人是基于出生而依法成为民事法律关系主体的人。在我国的《民法通则》中，公民与自然人在法律地位上是一样的。但实际上，自然人的范围要比公民的范围广。公民是指具有本国国籍，依法享有宪法和法律所赋予的权利并承担宪法和法律所规定的义务的人。在我国，公民是社会中具有我国国籍的一切成员，包括成年人、未成年人和儿童。自然人则既包括公民，又包括外国人和无国籍的人。各国的法律一般对自然人都没有条件限制。

法人是相对于自然人而言的社会组织，是法律上的"拟制人"。我国《民法通则》规定，法人是具有民事权利能力和民事行为能力，依法独立享有民事权利和承担民事义务的组织。依据法人是否具有营利性，把法人分为两大类：①企业法人。企业法人是指以从事生产、流通、科技等活动为内容，以获取利润和增加积累、创造社会财富为目的的营利性的社会经济组织。从我国实际社会经济生活来着，企业法人有国有企业法人、集体企业法人、私营企业法人、联营企业法人、中外合资企业法人、中外合作企业法人、外资企业法人、股份有限公司法人和有限责任公司法人等。在工程建设活动中，企业法人的主要表现形式即施工企业。施工企业是指从事土木工程、建筑工程、线路管道设备安装工程、装修工程的新建、扩建、改建活动的企业。②非企业法人。非企业法人是为了实现国家对社会的管理及其他公益目的而设立的国家机关、事业单位或者社会团体。包括：机关法人（国家权力机关、行政机关、审判机关、检察机关、军事机关、政党机关等），事业单位法人（文化、教育、卫生、体育、科学、新闻、广播、电视等事业单位），社会团体法人（协会、学会、联合会、研究会、基金会、联谊会、促进会、教会、商会等具备法人条件并经核准登记，都可以成为社会团体法人）。

其他组织指依法或者依据有关政策成立，有一定的组织机构和财产，但又不具备法人资格的各类组织。这些组织在我国社会的政治、经济、文化、教育、卫生等方面具有重要作用。赋予这些组织以合同主体的资格，有利于保护其合法权益，规范其外部行为，维护正常的社会经济秩序，促进我国各项事业的健康发展。

在现实生活中，有些组织也被称为非法人组织，包括非法人企业，如不具备法人资格的劳务承包企业、合伙企业、非法人私营企业、非法人集体企业、非法人外商投资企业、企业集团、个体工商户、农村承包经营户等；非法人机关、事业单位和社会团体，如附属性医院、学校等事业单位和一些不完全具备法人条件的协会、学会、研究会、俱乐部等社会团体。

2. 合同法律关系客体

合同法律关系的客体是指法律关系主体的权利和义务所共同指向的事物。在法律关系中，主体之间的权利义务之争总是围绕着一定的事物对象所展开的，没有一定的事物对象，也就没有权利义务之分，当然也就不存在法律关系了。合同法律关系客体包括物、财、行为及智力成果。作为合同法律关系客体的"物"，是指为人们所控制并且具有经济价值的物质财富。它包括自然资源和人工制造的产品。物所涉及的范围很广，具体形态很多。按照不同的标准，可将物划分为：生产资料和生活资料；固定资产和流动资产；种类物和特定物；可分物和不可分物；流通物、限制流通物和禁止流通物；税金和利润；动产和不动产；主物和从物；原物和孳息等。"财"指货币资金，也包括有价证券，它是生产和流通过程中停留在货币形态上的那部分资金,如:建设资金,工程建设贷款合同的标的,即一定数量的货币(信贷资金)。"行为"是指合同法律关系主体意志支配下所实施的具体活动,包括作为和不作为。如:建筑安装、勘察设计、加工承揽、货物运输、仓储保管、咨询服务等。通过完成一定工作和提供劳务,可以保证经济权利和经济义务的实现。"智力成果"亦称非物质财富,它是指人们脑力劳动所产生的成果。例如科学研究成果、技术革新成果、创作成果等。它们虽不呈物质形态,但具有重要的经济价值和社会价值,一旦同社会生产相结合,便可以创造出巨大的物质财富。在工程建设中,如果设计单位提供的是具有创造性的设计图纸,该设计单位依法可以享有专有权,使用单位未经允许不能无偿使用。

3. 合同法律关系内容

合同法律关系内容即是合同主要条款所规范的主体的权利和义务。是主体的具体要求,决定着法律关系的性质,它是联结主体的纽带。

"权利"是指权利主体依据法律规定和约定,有权按照自己的意志采取某种行为,同时要求义务主体采取某种行为或者不得采取某种行为,以实现其合法权益。当权利受到侵犯时,法律将予以保护。一方面,权利受到国家保护,如果一个人的权利因他人干涉而无法实现或受到了他人的侵害时,可以请求国家协助实现其权利或保护其权利;另一方面,权利是有行为界限的,超出法律规定,非分的或过分的要求就是不合法的或不被视为合法的权利。权利主体不能以实现自己的权利为目的而侵犯他人的合法权利或侵犯国家和集体的权利。

"义务"是指义务主体依据法律规定和权利主体的合法要求,必须采取某种行为或不得采取某种行为,以保证权利主体实现其权益,否则要承担法律责任。一方面义务人履行义务是权利人享有权利的保障,所以,法律规范都针对保障权利人的权利规定了具体的法律义务。尤其是强制性规范,更是侧重了对义务的规定,而不是对权利的规定。另一方面法律义务对义务人来说是必须履行的,如果不履行,国家就依法强制执行,因不履行造成后果的,还要追究其法律责任。不适当履行也要受到法律制裁。

4. 法律事实

合同法律关系的产生、变更与消灭是由于一定的客观情况引起的。法律关系是不会自然而然地产生的,也不能仅凭法律规范就可在当事人之间发生具体合同法律关系,只有一定的法律事实存在,才能在当事人之间发生一定的合同法律关系,或使原来的合同法律关系发生变更或消灭。由合同法律规范确认并能够引起合同法律关系产生、变更与消灭的客观情况即是法律事实。

合同法律关系的产生是指由于一定客观情况的存在,合同法律关系主体之间形成一定的权利义务关系,如业主与承包商协商一致,签订建设工程合同,就产生了合同法律关系;合同法律关系的变更,是指已经形成的合同法律关系,由于一定的客观情况的出现而引起合同法律关系的主体、客体、内容的变化。合同法律关系的变更不是任意的,它要受到法律的严格限制,并要严格依照法定程序进行。合同法律关系的消灭是指合同法律主体之间的权利义务关系不复存在。法律关系的消灭可以是因为主体履行了义务,实现了权利而消灭;可以是因为双方协商一致的变更而消灭;可以是发生不可抗力而消灭;还可以是主体的消亡、停业、转产、破产、严重违约等原因而消灭。

法律规范规定的法律事实是多种多样的,总的可以分为两大类,即事件和行为。"事件"是指不以合同法律关系主体的主观意志为转移的,能够引起合同法律关系产生、变更、消灭的一种客观事实。这些客观事件的出现与否，是当事人无法预见和控制的。事件可分为自然事件、社会事件和意外事件三种。自然事件是指由于自然现象所引起的客观事实。如：地震、水灾、台风、虫灾等破坏性自然现象。社会事件是指由于社会上发生了不以个人意志为转移的，难以预料的重大事变所引起的客观事实。如：战争、暴乱、政府禁令、动乱、罢工等。意外事件是指突发的，难以预料的客观事实。如：爆炸、触礁、失火等。无论自然事件还是社会事件，或意外事件，它们的发生都能引起一定的法律后果，具有不可抗力性。导致合同法律关系的产生或者迫使已经存在的合同法律关系发生变化。

"行为"是指合同法律关系主体有意识的活动，它是以人们的意志为转移的法律事实。它包括作为和不作为两种表现形式。行为分为合法行为与违法行为。合法行为是指符合国家法律、法规的行为，合法行为又可分为民事法律行为、司法法律行为、立法法律行为和行政行为。违法行为是指行为人违反法律规定，作出侵犯国家或其他法律关系主体的权利的行为，如胁迫或欺诈订立合同等。违法行为不能产生行为人所期待的法律后果，而引起的法律责任要受到追究。

合同法律关系的终止包括自然终止、协议终止、违约终止三大类。违约终止是指合同法律关系主体一方或双方违约，或发生不可抗力，致使合同法律关系约定的权利不能实现的情形。

第二节　合同相关的法律

一、《中华人民共和国民法通则》

民法是调整平等民事主体的公民之间、法人之间、公民与法人之间的财产关系、人身关系的行为规范。1986 年 4 月 12 日第六届全国人大第四次会议通过了《中华人民共和国民法通则》（下文简称《民法通则》），1986 年 4 月 12 日中华人民共和国主席令第 37 号公布，并从该日起施行。它是订立和履行合同以及处理合同纠纷的法律基础。当事人在民事活动中的地位平等。民事活动应当遵循"自愿、公平、等价有偿、诚实信用"的原则，公民、法人的合法的民事权益受法律保护，任何人不得侵犯，民事活动必须遵守法律；法律没有规定的，应当遵守国家政策。民事活动应当尊重社会公德，不损害社会公共利益，不破坏国家经济计划，不扰乱社会经济秩序。合同法是民法的组成部分之一，是民法中调整民事主体之间的财产关系的民事法律。在国际上，将基于民法所签订的合同称之为"私法合同"。

二、《中华人民共和国民事诉讼法》

1991 年 4 月 9 日第七届全国人大第四次会议通过了《中华人民共和国民事诉讼法》（下文简称《民事诉讼法》），1991 年 4 月 9 日中华人民共和国主席第 44 号公布，并从该日起施行。《民事诉讼法》的任务是：保证当事人行使诉讼权利，保证人民法院查明事实，正确运用法律，及时审理民事案件，确认民事权利义务关系，制裁民事违法行为，保护当事人的合法利益，维护社会和经济秩序，保障社会主义建设事业顺利进行。

三、《中华人民共和国刑法》

刑法是以"用刑罚同一切犯罪行为做斗争，以保卫国家安全，保卫人民民主专政的政权和社会主义制度，保护国有财产和劳动群众集体所有的财产，保护公民私人所有的财产，保护公民的人身权利、民主权利和其他权利，维护社会秩序、经济秩序，保障社会主义建设事业的顺利进行”为任务的法律。刑法的特征就是确认“罪”与“非罪”，以及适当量刑。对于法律规定为犯罪行为的，则应当依照法律定罪处刑；法律没有规定为犯罪的，不得定罪处刑。一切危害国家主权、领土完整和安全，分裂国家、颠覆人民民主专政的政权和推翻社会主义制度，破坏社会秩序和经济秩序，侵犯国有财产或者劳动群众集体所有财产，侵犯公民私人所有财产，侵犯公民的人身权利、民主权利和其他权利，以及其他危害社会的行为，依照法律应当受刑罚处罚的，都是犯罪，但是情节显著轻微、危害不大的，不认为是犯罪。明知自己的行为会发生危害社会的后果，并且希望或者放任这种结果发生，因而构成犯罪的，是故意犯罪。故意犯罪应当负刑事责任。应当预见自己的行为可能发生危害社会的结果，因为疏忽大意而没有预见，或者已经预见而轻信能够避免，以致发生这种结果的，是过失犯罪。过失犯罪法律有规定的，才承担“刑事责任”。行为在客观上虽然造成了损害结果，但不是出于故意或者过失，而是由于不能抗拒或者不能预见的原因所引起的，不是犯罪。

已满16周岁的人犯罪，应当负刑事责任。已满14周岁不满16周岁的人，犯故意杀人、故意伤害致人重伤或者死亡、强奸、抢劫、贩卖毒品、放火、爆炸、投毒罪的，应当负刑事责任。已满14周岁不满16周岁的人犯罪，应当从轻或者减轻处罚。因不满16周岁不予刑事处罚的，责令其家长或者监护人加以管教；在必要的时候，也可以由政府收容教养。精神病人在不能辨认或者不能控制自己行为的时候造成危害结果，经法定程序鉴定确认的，不负刑事责任，但是应当责令其家属或者监护人严加看管和医疗；在必要的时候，由政府强制医疗。间歇性的精神病人在精神正常的时候犯罪，应当负刑事责任。尚未完全丧失辨认或者控制自己行为能力的精神病人犯罪的，应当负刑事责任，但可以从轻或者减轻处罚。醉酒的人犯罪，应负刑事责任。又聋又哑的人或者盲人犯罪，可以从轻、减轻或者免除处罚。

为了使国家、公共利益、本人或者他人的人身、财产和其他权利免受正在进行的不法侵害，而采取的制止不法侵害行为，对不法侵害人造成损害的，属于正当防卫，不负刑事责任。正当防卫明显超过必要限度造成重大损害的，应当负刑事责任，但是应当减轻或者免除处罚。对正在进行行凶、杀人、抢劫、强奸、绑架以及其他严重危及人身安全的暴力犯罪，采取防卫行为，造成不法侵害人伤亡的，不属于防卫过当，不负刑事责任。刑法所规定的刑罚分为主刑与附加刑。主刑有：管制、拘役、有期徒刑、无期徒刑、死刑五种；附加刑有：罚金、剥夺政治权利、没收财产三种。量刑时应当根据犯罪事实、犯罪的性质、情节和对于社会的危害程度，依照刑法的有关规定判处。

四、《中华人民共和国建筑法》

1997年11月1日全国人大常委会通过了《中华人民共和国建筑法》（下文中简称《建筑法》），自1998年3月1日起施行，《建筑法》是建筑业的基本法律，其制定的主要目的在于：加强对建筑业活动的监督管理，维护建筑市场秩序，保障建筑工程的质量和安全，促进建筑业健康发展等。

五、《中华人民共和国合同法》

1999年3月15日第九届全国人大第二次会议通过《中华人民共和国合同法》，（下文中简称《合同法》），1999年10月1日起施行，从该日起《中华人民共和国经济合同法》、《中华人民共和国涉外经济合同法》、《中华人民共和国技术合同法》同时废止。《合同法》中除对合同的订立、效力、履行、变更和转让、合同的权利义务终止、违约责任等有规定外还载有关于买卖合同，供用电、水、气、热力合同，赠与合同，信贷合同，租赁合同，融资租赁合同，承揽合同,建设工程合同,运输合同,技术合同,保管合同,仓储合同,委托合同,行纪合同和居间合同等的具体规定。

六、《中华人民共和国招标投标法》

1999年8月30日全国人大常务委员会第11次会议通过了《中华人民共和国招标投标法》(下文中简称《招标投标法》)2000年1月1日施行。该法包括招标、投标、开标、评标和中标等内容,其制定目的在于规范招标投标活动,保护国家利益、社会公共利益和招标投标活动当事人的合法权益,提高经济效益及保证工程项目质量等。

七、《中华人民共和国仲裁法》

1994年8月31日第八届全国人大常务委员会第9次会议通过了《中华人民共和国仲裁法》(下文中简称《仲裁法》),1995年9月1日施行。其制定目的在于保证公正及时地仲裁经济纠纷,保护当事人的合法权益及保障社会主义市场经济健康发展。《仲裁法》的主要内容包括关于仲裁协会及仲裁委员会的规定,仲裁协议,仲裁程序,仲裁庭的组成、开庭和裁决,申请撤消裁决,裁决执行以及涉外仲裁的特殊规定等。

八、《建设工程质量管理条例》和《工程建设标准强制性条文》

国务院于2000年1月30日发布实施《建设工程质量管理条例》,以强化政府质量监督,规范建设工程各方主体的质量责任和义务,维护建筑市场秩序,全面提高建设工程质量。《建设工程质量管理条例》对加强质量管理做了以下的规定:①对业主行为进行了严格的规范;②对执行工程建设强制性标准做了严格的规定,为此,建设部于2000年4月20日批准发布了《工程建设标准强制性条文(房屋建筑部分)》;③政府对工程质量的监督管理将以建设工程使用安全和环境质量为主要目的,以法律、法规和工程建设强制性标准为依据,以政府认可的第三方强制性监督为主要方式,以地基基础、主体结构、环境质量及与此相关的工程建设各方主体的质量行为为主要内容。例如基础开裂与否,不再归政府管辖,因为这是业主、设计单位和施工单位的责任。政府的任务就是以法律、法规和强制性标准为依据,对不执行工程建设强制性标准而造成事故的单位予以相应的处罚。《建设工程质量管理条例》中对建设工程各方主体(建设单位,勘察、设计单位,施工单位和监理单位)违反强制性标准的处罚规定如下:①对建设单位的处罚规定:明示或者暗示设计或施工单位违反工程建设强制性标准,降低工程质量的,责令改正,处20万元以上50万元以下的罚款;②对勘察、设计单位的处罚规定:勘察单位未按照工程建设强制性标准进行勘察的、设计单位未按照工程建设强制性标准进行设计的,责令改正,由此造成工程质量事故的,责令停业整顿,降低资质等级;情节严重的,吊销资质证书;造成损失的,依法承担赔偿责任;③对施工单位的处罚规定:施工单位有不按工程设计图纸或者施工技术标准施工的其他行为的,责令改正,处工程合同价款2%以上4%以下的罚款;造成建设工程不符合规定的质量标准的,负责返工、修理,并赔偿因此造成的损失;情节严重的,责令停业整顿,降低资质等级或吊销资质证书;④对工程监理单位的处罚规定:与建设单位或者施工单位串通,弄虚作假、降低工程质量的,亦即违反国家有关工程建设强制性标准的要求,责令改正,处50万元以上100万元以下的罚款,降低资质等级或吊销资质证书;有违法所得的,予以没收;造成损失的,承担连带赔偿责任。

此外还规定:建设单位、设计单位、施工单位、工程监理单位违反国家规定,降低工程质量标准,造成重大安全事故,构成犯罪的,对直接责任人员依法追究刑事责任。

房屋建筑2002年版《强制性条文》自2003年1月1日起施行,原2000年版《强制性条文》同时废止。强制性条文的内容是工程建设现行国家和行业标准中直接涉及人民生命财产安全、人身健康、环境保护和公共利益的条文,同时考虑提高经济和社会效益等要求。列入《强制性条文》的所有条文都必须严格执行。《强制性条文》是参与建设活动各方执行工程建设强制性标准和政府对执行情况实施监督的依据。《强制性条文》是国务院《建设工程质量管理条例》的配套文件,是工程建设强制性标准实施监督的依据,违反《强制性条文》将按照建设部令 81 号《实施工程建设强制性标准监督规定》进行处罚。对不按照现行工程建设标准执行,造成工程事故和隐患的,应以现行工程建设标准为依据按照有关法规进行处罚。

2002 年版强制性条文全文共分九篇,引用工程建设标准 107 本,共编录强制性条文 1444 条。2002 年版《强制性条文》将工程建设国家和行业标准中涉及人民生命财产安全、人身健康、环境保护和其它公众利益的,并考虑了保护资源、节约投资、提高经济效益和社会效益等政策要求的条文纳入强制性条文。内容包括:第一章建筑设计、第二章建筑防火、第三章建筑设备、第四章勘察和地基基础、第五章结构设计、第六章房屋抗震设计、第七章结构鉴定和加固、第八章施工质量、第九章施工安全,共九部分。

第三节　合同涉及的民事法律制度

一、法人制度

法人是与自然人相对称的,是具有民事权利能力和民事行为能力,依法独立享有民事权利和承担民事义务的组织。法人是我国重要的民事主体之一。

(一)法人具备的条件

1. 依法设立。尽管由于法人的性质、业务范围不同,法人的设立程序也有区别,但必须依法定程序设立。主要包括:法人设立的目的和方式必须符合法律的规定要求;设立法人必须经国家机关和主管部门核准登记。社会组织只有依法成立,才能取得法人资格。

2. 法人必须具有必要的财产或独立经营管理的活动经费,这是法人参与经济活动、完成法人任务、从事经营管理活动的物质基础,也是法人独立承担经济责任的前提。法人的财产或者经费必须与法人的经营范围和设立目的相适应,否则不能被批准设立或核准登记。

3. 有自己的名称、机构和场所。法人的名称是使法人特定化、区别于其他法人的标志。法人只有以自己名义进行经济活动才能为自己取得经济权利,设定经济义务。法人的组织机构指对内管理法人事务,对外代表法人进行民事活动的机关或部门。法人应当有健全的组织机构,包括决策机构、执行机构、监督机构以及内部业务活动机构等。机构间相互配合,相互制约,组成有机的整体。场所是指法人从事生产经营活动的固定地点,法人要有固定的场所为享有权利和承担业务的法定住所地,便于开展生产经营和服务活动。

4. 能够独立承担民事责任。这要求法人能够以自己拥有的全部财产或经费承担在民事活动中的债务,以及法人在民事活动中给他人造成损失时的赔偿责任。除法律有特别规定外,法人的发起人、股东对法人的债务不承担无限连带责任。

法人分为企业法人和非企业法人。企业法人经主管机关核准登记,取得了法人资格,有独立经费的机关从成立之日起,具有了法人资格;具备法人条件的事业单位、社会团体,依法不需要办理法人登记的,从成立之日起,具备了法人资格;依法需要办理法人登记的,经核准登记,取得法人资格。

(二)法人的能力

法人的权利能力是指国家赋予法人参加民事活动,享受民事权利,承担民事义务的资格。法人的权利能力取决于法人的业务范围,由于各法人之间的生产经营条件不同,决定了它们各自的业务范围不同,因此,法人只能按照成立时的条例、章程规定的业务范围享有权利能力。

法人的行为能力是指法人以自己的行为独立取得民事权利和承担民事义务的能力。法人的行为能力与法人的权利能力是相一致的。法人的权利能力和行为能力同时产生,同时消灭。法人的行为能力是通过法人代表行使。

(三)法人代表

法人代表即"法定代表人",是指依照法律或法人的组织章程的规定,代表法人行使民事权利、承担民事义务的负责人。法人作为一个组织是不能直接实施行为的,而必须通过法定代表人的行为,或依其职权和法律要求而授权他人的行为才能完成。所以,法定代表人是法人实施行为的第一载体。

法人代表一般为法人内部的正职行政负责人,如厂长、经理等,或在没有正职行政负责人情况下的主持法人工作的副职人员,如副厂长、副经理等,或法人内部没有明确正副职务时,主持法人工作的行政负责人等。法人代表有权代表法人对外行使职权,法人代表的行为就是法人的行为,其执行职务时的行为所产生的法律后果,由法人承担。法人更换法人代表不影响法人所实施行为的法律效力。

二、代理制度

民事法律行为通常是行为人亲自进行,但在现代社会中,民事活动越来越复杂,各种民事活动都由公民、法人亲自完成是不可能的,这就需要将一些行为由他人代为完成。因此,法律规定公民、法人可以通过代理人实施民事法律行为。

(一)代理的概念

代理是代理人在代理权限内,以被代理人的名义实施的、其民事责任由被代理人承担的法律行为。

(二)代理的特征

代理具有以下特征:

1. 代理人以被代理人的名义实施代理行为。代理人只有以被代理人的名义实施代理行为,才能为被代理人取得权利和设定义务。如果代理人是以自己的名义为法律行为,这种行为不是代理行为,而是行纪行为。行纪行为是行纪人以自己的名义为委托人进行民事活动,行纪办理购销、寄售等事务并收取手续费,如委托商行、信托公司、贸易货栈等。

2. 代理人行为必须是具有法律意义的行为,必须是能够发生法律上的权利和义务的行为。即代理人的行为能够产生某种法律后果,使得被代理人与第三人之间设立、变更、终止民事权利和民事义务。代理的这一特征,使它与委托代办具体事务相区别,比如为他人修理器物、整理资料、校阅文稿、清理账目的事务,则不属于法律上的代理。

3. 代理人在被代理人的授权范围内独立地表现自己的意志。代理权是代理人进行代理活动的法律依据。无论代理权的产生是基于何种法律事实,代理人都不得擅自变更或扩大代理权限,代理人超越代理权限的行为不属于代理行为,被代理人对此不承担责任。在被代理人的授权范围内,代理人以自己的意志去积极地为实现被代理人的利益和意愿进行具有法律意义的活动。它具体表现为代理人有权自行解决他如何向第三人作出意思表示,或者是否接受第三人的意思表示。这就与居间人、传达人、中介人相区别。

4. 被代理人对代理行为承担民事责任。代理是代理人以被代理人的名义实施的法律行为,所以在代理关系中所设定的权利义务,当然应当直接归属被代理人享受和承担。被代理人对代理人的代理行为承担民事责任,既包括对代理人在执行代理任务的合法行为承担民事责任,也包括对代理人不当代理行为承担民事责任。

(三)代理的种类

以代理权产生的依据不同,可将代理分为委托代理、法定代理和指定代理。

1. 委托代理。委托代理是基于被代理人对代理人的委托授权行为而产生的代理。委托代理关系的产生,需要在代理人与被代理人之间存在基础法律关系,如委托合同关系、合伙合同关系、工作隶属关系等,但只有在被代理人对代理人进行授权后,这种委托代理关系才真正建立。在委托代理中,被代理人所作出的授权行为属于单方的法律行为,凭被代理人一方意思表示,即可以发生授权的法律效力。被代理人有权随时撤销其授权委托。代理人也有权随时辞去委托。但代理人辞去委托时,不能给被代理人和善意第三人造成损失,否则应负赔偿责任。

2. 法定代理。法定代理是指根据法律的直接规定而产生的代理。与被代理人有一定的社会关系存在是此种代理权产生的根据。法定代理主要是为维护无行为能力或限制行为能力人的利益而设立的代理方式。在我国,法定代理人的范围和顺序与监护人的范围和顺序基本相同。

3. 指定代理。指定代理,是根据人民法院和有关单位的指定而产生的代理。指定代理只在没有委托代理人和法定代理人的情况下适用。当无人代理或法定代理人之间为代理而发生纠纷时,人民法院和主管单位可依法指定。在指定代理中,被指定的人称为指定代理人,依法被指定为代理人的,如无特殊原因不得拒绝担任代理人。

(四)无权代理

无权代理是指行为人没有代理权而以他人名义进行民事、经济活动。无权代理包括以下几种情况:

1. 没有代理权的代理行为。

2. 超越代理权限的代理行为。

3. 代理权终止后的代理行为。对于无权代理行为,"被代理人"当然可以不承担法律责任。《民法通则》规定,无权代理行为"只有经过被代理人的追认,被代理人才承担民事责任。未经追认的行为,由行为人承担民事责任",但"本人知道他人以自己的名义实施民事行为而不作否认表示的,视为同意"。

(五)代理关系的终止

代理的种类不同,代理关系终止的原因也不相同。

委托代理关系的终止原因:

1. 代理期间届满或者代理事项完成。

2. 被代理人取消委托或代理人辞去委托。

3. 代理人死亡或代理人丧失民事行为能力。

4. 作为被代理人或者代理人的法人终止。

法定代理或指定代理关系的终止原因：

1. 被代理人或代理人死亡。

2. 代理人丧失行为能力。

3. 被代理人取得或者恢复民事行为能力。

4. 指定代理的人民法院或指定单位撤销指定。

5. 由于其他原因引起的被代理人和代理人之间的监护关系消灭。

三、财产权的基本内容

财产所有权与债权是两项基本民事权利，也是大多数经济活动的基础和目的。他们都是财产权，财产所有权是最充分的物权，债权也是财产权，而知识产权是具有财产权和人身权双重性质。

(一)债权

债是按照合同约定或依照法律规定，在当事人之间产生的特定的权利和义务关系。

1. 债的发生根据

根据我国《民法通则》以及相关的法律规范的规定，能够引起债的发生的法律事实，债的发生根据，主要有以下几种：①合同：合同是指民事主体之间关于设立、变更和终止民事关系的协议。合同是引起债权债务关系发生的最主要、最普遍的根据。②侵权行为：侵权行为是指行为人不法侵害他人的财产权或人身权的行为。因侵权行为而产生的债，在我国习惯上也称之为"致人损害之债"。③不当得利：不当得利是指没有法律或合同根据，有损于他人而取得的利益。它可能表现为得利人财产的增加，致使他人不应减少的财产减少了；也可能表现为得利人应支付的费用没有支付，致使他人应当增加的财产没有增加。不当得利一旦发生，不当得利人负有返还的义务。因而，这是一种债权债务关系。④无因管理：无因管理是指既未受人之托，也不负有法律规定的义务，而是自觉为他人管理事务的行为。无因管理行为一经发生，便会在管理人和其事务被管理人之间产生债权债务关系，其事务被管理者负有赔偿管理者在管理过程中所支付的合理的费用及直接损失的义务。⑤其他：除前述几种外，遗赠、扶养、发现埋藏物等，也是债的发生根据。

2. 债的消灭

债因一定的法律事实的出现而使既存的债权债务关系在客观上不复存在，叫做债的消灭。债因以下事实而消灭：①债因履行而消灭：债务人履行了债务，债权人的利益得到了实现，当事人间设立债的目的已达到，债的关系也就自然消灭了。②债因抵销而消灭：抵销是指同类已到履行期限的对等债务，因当事人相互抵充其债务而同时消灭。用抵销方法消灭债务应符合下列的条件：必须是对等债务；必须是同一种类的给付之债；同类的对等之债都已到履行期限。③债因提存而消灭：提存是指债权人无正当理由拒绝接受履行或其下落不明，或数人就同一债权主张权利，债权人一时无法确定，致使债务人一时难以履行债务，经公证机关证明或人民法院的裁决，债务人可以将履行的标的物提交有关部门保存的行为。提存是债务履行的一种方式。如果超过法律规定的期限，债权人仍不领取提存标的物的，应收归国库所有。④债因混同而消灭：混同是指某一具体之债的债权人和债务人合为一体。如两个相互订有合同的企业合并，则产生混同的法律效果。⑤债因免除而消灭：免除是指债权人放弃债权，从而解除债务人所承担的义务，债务人的债务一经债权人解除，债的关系自行解除。⑥债因当事人死亡而解除：债因当事人死亡而解除仅指具有人身性质的合同之债，因为人身关系是不可继承和转让的，所以，凡属委托合同的受托人、出版合同的约稿人等死亡时，其所签订的合同也随之终止。

（二）物权

物权是民事主体依法对特定的物进行管理支配，享有利益并排除他人干涉的权利。传统民法规定的物权有所有权、地上权、永佃权、地役权、抵押权、质权和留置权。我国《民法通则》规定的使用权、经营权，也属于物权。

1. 物权的划分

物权可按如下划分：①根据物权的权利主体是否为财产的所有人划分。自物权，又称所有权，是指权利人对自己的所有物享有的物权。他物权，是指在他人的所有物上设定的权利，如我国《民法通则》规定的使用权、留置权等。②依据设立目的的不同划分。用益物权，是指对他人所有物使用和收益的权利。外国民法规定的地上权、地役权、永佃权等，都是用益物权。我国《民法通则》规定的全民所有制企业经营权、国有土地使用权、采矿权等也属用益物权。担保物权，是指为了担保债的履行而在债务人或第三人特定的物或权利上所设定的权利，如抵押权、质权、留置权等都是担保物权。③按物权的客体是动产还是不动产划分。动产物权，是指以能够移动的财产为客体的物权。如外国民法中规定的质权和我国《民法通则》中规定的留权。不动产物权，是指以土地、房屋等不动产为客体的物权，如我国《民法通则》中规定的土地使用权。

2. 债权与物权的联系

债权与物权都是与财产有密切联系的法律关系，但它们却有着明显的不同。其一，债权与物权的主体不同，债权的权利主体和义务主体都是特定的，是对人权；物权的权利主体是特定的，而义务主体则为不特定的，是对世权；其二，债权与物权的内容不同，债权的实现需要义务主体的积极行为的协助，是相对物权的实现则不需要他人的协助，是绝对权；其三，债权与物权的客体不同，债权的客体可以是财、物、行为和智力成果，物权的客体则只能是物。

3. 民法保护物权的方法

物权的保护方法有刑法、民法、行政法之分，这里仅介绍民法的保护方法：①请求确认物权：当物权归属不明或是发生争执时，当事人可以向法院提起诉讼，请求确认物权。请求确认物权包括请求确认所有权和请求确认他物权。②请求排除妨碍：当他人的行为非法妨碍物权人行使物权时，物权人可以请求妨碍人排除妨碍，也可请求法院责令妨碍人排除妨碍。排除妨碍的请求所有人、用益物权人都可行使。③请求恢复原状：当物权的标的物因他人的侵权行为而遭受损坏时，如果能够修复，物权人可以请求侵权行为人加以修理以恢复物之原状。恢复原状的请求所有人、合法使用人都可以行使。④请求返还原物：当所有人的财产被他人非法占有时，财产所有人或合法占有人，可以依照有关规定请求不法占有人返还原物，或请求法院责令不法占有人返还原物。⑤请求损失赔偿：当他人侵害物权的行为造成物权人的经济损失时，物权人可以直接请求侵害人赔偿损失，也可请求法院责令侵害人赔偿损失。

（三）知识产权

知识产权又称为智慧财产权，是指人们对其智力劳动成果所享有的民事权利。我国承认并以法律形式加以保护的主要知识产权为：著作权、专利权、商标权、商业秘密、其他有关知识产权。知识产权四个基本特征:具有人身权和财产权的双重性质、专有性(独占性或排他性)、地域性、时间性。

1. 著作权

著作权是指文学、艺术和科学作品的作者依法所享有的权利。著作权属于民事权利,是知识产权的组成部分。著作权作为一种财产权,其法律性质和特征既不同于作为普通财产权的物权和债权,也和作为知识产权的另一部分的工业产权有区别。

著作权的主体包括:作者与著作权人、合作作品的著作权人、职务作品著作权人、编辑作品的著作权人、委托作品的著作权人、视听作品的著作权人。

著作权的客体就是著作权法的保护对象,著作权是基于作品而发生的民事权利。作品指文学、艺术和科学领域内具有独创性并能以某种有形形式复制的智力成果,著作权法保护的作品表现形式有:文字作品、口述作品、音乐作品、戏剧作品、曲艺作品、舞蹈作品、杂技艺术作品、美术作品、建筑作品、摄影作品、电影作品和以类似摄制电影的方法创作的作品、图形作品、模型作品。

侵犯著作权是指公民或法人等未经著作权人许可,擅自使用其著作权的行为。根据著作权法的规定,实施侵犯著作权的行为应当承担相应的法律责任,我国著作权法对侵犯著作权行为规定有民事责任、行政责任和刑事责任制度。

2. 专利权

专利权是指国家专利主管机关依法授予专利申请人及其继承人在一定期间内实施其发明创造的独占权。专利是指对于公开的发明创造所享有的独占权。专利法就是国家制定的用以调整因确认发明创造的所有权和因发明创造的利用而产生的各种社会关系的法律规范的总称。专利制度是国际上通行的一种利用法律和经济的手段保护和鼓励发明创造,推动技术进步的管理制度。

专利权的主体包括发明人或设计人、社会组织、合法受让人、外国人与外国组织。专利权的客体包括发明、实用新型、外观设计。

专利权的保护包括专利权保护范围的确定和专利侵权行为的确定。专利纠纷的解决包括请求地方专利管理机关调解和向人民法院起诉。

3. 商标权

商标是生产经营者在其生产、制造、加工、拣选或者经销的商品或者服务上采用的,区别商品或者服务来源的,由文字、图形或者其组合构成的,具有显著特征的标志。

商标权的主体是企业、事业单位和个体工商业者,自然人也可以为商标权主体。商标权的客体是商标。

商标侵权包括:非法使用他人注册商标的;销售明知是假冒他人注册商标的商品的;伪造、擅自制造他人注册商标标识或者销售伪造、擅自制造的商标标识的;给他人的注册商标专用权造成其他损害的行为。法律责任的承担由工商行政管理机关或人民法院依照商标法及其实施细则的规定处理。

四、担保制度

合同担保是确保合同得到履行的一种法律制度,是指当事人根据法律的规定或合同的约定,为确保债务履行和债权实现而采取的法律保障方法。合同担保一般也要采取合同的形式,即通过订立担保合同来设定担保法律关系。被担保合同与担保合同属于主从合同关系，前者为主合同，后者为从合同。担保合同以主合同的存在为前提，它本身不能独立存在。主合同法律关系消灭，担保法律关系亦随之消灭；主合同无效，担保合同无效。担保合同另有约定的，按照约定。

根据有关法律的规定，在我国，法定的担保形式有保证、抵押、质押、留置和定金五种。

1. 保证

保证是指保证人和债权人约定，当债务人不履行债务时，保证人按照约定履行债务或者承担责任的行为。在我国，凡是具有代为清偿债务能力的法人、其他组织或者公民，都可以作保证人。但是，依据《担保法》的有关规定，国家机关不得作为保证人，但经国务院批准为使用外国政府或者国际经济组织贷款进行转贷的除外；学校、幼儿园、医院等以公益为目的的事业单位、社会团体不得作为保证人；企业法人的分支机构、职能部门不得作为保证人。但企业法人的分支机构有法人书面授权的，可以在授权范围内提供保证。

根据《担保法》的规定，保证有两种方式：一般保证和连带责任保证。一般保证是指当事人在保证合同中约定、债务人不能履行债务时，由保证人承担保证责任。一般保证中的保证人享有先诉抗辩权，即当债权人向保证人请求履行保证债务时，保证人在主合同纠纷未经审判或者仲裁，并就债务人财产依法强制执行仍不能履行债务前，对债权人享有拒绝承担保证责任的权利。连带责任保证是指当事人在保证合同中约定保证人与债务人对债务承担连带责任的保证。连带责任保证的债务人在主合同规定的债务履行期届满没有履行债务的，债权人既可以要求债务人履行债务，也可以要求保证人在其保证范围内承担保证责任。可见，连带责任保证之保证人不享有先诉抗辩权。需要明确的是，如果当事人在保证合同中对保证方式没有约定或约定不明确的，按照连带责任保证承担保证责任。

2. 抵押

抵押是指债务人或者第三人不转移对用于抵押物的特定财产的占有，而将该财产作为债权的担保，债务人不履行债务时，债权人有权依法律规定以该财产折价或以拍卖、变卖该财产的价款优先受偿。在抵押法律关系中，提供特定担保财产的债务人或者第三人称抵押人；接受抵押担保合同的债权人称抵押权人；用来抵押的财产称抵押物。抵押权的成立不以转移抵押物的占有为条件，这与质权成立以转移质物占有为条件不同。

抵押物是指用于抵押的财产。作为抵押财产，通常需要具备以下几种性质：第一，抵押财产应具有流通性；第二，抵押财产须是抵押人有权处分的财产；第三，抵押财产的价值应当大于或等于其所担保的债权。根据《担保法》的规定，可以用于抵押的财产有：抵押人所有的房屋和其他地上定着物；抵押人所有的机器、交通运输工具和其他财产；抵押人依法有权处分的国有土地使用权、房屋和其他地上定着物；抵押人依法有权处分的国有机器、交通运输工具和其他财产；抵押人依法承包并经发包方同意抵押的荒山、荒沟、荒丘、荒地的土地使用权；依法可以抵押的其他财产。抵押人可以将上述财产一并抵押。

根据《担保法》的规定，下列财产不得用于抵押：土地所有权；耕地、宅基地、自留地、自留山等集体所有的土地使用权，但抵押人依法承包并经发包方同意抵押的荒山、荒沟、荒丘、荒滩等荒地的使用权以及以乡（镇）、村企业的厂房等建筑物抵押时其占用范围内的土地使用权除外；学校、幼儿园、医院等以公益为目的的事业单位、社会团体的教育设施、医疗卫生设施和其他社会公益设施；所有权、使用权不明或者有争议的财产；依法被查封、扣押、监管的财产；依法不得抵押的其他财产。抵押担保债权可优于一般债权先受清偿，但若同一抵押物上设置两个以上抵押权时，应遵守以下原则：第一，抵押合同已登记生效的，按照抵押物登记的先后顺序清偿；顺序相同的，按照债权比例清偿。第二，抵押合同自签订之日起生效的，该抵押物已登记的，按照登记的先后顺序清偿；未登记的，按照合同生效时间的先后顺序清偿，顺序相同的，按照债权比例清偿。抵押物已登记的先于未登记的受偿。

3. 质押

根据我国担保法的规定，质押有动产质押和权利质押两种类型。动产质押是指债务人或者第三人将其特定动产移交债权人占有，将该动产作为债权的担保，当债务人不履行债务时，债权人有权依照法律规定以该动产折价或者以拍卖、变卖该动产的价款优先受偿。债务人或者第三人为出质人，债权人为质权人，移交的财产为质物；权利质押是指债务人或第三人将其特定的权利凭证交付给债权人占有，作为债权的担保。当债务人不履行债务时，债权人有权通过将该权利转让来获得优先受偿。债务人或第三人提供的特定权利称为质押权利。依据《担保法》的规定，下列权利可以质押：汇票、本票、支票、债券、存款单、仓单、提单；依法可以转让的股份、股票；依法可以转让的商标专用权、专利权和著作权中的财产权；依法可以质押的其他权利。

4. 留置

留置是指债权人按照合同约定占有债务人的动产，债务人未按合同约定的期限履行合同债务时，债权人有权依法留置该财产，以该财产折价或者以拍卖、变卖该财产的价款优先受偿。留置权具有法定性。留置权依法律规定设立，这与抵押、质押等依合同约定不同。对此，《担保法》第 84 条明确规定："因保管合同、运输合同、加工承揽合同发生的债权，债务人不履行债务的，债权人有留置权。法律规定可以留置的其他合同，适用前款规定。当事人可以在合同中约定不得留置的物。"

留置权的实现，首先，债权人在债务人届期不履行债务时继续占有其合法占有的债务人的一定动产；其次，债权人在继续占有债务人的一定动产以后应立即通知对方，声明如果对方不能在双方约定或法律规定的宽限期清偿债务或另行提供充分担保，将以留置物折价或以拍卖、变卖留置物价款优先受偿。债权人行使留置权优先受偿后，多余的价款，应返还给债务人；不足时，可以继续向债务人追偿。

5. 定金

定金是指当事人一方为了证明合同的订立和保证合同的履行而在合同成立后履行前先支付给对方一定数额的货币。定金应当以书面形式约定。当事人在定金合同中应当约定交付定金的期限。定金合同从实际交付定金之日起生效。定金是一种预先给付，须在主债务履行前交付。定金在双方当事人顺利履行合同的情况下可以抵作价款或收回。可见，定金在有些情况下起到了预付款的作用。但是，定金和预付款不同，两者的区别主要表现为：定金支付是保证主债务得以履行的一种担保手段，而预付款支付则是一种债务履行方法，两者性质截然不同。定金合同为从合同，而有关预付款的约定为主合同内容。定金可因一方过错违约而执行定金罚则。

《担保法》规定，当事人可以约定一方向对方给付定金作为债权的担保。债务人履行债务后，定金应当抵作价款或者收回。给付定金的一方不履行约定的债务的，无权要求返还定金；收受定金的一方不履行约定的债务的，应当双倍返还定金；此外，根据《担保法》第 91 条的规定，定金的数额由当事人约定，但不得超过主合同标的额的 20%；工程项目合同管理的招投标活动中,业主要求承包商提供可靠的工程履约担保,承包商同时要求业主提供工程款支付担保,是业主与承包方转移风险的应对方法。常见的工程担保类型有投标担保、履约担保、业主支付担保、预付款担保、反担保、完工担保、其他形式的担保。

五、时效制度

时效制度是指一定的事实状态持续一定的时间之后即发生一定法律后果的制度。时效又分为取得时效与消灭时效。一定事实状态持续一定时期而取得权利,叫做取得时效。我国推行的消灭时效制度是指一定事实状态持续一定时期而失去权利。消灭时效就是诉讼时效,是权利人在法定期间内不行使权利,法律规定消灭其胜诉权的制度。即公民或者法人在其民事权利受到侵害的时候,在诉讼时效期间内不行使权利,就丧失了请求法院依照诉讼程序强制义务人履行义务的权利。

(一)诉讼时效的特征

1. 诉讼时效属消灭时效。在诉讼时效期间届满后,权利人即丧失了请求法院依诉讼程序强制义务人履行义务的权利,即胜诉权消灭。

2. 诉讼时效届满不消灭实体权利。诉讼时效期间届满后,义务人如自愿履行义务,权利人仍有权受领,此时,义务人不得以不知时效期间届满为理由而要求返还。因为权利人的实体权利不消灭。

3. 诉讼时效属于强制性的规定。诉讼时效由国家法律规定,当事人必须遵守。

(二)诉讼时效制度的作用

1. 有利于维护社会关系的稳定。这是诉讼时效的最主要的作用。因为发生侵权行为后,侵权涉及的社会关系处于不稳定状态,而诉讼时效期满会导致该社会关系重归稳定。因此,诉讼时效能够避免社会关系长期不稳定的状态。

2. 有利于督促当事人维护自己的合法权益。被侵权后,当事人不及时主张自己的权益,对自己、对社会都有一定的危害。长期不主张自已的权利会导致胜诉权的消灭,这会督促当事人及时维护自已的合法权益。

3. 有利于人民法院对案件的审理。影响人民法院审理案件质量的因素最关键的是证据,而侵权案件证据收集的难度,是随着时间的推移而增加的。诉讼时效有利于人民法院对案件的审理。

(三)诉讼时效期间

法律另有规定的除外,普通诉讼时效期间为2年。短期诉讼时效期间为1年(身体受到伤害要求赔偿的;出售质量不合格的商品未声明的;延付或者拒付租金的;寄存财物被丢失或者损毁的。);特殊诉讼时效按照特殊规定执行。如《合同法》规定,因国际货物买卖合同和技术进出口合同争议提起诉讼的期限为4年。诉讼时效期间从权利人知道或者应当知道其权利受到侵害之日起开始计算,但是,从权利被侵害之日起超过20年的,人民法院不予保护。

(四)诉讼时效期间的开始

诉讼时效期间的开始,就是诉讼时效期间的起算点。《民法通则》规定,诉讼时效期间从权利人知道或者应当知道其权利被侵害时开始计算。诉讼时效期间开始,权利人就可以向人民法院起诉,要求义务人履行义务。关于诉讼时效期间的起算,因各种具体民事法律关系不同,诉讼时效开始时间也不一样。一般法律规定有期限的财产关系,从期限届满时开始计算;没有期限的财产关系,从财产关系发生之日开始计算;因侵权行为而发生的损害赔偿关系,一般从致人损害的事实发生之日起计算,如受害人当时不知道损害或者致害人时,应从其知道或者应当知道损害和致害人时计算。

(五)诉讼时效的中止和中断

诉讼时效的中止是指在诉讼时效期间的最后6个月,由于不可抗力或其他障碍,权利人不能行使请求权,诉讼时效期暂停计算,从障碍消除之日起,诉讼时效继续累计计算。

诉讼时效中断指因某事由的发生阻碍时效的进行,致使以前经过的时效期间统归无效,从中断时起,其诉讼时效期间重新计算。诉讼时效因提起诉讼、当事人一方提出权利主张或者另一方同意履行义务而中断。从中断时起,诉讼时效期间重新计算。

六、工程保险制度

保险是指投保人根据合同约定,向保险人支付保险费,保险人对于合同约定的可能发生的事故因其发生所造成的财产损失承担赔偿保险金责任,或者当被保险人死亡、伤残、疾病或者达到合同约定的年龄、期限时承担给付保险金责任的商业保险行为。保险是一种受法律保护的分散危险、消化损失的法律制度。保险的目的是为了分散危险,转移风险。因此,风险的存在是保险产生的前提。保险制度上的危险是一种损失发生的不确定性,其表现为:发生与否的不确定性;发生时间的不确定性;发生后果的不确定性。

保险合同在履行中涉及被保险人和受益人等。被保险人是指其财产或者人身受保险合同保障,享有保险金请求权的人,投保人可以为被保险人。受益人是指人身保险合同中由被保险人或者投保人指定的享有保险金请求权的人,投保人、被保险人可以为受益人。保险合同一般是以保单的形式订立。保险合同可分类为财产保险合同和人身保险合同。财产保险合同是以财产及其有关利益为保险标的保险合同。在财产保险合同中,保险合同的转让应当通知保险人,经保险人同意继续承保后,依法转让合同。在合同的有效期内,保险标的危险程度增加的,被保险人按照合同约定应当及时通知保险人,保险人有权要求增加保险费或者变更合同。建筑工程一切险和安装工程一切险为财产保险合同;人身保险合同是以人的寿命和身体为保险标的保险合同。投保人应向保险人如实申报被保险人的年龄、身体状况。投保人合同成立后,可以向保险人一次支付全部保险费,也可以按照合同规定分期支付保险费。人身保险的受益人由被保险人或者投保人指定。保险人对人身保险的保险费,不能以诉讼方式要求投保人支付。

建设工程由于涉及的法律关系复杂,风险多样,因此,建设工程涉及的险种也较多。主要包括:建筑工程一切险(及第三者责任险)、安装工程一切险(及第三者责任险)、机器损坏险、机动车辆险、人身意外伤害险、货物运输险等。但狭义的工程保险是针对工程的保险,只有建设工程一切险(及第三者责任险)和安装工程一切险(及第三者责任险),其他险种则并非专门针对工程的保险。由于工程安全事关国计民生,许多国家对工程险有强制性投保的规定。

(一)建筑工程一切险(及第三者责任险)

建筑工程一切险是承保民用、工业和公用事业建筑工程项目,包括道路、桥梁、水坝、港口等,在建造过程中因自然灾害或意外事故而引起的一切损失的保险,因在建工程抗灾能力差,危险程度高,一旦发生损失,不仅会对工程本身造成巨大损失,甚至殃及邻近。因此,建筑工程一切险是转嫁工程风险,取得经济保障的有效手段,许多保险公司开设该保险。建设工程一切险附加险种是第三者责任险。是指在工程的保险有效期内,工地发生意外事故造成工地及邻近地区的第三者人身伤亡或财产损失,依法应由被保险人承担的经济赔偿责任。在国外,建设工程一切险的投保人一般是承包人。如FIDIC《施工合同条件》要求。承包人以承包人和业主的共同名义对工程及其材料、配套设备装置投保保险。我国的《建设工程施工合同(示范文本)》规定,工程开工前,发包人应当为建设工程办理保险,支付保险费用。因此,采用《建设工程施工合同(示范文本)》应当由发包人办理建筑工程一切险。建筑工程一切险的被保险人则范围较宽,所有在工程进行期间,对该项工程承担一定风险的有关各方(即具有可保利益的各方),均可作为被保险人。如果被保险人不止一家,则各家接受赔偿的权利以不超过其对保险标的可保利益为限。被保险人具体包括:①业主或工程所有人;②承包人或者分包人;③技术顾问,包括业主聘用的建筑师、工程师及其他专业顾问。

保险人对下列原因造成的损失和费用负责赔偿:①自然灾害,指地震、海啸、雷电、飓风、台风、龙卷风、风暴、暴雨、洪水、水灾、冻灾、冰雹、地崩、山崩、雪崩、火山爆发、地面下陷下沉及其他人力不可抗拒的破坏力强大的自然现象;②意外事故指不可预料的以及被保险人无法控制并造成物质损失或人身伤亡的突发性事件,包括火灾和爆炸。

保险人对下列各项原因造成的损失不负责赔偿:①设计错误引起的损失和费用;②自然磨损,内在或潜在缺陷,物质本身变化,自燃,自热,氧化,锈蚀,渗漏,鼠咬,虫蛀,大气、气温等变化,正常水位变化或其他渐变原因造成的保险财产自身的损失和费用;③因原材料缺陷或工艺不善引起的保险财产本身的损失以及为换置、修理或矫正这些缺点错误所支付的费用;④非外力引起的机械或电气装置的本身损失,或施工用机具、设备、机械装置失灵造成的本身损失;⑤维修保养或正常检修的费用;⑥档案、文件、账簿、票据、现金、各种有价证券、图表资料及包装物料的损失;⑦盘点时发现的短缺;⑧领有公共运输行驶执照的,或已由其他保险予以保障的车辆、船舶和飞机的损失;⑨除非另有约定,在保险工程开始以前已经存在或形成的位于工地范围内或其周围的属于被保险人的财产的损失;⑩除非另有约定,在本保险单保险期限终止以前,保险财产中已由工程所有人签发完工验收证书或验收合格或实际占有或使用或接受的部分。

建筑工程一切险加保第三者责任险,保险人对下列原因造成的损失和费用负责赔偿:①在保险期限内,因发生与所保工程直接相关的意外事故引起工地内及邻近区域的第三者人身伤亡、疾病或财产损失;②被保险人因上述原因而支付的诉讼费用以及事先经保险人书面同意而支付的其他费用。

保险人对每次事故引起的赔偿金额是以法院或政府有关部门根据现行法律裁定的应由被保险人偿付的金额为准,但在任何情况下,均不得超过保险单明细表中对应列明的每次事故赔偿限额。在保险期限内,保险人经济赔偿的最高赔偿责任不得超过本保险单明细表中列明的累计赔偿限额。

建筑工程一切险的保险责任自保险工程在工地动工或用于保险工程的材料、设备运抵工地之时起始,至工程所有人对部分或全部工程签发完工验收证书或验收合格,或工程所有人实际占用或使用或接受该部分或全部工程之时终止,以先发生为准。但在任何情况下,保险人承担损害赔偿义务的期限不超过保险单明细表中列明的建筑期保险终止日。

(二)安装工程一切险(及第三者责任险)

安装工程一切险是承保安装机器、设备、储油罐、钢结构工程、起重机、吊车以及包含机械工程因素的各种建造工程的险种。由于科学技术日益进步,现代工业的机器设备已进入电子计算机操纵的时代。工艺精密、技术高度密集、价格昂贵。在安装调试机器设备的过程中遇到自然灾害和意外事故会造成经济损失。在保险市场上逐渐发展成一种保障广泛、专业性强的综合性险种——安装工程一切险,以保障机器设备在安装调试中损失能够得到补偿。

安装工程一切险要加保第三者责任险。安装工程一切险的第三者责任负责被保险人在保险期限内发生意外事故,造成在工地及邻近地区的第三者伤亡、疾病或财产损失,依法应由被保险人赔偿的损失,以及因此而支付的诉讼和其他费用。

保险人对下列原因造成的损失和费用负责赔偿:①自然灾害,指地震、海啸、雷电、飓风、台风、龙卷风、风暴、暴雨、洪水、水灾、冻灾、冰雹、地崩、山崩、雪崩、火山爆发、地面下陷下沉及其他人力不可抗拒的破坏力强大的自然现象;②意外事故,指不可预料的以及被保险人无法控制并造成物质损失或人身伤亡的突发性事件,包括火灾和爆炸。

保险人对下列原因造成的损失不赔偿:①因设计错误、铸造或原材料缺陷或工艺不善引起的保险财产本身的损失以及为换置、修理或矫正这些缺点错误所支付的费用;②由于超负荷、超电压、碰线、电弧、漏电、短路、大气放电及其他电气原因造成电气设备或电气用具本身的损失;③施工用机具、设备、机械装置失灵造成的本身损失;④自然磨损、内在或潜在缺陷、物质本身变化、自燃、自热、氧化、锈蚀、渗漏、鼠咬、虫蛀、大气(气候或气温)变化、正常水位变化或其他渐变原因造成的保险财产自身的损失和费用;⑤维修保养或正常检修的费用;⑥档案、文件、账簿、票据、现金、各种有价证券、图表资料及包装物料的损失;⑦盘点时发现的短缺;⑧领有公共运输行驶执照的,或已由其他保险予以保障的车辆、船舶和飞机的损失;⑨除非另有约定,在保险工程开始以前已经存在或形成的位于工地范围内或其周围的属于被保险人的财产的损失;⑩除非另有约定,在保险期限终止以前,保险财产中已由工程所有人签发完工验收证书或验收合格或实际占有或使用或接受的部分。

安装工程一切险的保险期限,通常应以整个工期为保险期限。一般是从被保险项目被卸至施工地点时起生效到工程预计竣工验收交付使用之日止。如验收完毕先于保险单列明的终止日,则验收完毕时保险期也终止。

七、合同公证和鉴证制度

(一)合同公证

合同公证是指国家公证机关根据当事人双方的申请,依法对合同的真实性与合法性进行审查并予以确认的一种法律制度。国务院1982年4月13日发布的《中华人民共和国公证暂行条例》,是国家公证机关依照公民、法人的申请,对其法律行为或具有法律意义的文书、事实进行审查并证明其合法性与真实性的法律依据。我国的公证机关是公证处,经省、自治区、直辖市司法行政机关批准设立。

合同公证一般实行自愿公证原则。要依据当事人申请,这体现了自愿的原则。即双方协商一致进行合同公证。在建设工程领域,一方面公证证明合同本身的合法性与真实性,另一方面在合同的履行中也需要公证。如承包人已经进场,但在开工前发包人违约而导致合同解除,承包人撤场前双方无法对赔偿达成一致,则可以对承包人已经进场的材料、设备数量公证,进行证据保全,为纠纷解决保留证据。

如果委托别人代理的,必须提出有代理权的证件。国家机关、团体、企业、事业单位申请办理公证,应当派代表到公证处。代表人应当提出有代表权的证明信。公证员对合同进行全面审查,既要审查合同的真实性和合法性,也要审查当事人的身份和行使权利、履行义务的能力。公证处对当事人提供的证明有权通知当事人作必要的补充或者向有关单位、个人调查,索取有关证件和材料。公证员对申请公证的合同,经过审查认为符合公证原则后应当制作公证书发给当事人。对于追偿债款、物品的债权文书,经公证处公证后,该文书具有强制执行的效力。一方当事人不按文书规定履行时,对方当事人可以向有管辖权的基层人民法院申请执行。公证处对不真实、不合法的合同应当拒绝公证。

(二)合同的鉴证

鉴证是合同管理机关根据当事人双方的申请对其所签订的合同进行审查,以证明其真实性和合法性,并督促当事人双方认真履行的法律制度。合同鉴证实行的是自愿原则,由双方当事人的申请。经过鉴证的合同,证明其具有合同的合法性与真实性,提高双方的相互的信任程度,有利于合同的履行,减少合同争议。

合同鉴证由县级以上工商行政管理机关办理。有条件的工商行政管理所,经上级机关确定后,可以以县(市)、区工商行政管理局的名义办理鉴证。合同鉴证可以到合同签订地、合同履行地工商行政管理机关办理;经过工商行政管理机关登记的当事人,还可以到登记机关所在地办理鉴证。合同当事人商定到登记机关所在地工商行政管理机关办理鉴证,但双方当事人不在同一地登记或者虽在同一地但不在同一登记机关登记的,由当事人选择。

申请合同鉴证还应当提供以下材料:合同原本;营业执照副本或者其他主体资格证明文件;有关专项许可证的正本或者副本;签订合同的法定代表人的资格证明或者委托代理人的委托代理书;申请鉴证经办人的资格证明;其他有关证明材料。合同鉴证应当审查以下主要内容:①不真实、不合法的合同;②有足以影响合同效力的缺陷且当事人拒绝更正的;③当事人提供的申请材料不齐全,经告知补正而没有补正的;④不能即时鉴证,而当事人又不能等待的;⑤其他依法不能鉴证的。合同经审查符合要求的,可以予以鉴证,否则,应当及时告知当事人进行必要的补充或修正后,方可鉴证(包括申请书)。

合同鉴证的作用有以下几点:①经过鉴证审查,可以使合同的内容符合国家的法律、行政法规的规定,有利于纠正违法合同;②经过鉴证审查,可以使合同的内容更加完备,预防和减少合同纠纷;③经过鉴证审查,便于合同管理机关了解情况,督促当事人认真履行合同、提高履约率。

(三)合同公证与鉴证

合同公证与鉴证实行自愿申请原则;合同鉴证与公证的内容和范围相同;合同鉴证与公证的目的都是为了证明合同的合法性与真实性。

合同公证与鉴证的区别:合同公证与鉴证的性质不同。合同鉴证是工商行政管理机关依据《合同鉴证办法》行使的行政管理行为。而合同公证则是司法行政管理机关领导下的公证机关依据《公证暂行条例》行使公证权的司法行政行为。

合同公证与鉴证的效力不同。经过公证的合同,其法律效力高于经过鉴证的合同。按照《民事诉讼法》的规定,经过法定程序公证证明的法律行为、法律事实和文书,人民法院应当作为认定事实的根据。但有相反证据足以推翻公证证明的除外。对于追偿债款、物品的债权文书,经过公证后,该文书还有强制执行的效力。而经过鉴证的合同则没有这样的效力,在诉讼中仍需要对合同进行质证,人民法院应当辨别真伪,审查确定其效力。

法律效力的适用范围不同。公证作为司法行政行为,按国际惯例,在我国域内和域外都有法律效力。鉴证作为行政管理行为,其效力只限于我国。

【案例 1-1】

发包与分包工程主体不合格的合同效力

1. 工程项目背景摘要:1991 年 10 月 11 日,某工程局深圳某公司(简称深圳公司)与省某建设发展有限公司(简称建设发展公司)签订了一份《某市一期工程疏港铁路承发包合同书》(简称总包合同书)。合同约定建设发展公司将疏港铁路全线 22 公里范围内的相关设施发包给深圳公司施工,工程总造价为人民币 116,527,992 元。合同还约定除国家(包括部委)、省及市有关的政策性调整、I 类变更设计、重大自然灾害和不可抗力的影响应据实调整合同价外,其余均按审定修正总概算总承包,一次包定不作调整。同年 10 月 14 日,深圳公司与滨江公司订立一份铁路施工合同书,约定深圳公司将其承包的范围内的约 1 公里范围内的路基土石方、路基附属工程、挡土墙、排水挖石方、电缆槽、涵洞等发包给滨江公司施工,工程承包总造价为人民币 1,704,939 元,工程承包总价只在因变更设计增减工程数量时予以调整,其他情况均不调整承包总价;该段工程所需要的"三材"由深圳公司提供,其他材料由滨江公司自行解决;深圳公司聘请王某作为其公司第一工程部经理和第一工程部工程队队长,聘用期间为 1991 年 11 月 1 日至 1992 年 12 月 1 日止。

同年 11 月 27 日,王某与滨江公司签订了一份铁路施工内部承包协议书,滨江公司决定将其与深圳公司签订合同的工程安排给工程队施工,工程队对合同实行总包干,由工程队每年上缴公司管理费人民币 30000 元;该协议书上工程队一方由王某作为代表签名,并加盖其私章。上述合同和协议签订后,王某组织工程队按照规定进场施工,并接受深圳公司和建设单位的施工监理,按月验工计价。验工计价编制单位填写为滨江公司或滨江工程部,或者没有填写,但均没有盖滨江公司或滨江工程部的印章,只有王某签名,审批单位均加盖了深圳公司公章。深圳公司依验工计价分段付出工程款,收款单据上的收款单位为滨江工程部或滨江工程部王某,但均是王某的签名,未加盖滨江工程部的印章,由于征地拆迁及变更设计等原因,工程于 1993 年 10 月 16 日才竣工。

1994 年 1 月 15 日,王某将其经核算需补助 6,281,498 元的书面报告及核算资料交给深圳公司。从 1994 年 1 月 27 日,王某与深圳公司对验工计价进行结算;累计为原合同规定的工程总价 1,704,939 元,增加工程 1,083,947 元,再加上水害补助 60,000 元等共计工程款 2,903,874 元。合同范围内及后新增工程量已完成,水害损失已补偿完毕,但滨江公司向深圳公司提出要求增加费用的报告需双方另行研究,开工累计计价款额 2,903,874 元。该确认书深圳公司盖了公章,滨江公司没有加盖公章,只有王某签名。1994 年 4 月 1 日,王某再次向深圳公司书面提出补偿工程款,因深圳公司未予补偿,滨江公司遂于 1994 年 9 月 19 日以其总投资 9,185,363 元,除深圳公司已付 2,903,874 元外,尚欠 6,281,489 元为由,向人民法院起诉,请求判令深圳公司偿付工程款。

2. 处理结果:一审法院接受本案后,委托某铁路集团某勘测设计院对滨江公司承包的工程进行评估,结论为:原设计概算金额为 6,061,653 元,变更设计金额为 2,275,481 元,由开工至竣工期所发生的应补偿金额为 2,890,824 元,共计 11,227,958 元。后滨江公司以与深圳公司双方同意由建设单位调解为由申请撤诉。同年 2 月 21 日,原建设发展公司以原告身份向原审法院起诉,请求判令深圳公司偿付工程尚欠款7,133,967,利息873,010元。同年4月9日,一审法院又委托某省某定额总站重新对本案争议的工程进行评估核算。该站于5月15日作出结论为:原设计部分7,098,224元,施工期间设计及总包单位变更设计部分3,372,592元,停工停机窝工补偿693,663元,深圳公司木材、水泥供应不足差价部分40,366元,合计结算价为11,204,845元。深圳公司对上述两份评估结论均不知晓,一审法院没有送达深圳公司。故深圳公司在二审时才对上述结论提出了质疑。一审期间,深圳公司致函鉴定中心对本案工程进行核算,某鉴定中心安排某设计院负责核算。1995年4月8日,该设计院作出的概算为3,318,900元,其中原合同部分概算费用2537,300元,变更设计部分概算费用781,600元。但该结论一审法院未在判决书中提及。1995年5月29日,一审法院作出了判决认为,王某是本案的实际主体,而滨江公司只是名义主体,不享有诉权;原合同的工程款条款显失公平,应于撤销;深圳公司按某省某定额总站的评估价补偿王某工程款8,300,971元及其利息,本案诉讼费、鉴定费由深圳公司承担。

深圳公司不服一审法院判决,向中级人民法院上诉,认为①王某不具备原告的主体资格,一审法院将其作为正当当事人是错误的。②一审法院在证据审查和运用上违反法定程序,送检材料不通知双方当事人确认,鉴定结论不送达当事人也不经质证即作为判案的证据。③一审判决认定的事实前后矛盾且对深圳公司提交的某设计院的结论不予说明也不予采信,漏认案件证据。

二审法院在征得双方当事人一致意见的基础上,经双方当事人对送检材料一致确认的前提下,委托中国某国际工程咨询公司,对本案工程进行审核计价,该公司经审核提交了初步咨询意见,认为本案工程造价结算总额为308万元。二审法院认为该公司未按法院的要求作出审核计价结论,故不采纳这一结论。最后二审法院判决认为:王某是挂靠滨江公司的,是本案工程的实际履行方,符合起诉条件;深圳公司分包给滨江公司,大幅压低工程分包款,违反了诚实信用原则,故依法应确认王某以滨江公司名义与深圳公司签订的工程施工合同无效;经向广东省某定额总站咨询,确认本案合同项下的工程款为6,973,871元,扣除深圳公司已付的工程款后,深圳公司还应向王某支付5,268,932元及按银行同期贷款利息。

3. 法理评析:本案涉及建设工程总包和分包的问题。建筑工程总承包单位可以将其承包工程中的部分工程发包给具有相应的资质条件的分包单位,但应取得建设单位的同意且范围是:总包单位必须自行完成建设项目(或单项、单位工程)的主要部分或者群体工程中半数以上的单位工程,其非主要部分或专业性较强的工程可分包给营业条件符合该工程技术要求的施工企业。分包单位必须自行完成分包工程,不得再行分包。但属于金属容器的气密性试验、压力试验、工艺设备安装的调试工作、吊装工程的焊接探伤检查、打桩和高级装修特殊专业技术作业除外。分包合同依法成立,总包单位按照总包合同的约定对建设单位负责;分包单位按照分包合同的约定对总包单位负责。总包单位和分包单位就分包工程对建设单位承担连带责任。

具体地说,总包单位的责任是:编制施工组织总设计,全面负责工程进度、工程质量,是技术、安全生产等管理工作;按照合同或协议规定的时间,向分包单位提供建筑材料、构配件、施工机具及运输条件;统一向发包单位领取工程技术文件和施工图纸,按时提供给分包单位。属于安装工程和特殊专业工程的技术文件和施工图纸,经发包单位同意,也可委托分包单位直接向发包单位领取;按合同规定统筹安排分包单位的生产、生活临时设施;参加分包工程质量检查竣工验收；统一组织分包单位编制工程预算、拨款及结算。属于安装工程和特殊工程专业工程的预决算，经总包单位委托，发包单位同意，分包单位也可直接对发包单位。

分包单位的责任是保证分包工程质量，确保分包工程按合同规定的工期完成；按施工组织设计编制分包工程的施工组织设计或施工方案，参加总包单位的综合平衡；编制分包工程的预决算、施工进度计划；及时向总包单位提供分包工程的计划、统计、技术、质量等有关资料。

本案中深圳公司与滨江公司之间的分包合同主体合格，内容合法，是有效合同。它们之间的工程款结算纠纷是根据双方的合同和确认书来认定的，应由合同利害关系人的滨江公司作为原告起诉。

第四节　招标投标管理

建设工程招标是指建设项目业主在发包建设工程或购买机器设备或合作经营某项业务时，通过一系列程序选择合适的承包商或供货商或其他合作单位的过程。具体来说，是指业主将拟建工程规模、内容和要求、建设要求或购买机器设备的名称、型号、数量等内容以招标文件的形式告知愿意承担该建设工程任务或愿出售机器设备的单位或公司，要求他们按照招标文件的要求，各自提出对建设工程的实施方案和造价或机器设备的报价，业主通过对他们递交的投标文件的开标、评标，从中优选出信誉可靠、技术能力强、管理水平高的可信赖的承包商（设计单位、施工单位、供货单位）或合作单位（如监理单位），签订承包合同，将该项工作交予其完成。招标人通过招标的手段，利用投标人之间的竞争，货比三家、优中选优，达到投资省、质量高、工期短或供货快等目的。另外，投标人在中标后，也可按规定条件将部分专业性强的工程（如土方工程、管道工程、吊装工程、设备安装工程等）分包，优势互补，来确保工程质量。

建设工程投标是指投标人利用报价的经济手段销售自己的商品或提供服务的交易行为。也就是投标人在同意招标人在招标文件中所提出的条件和要求的前提下，对招标项目估计自己的报价，在规定的日期内填写标书并递交给招标人，参加竞争及争取中标的过程。

招标与投标是一种商品交易行为，是交易过程的两个方面，招标即招标人（建设单位、业主）在招投标过程中的行为，投标则是投标人（承包商、监理单位、供货商）在招投标过程中的行为，最终的行为结果是签订标的物的承包合同，产生招标人与投标人的被承包与承包关系。招投标是委托任务的过程，承包是委托任务的实施过程，人们经常将招投标直到合同实施过程称为招标承包。

一、我国实行招投标制的历程和意义

招投标制是随着商品经济的发展而产生的。招投标制在建筑业历史悠久，在国际市场上已实行了200多年，在国际上被广泛采用。英国政府1830年明令实行招投标制，我国是在20世纪传入，解放前旧中国的建筑业基本采用招投标进行经营。解放初期，直到改革开放前，我国实行高度集中统一的计划经济体制，产品购销和工程建设任务按照指令性计划统一安排，不存在能够引起卖方竞争的买方市场，因此，不存在招标投标交易方式。我国改革开放以来，逐步在工程建设、进口机电设备、机械成套设备、政府采购、利用国际金融组织和

外国政府贷款项目、科技开发、勘察设计、工程监理等服务项目方面，推行招投标制。1980年，国务院在《关于开展和保护社会主义竞争的暂行规定》中提出“对一些适宜于承包的生产建设项目和经营项目可试行招投标的办法”，在一些地区率先试用，效果良好。1984年，国务院《关于改革建筑业和基本建设管理体制若干问题的暂行规定》中提倡在建筑领域推广招投标制度。同年，国家计委和城乡建设环境保护部共同颁布了《建设工程招投标暂行规定》。国家有关部委又相继发布关于材料承包、设计招投标、设备招投标及施工招投标的各种暂行规定和管理办法。为了适应社会主义市场经济体制的需要，保护国家利益、社会公众利益和招投标活动当事人的合法权益，保证项目质量，第九届全国人民代表大会常务委员会第十一次会议通过了《中华人民共和国招标投标法》，2000年1月1日起施行，它推动建设工程招投标制的发展，为我国建筑业的发展注入巨大的活力。

（一）我国招投标制的发展历程

纵观招投标制的推广使用过程，可分为两个发展阶段。

第一阶段是采用原始招标办法。评标的条件就是报价最低。在生产手段基本相同的条件下，价格和质量有着一定的关系。对劳动力来说，技术水平高和工作熟练的工人工资高；质量好的材料就比质量次的材料价格高，因此，对不同的承包商，同一工程所耗费的工程成本自然不同。贪图便宜会招来不可靠的承包商。

第二阶段采用现代招标办法。现代招标办法有三大特点：第一，招标前编标底，心中有数；第二，对投标人进行资格审查，剔除不合格投标人；第三，扩大评标条件，优中选优。评选的条件可以从技术能力强弱、施工质量高低、信誉好坏和资金雄厚等多方面进行评价。

在招投标发展过程中，还出现了议标方式，其特点是公开招标，但不公开“开标”。招标人在接到各家承包商的报价以后，先进行调查，从技术、质量和信誉等方面，预选几家较理想的承包商进行商谈，如能取得一致意见，则选定它为中标单位，如协商不成功，再找第二家信誉好的承包商进行商谈。这种议标的分式会带来一些弊病，已不使用。

（二）实行招投标制的意义

招投标制的特征是将竞争机制引入交易过程，与非竞争性的交易方式相比，具有明显的优越性，主要表现：

招标人通过对投标竞争者的报价和其他条件综合比较，选择报价低、技术力量强、质量保障体系可靠、具有良好信誉的承包商、供应商或监理单位、设计单位作为中标者，签订承包、采购、咨询合同，有利于节省和合理使用资金，保证招标项目的质量。

招标投标活动要求依照法定程序公开进行，遏制承包活动中行贿受贿等腐败和不正当竞争行为。有利于创造公平竞争的市场环境，促进企业间公平竞争。采用招投标制，对于供应商、承包商来说，只能通过在价格、质量、售后服务等方面展开竞争，要充分满足招标人的要求，取得商业机会，体现了在商机面前人人平等的原则。

当然，招标方式与直接采购方式相比，程序复杂、费时、费用较高，因此，有些标的物价值较低或采购时间紧迫的，可不采用招投标方式。

二、工程建设招投标程序

工程建设招投标一般要经历招标准备、招标邀请、发售招标文件、现场勘察、标前会议、投标、开标、评标、定标、签约等过程，公开招标和邀请招标的不同处是公开招标在招标准备阶段要发布招标公告，进行资格预审。

(一)招标准备

招标准备包括三个方面,即招标组织准备、招标条件准备和招标文件准备。

招标活动必须有一个机构来组织,这个机构就是招标组织。如果招标人具有编制招标文件和组织评标的能力,则可以自行组织招标,并报建设行政监督部门备案,否则应选择招标代理机构,签订招标委托合同,委托其办理招标事宜。无论是自行招标还是委托招标,招标人都要组织招标班子。

招标条件的准备必不可少。招标项目如按国家规定需履行审批手续的,同时又要准备项目的现场条件、基础资料及资金。

招标文件的准备势在必行。如公开招标用的文件准备就包括招标公告、资格预审、投标邀请、招标文件乃至中标通知书等在内的全部文件的准备。招标用文件的准备也不一定要全部同时完成,可以随招标工作的进展跟进,例如中标通知书、落标通知书就可以在评标时准备。招标用文件的核心是招标文件,要特别的重视。要由具备丰富招投标经验的工程技术专家、经济专家及法律专家合作编制。

(二)招标邀请

招标方式不同,邀请的程序也不同。公开招标一般要经过招标公告、资格预审、投标邀请等环节。而邀请招标则可直接发出投标邀请书。

招标公告由招标人通过国家指定的报刊、信息网络或者其他媒介发布。公告中要载明招标人的名称、地址,招标项目的名称、性质、数量、实施地点和时间,招标工作的时间安排,对投标人资格条件的要求及获取招标文件的办法。如果要进行资格预审的,还应写明申请投标资格预审办法。在具有工程建设招投标有形市场的地方,建设项目的公开招标应在工程建设招投标有形市场(如建设工程交易中心)发布信息,有审批程序的,应先报招投标管理部门批准。

资格预审程序包括以下步骤:资格预审文件的编制与审批;发布资格预审通知;发售资格预审文件;申请人填写、递交资格预审申请文件;审查与评议;通知资格预审结果。投标资格预审文件包括资格预审通知、资格预审须知、资格预审表等。

审查与评议投标资格由招标人内部组成的招标工作班子完成,大项目招标的投标资格评审工作由招标人主持,邀请监理工程师及有关职能管理部门的专家参加,组成评审委员会来完成。评审可以采用简单多数法或评分法来确定投标人,但首先要确定计划选多少个申请人参加投标。如果采用评分法还应该确定入选的最低资格评议分。简单多数法是按申请人得票的多少优先入选;而评分法则是按申请人得分高低入选。但即使名额未满,未达最低资格评议分的申请人不得入选。考虑到被批准的投标者不一定都参加投标,因此要掌握分寸,不宜过严,选定的投标人一般以5~9个为宜。规定报批的,应写评审报告,附拟选投标人一览表报上级审批备案。对于获得投标资格者,发给资格预审合格通知书或投标邀请书。对于未能获得投标资格者,发出致谢信。不进行资格预审的公开招标,将资格审查安排在开标后进行(称资格后审)。

(三)发售招标文件

招标文件是投标人编制投标文件、进行报价的主要依据。所以招标文件应根据招标项目的特点和需要编制。应当包括项目的技术要求、对投标人资格审查的标准、投标报价要求和评标标准等所有实质性要求和条件以及拟签订合同的主要条款。要明确国家对招标项目的技术、标准的规定。招标人应当合理划分标段、确定工期,并在招标文件中载明。

招标文件一般都包括投标须知、合同条件、标的说明、技术规范要求、各种文件格式等主要内容。但不同的招标对象,具体内容也不一样,如施工招标,还有图纸及工程量清单。

招标文件发售给投标人,并收取一定的工本费。投标人收到招标文件后要以书面形式确认。投标人要认真研究招标文件,若有疑问,应在规定的时间里以书面形式要求招标人作澄清解释。招标人对已发出的招标文件进行必要的澄清或者修改的,应当在招标文件要求提交投标文件截止时间至少15日前以书面形式通知所有招标文件收受人。该澄清或者修改的内容为招标文件的组成部分。

(四)现场踏勘

现场勘察是到现场进行实地考察。投标人通过对招标的工程项目踏勘,可以了解实施场地和周围的情况,获取其认为有用的信息;核对招标文件中的有关资料和数据并加深对招标文件的理解,以便对投标项目作出正确的判断,对投标策略、投标报价作出正确的决定。

招标人通过组织投标人进行现场踏勘可以有效避免合同履行过程中招标文件提供的现场条件与现场实际不符为由推卸本应承担的合同责任。投标人应对招标人提供的技术参考资料和招标文件的理解负责。

(五)标前会议

标前会议也称投标预备会或招标文件交底会,是招标人按投标须知规定时间和地点召开的会议。标前会议上招标单位除了介绍工程概况外,还可对招标文件中的某些内容加以修改或予补充说明,以及对投标人书面提出的问题和会议上即席提出的问题给予解答。会议结束后,招标人应将会议记录用书面通知的形式发给每一位投标人。

投标人研究招标文件和现场考察后会以书面形式提出质疑问题,招标人给予书面解答,商讨招标文件或编标的共性问题,形成会议纪要或答复函件,它是招标文件的组成部分,与招标文件具有同等的法律效力。补充文件与招标文件不一致,以补充文件为准。

(六)投标

投标人要研究招标文件内容,并对项目实施条件调查。结合实际,按照招标文件要求编制投标文件。非关键性工作进行分包的,应当在投标文件中载明。两个以上法人或者其他组织可以组成一个联合体,以一个投标人的身份共同投标。由同一专业的单位组成的联合体,按照资质等级较低的单位确定资质等级。联合体各方应当签订共同投标协议。

投标人不得相互串通投标报价,不得排挤其他投标人的公平竞争,损害招标人或者其他投标人的合法权益。投标人不得与招标人串通投标,损害国家利益、社会公共利益或者他人的合法权益。投标人不得以低于成本的报价竞标,也不得以他人名义投标或者以其他方式弄虚作假,骗取中标。

投标人应当在招标文件要求提交投标文件的截止时间前,将投标文件送达招标文件规定的投标地点。招标人收到投标文件后,应当签收保存,不得开启。投标人在招标文件要求提交投标文件的截止时间前,可以补充、修改或者撤回已提交的投标文件,并书面通知招标人。补充、修改的内容为投标文件的组成部分。

(七)开标和评标

1. 开标

开标应当在招标文件中确定的提交投标文件截止时间的同一时间公开进行，开标地点应当为招标文件中预先确定的地点。所有投标人均应参加开标会议，邀请项目有关主管部门、当地计划部门、经办银行等代表出席，招标投标管理机构派人监督开标活动。开标时，检验投标文件密封。公布标底，工作人员当众拆封，宣读投标文件的主要内容，称唱标。开标后，任何人都不允许更改投标书的内容和报价，也不允许再增加优惠条件。如果招标文件中没有说明评标、定标的原则和方法，则在开标会议上应予以说明，投标书经启封后不得再更改评标、定标的办法。

2. 评标

评标由招标人依法组建的评标委员会负责。评标委员会由招标人的代表和有关技术、经济等方面的专家组成，其负责人由建设单位法定代表人或授权人担任，成员人数为5人以上单数，其中技术、经济等方面的专家不得少于成员总数的2/3。依法必须进行招标的项目，其技术、经济方面的专家由招标人从国务院有关部门或省、市、自治区、直辖市人民政府有关部门提供的专家名册或者招标代理机构的专家库内的相关专业的专家名单中确定；一般招标项目可以采取随机抽取方式，特殊招标项目可以由招标人直接确定。评标委员会成员的名单在中标结果确定之前应当保密。

3. 评标内容

评标一般要经过符合性审查、实质性审查和复审三个阶段。“符合性审查”一般由招标工作人员协助评标委会完成。重点是审查投标书是否实质响应招标文件的要求。主要审查内容包括投标资格（适用于采取资格后审招标的评标）、投标文件完整性、与招标文件有无显著的差异和保留。如果投标文件实质不响应招标文件的要求，将作无效标处理，此外还要审查投标担保的有效性、报价计算的正确性等。对于报价计算错误，通常的修正原则是阿拉伯数字表示的金额与文字大写金额不一致的，以文字表示的金额为准；单价与数量的乘积之和与总价不一致的，以单价计算值为准；标书副本与正本不一致的，以正本为准。计算错误的修改一般由评标委员会负责，但改正要投标人的代表签字确认。投标人拒绝确认，没有通过符合性审查的投标书不得进入下一阶段的评审。

“实质性审查”是评标的核心工作，内容包括技术评审和商务评审。技术评审有综合评分法和最低标价法。综合评分法是指将评审内容分类后分别赋予不同权重，评标委员依据评分标准对各类细分的小项进行相应的打分，最后计算的累计分值反映投标人的综合水平，以得分最高的投标书为最优。经评审的最低投标价法是指评审过程中以该标书的报价为基础，将报价之外需要评定的要素按预先规定的折算办法换算为货币价值，根据对招标人有利或不利的影响及其大小，在投标报价上扣减或增加一定金额，最终构成评标价格。评标价低的标书为优。评标应按招标文件中规定的原则和方法进行。

技术评审由评委中的技术专家负责进行，主要是对投标书的技术方案、技术措施、技术手段、技术装备、人员配置、组织方法和进度计划的先进性、合理性、可靠性、安全性、经济性进行分析评价，这是投标人按期保质保量完成招标项目的前提和保证，必须高度重视。尤其是大型、特大型、非常规、工艺复杂、技术含量高的项目，如果招标文件要求投标人派拟任招标项目负责人参加答辩，评标委员会应组织他们答辩，没有通过技术评审的标书，不能中标。

商务评审由评委中的经济专家负责进行。是对投标报价的构成、计价方式、计算方法、支付条件、取费标准、价格调整、税费、保险及优惠条件等进行评审。在国际工程招标文件中还有报关、汇率、支付方式等也是重要的评审内容。商务评审的核心是评价投标人在履约过程中可能给招标人带来的风险。设有标底的招标评标要参考标底进行。

"复审"是经过评审阶段后,择优选出中标候选人,再对他们的投标书作进一步的复查审核,必要时要求投标人对商务内容作进一步的澄清,就技术内容进行答辩,最后评选出中标单位。

评标报告由技术评审和商务评审的结果汇总而成。评标报告由评标委员会编写,一般包括评标过程、评标依据、评审内容、评审方法、评审结论、推荐的中标候选人及评委会存在的主要分歧点。中标候选人一般推荐2~3家,但要排序,并说明理由。作为招标人最后选择中标人的决策依据。

4. 定标

定标是招标人享有的选择中标人的最终决定权、决策权。招标人一般在评标委员会推荐的中标候选人中权衡利弊,作出选择。对于特大型、特复杂且标价很高的招标项目,也可委托咨询机构对评标结果再作评估,在此基础上招标人再作决策。这样做无疑提高了定标的正确性,减少了招标人的风险,但也带来招标时间长、费用大等问题。对于中、小型招标项目,招标人可以授权评标委员会直接选定中标人。招标人保留定标审批权和中标通知书的签发权。但评标委员会在评标定标中无明显的失误和不当行为时,招标人应尊重评标委员会的选择。

5. 签发中标通知

定标之后招标人应及时签发中标通知书。投标人在收到中标通知书后要出具书面回执,证实已经收到中标通知书。招标人改变中标结果的,或者中标人放弃中标项目的,应当依法承担法律责任。

(八)订立合同

招标人和中标人应当自中标通知书发出之日30日内,按照招标文件和中标人的投标文件订立书面合同。招标人和中标人不得再行订立背离实质性内容的其他协议即"阴阳合同"。在合同履行和纠纷处理时,任何违背项目投标合同文件的"阴合同"将不受法律保护。但是对于带资和垫资施工项目只要不是国家基本建设项目,只要不和项目投标合同文件相互冲突,国家仍然不把"阴合同"作为无效合同处理。

招标文件要求中标人提交履约保证的,中标人应在合同签字生效前提交。同时招标人应当提前提交工程款支付担保。中标人提交了履约担保之后,招标人应将投标保证金或投标保函退还给中标人。中标的投标人向招标人提交的履约担保可由在中国注册的银行出具银行保函。由银行出具的保函一般要求为合同价格的5%;也可由具有独立法人资格的企业出具履约担保书,履约担保书为合同价格的10%(投标人可任选一种)。中标人按照合同约定或者经招标人同意,可以将中标项目的部分非主体、非关键性工程分包给他人完成。接受分包的人应当具备相应的资格条件,并不得再次分包。中标人应当就分包项目向招标人负责,接受分包的人就分包项目承担连带责任。

【案例1-2】

擅自撤回投标书,没收保证金

1. 工程项目背景摘要:2000年5月,某县污水处理厂为了进行技术改造,决定对污水设备的设计、安装、施工等工程进行招标。招标文件规定新型污水设备的设计要求、设计标准等内容。招标人还主持了项目答疑会,对设计技术性要求进行说明。在投标中,A污水设备开发公司对招标文件的技术要求理解有误,投标报价低于标底100万元。后A污水设备开发公司发现有误,提出修改投标书,投标人没采取书面告知,该修改标书的要求遭到招标人的拒绝。为了避免损失,A污水设备开发公司撤回投标书。招标工作结束,招标单位没收A污水设备开发公司的投标保证金。投标单位不服,向法院提出诉讼,要求招标人退还投标保证金。

2. 处理结果:法院认为,根据《招标投标法》的规定,投标人可以申请对已经投标的文件进行修改,但应当在投标截止日期之前以书面形式确认,原告称自己是在投标日期之前提出修改的要求,但不能佐证采取书面形式进行的。被告称,原告在投标过程中没提出修改标书的要求,而在即将开标之时,原告突然提出撤回标书,根据法律的规定,投标保证金应当没收。法院判决,驳回原告的诉讼请求。

3. 法理、法律评析:本案涉及标书的修改、撤回的效力以及投标保证金的返还与没收等问题。

根据《招标投标法》规定:"投标人在招标文件要求提交投标文件的截止时间前,可以补充、修改或者撤回已提交的投标文件,并书面通知招标人。补充、修改的内容为投标文件的组成部分。"在投标过程中,如果投标人投标后,发现在投标文件中存在有严重错误或者因故改变主意,可以在投标截止时间前撤回已提交的投标文件,也可以修改、补充投标文件,这是投标人的法定权利。撤回投标文件的书面通知应当在投标截止时间之前送达,投标人在投标截止日期后修改撤回投标文件的,招标人有权没收投标保证金。投标人需要补充、修改已经提交的投标文件的,应当向招标人发出书面通知,并按照投标文件的递送方法密封投出。时间紧急时,可以先用电子邮件或传真等通知招标人,然后补送签署的确认复印件。但是补充、修改通知必须在投标截止时间之前完成,否则补充、修改的内容无效。本案中,投标人没有采取书面形式的修改通知,致使遭到招标人的拒绝和否认是有道理的,其原因就是投标人忽略了对投标书修改、补充的书面形式要求。

【案例1-3】

固定总价合同,工程价款不变

1. 工程项目背景摘要;1995年9月、12月,被告华西房地产开发总公司为建设小区,进行公开招标。原告华西建筑工程公司于同年11月25日向被告递交了招标报名登记表;同年12月16日,原告向被告递交了投标标函。同年12月18日,被告确定原告中标。双方于1995年12月28日签订了《建筑安装工程承包合同》。合同约定了工程建筑面积为30,000m^2,工程采用固定总价合同形式,合同总价为9,000万元,约定除国家重大政策的变更,不调整费用。并约定了工程价款支付办法等条款。工程1996年1月1日开工至1997年1月1日竣工。后因道路、水电等原因,应原告的要求,工程延迟到1996年3月1日开工。工程开工不久,市场上建筑材料价格大幅度上涨。1997年3月1日该工程竣工。根据原告决算,由于建筑材料价格上涨,工程实际造价高达1亿元,超过合同预算价款1,000万元。原告因亏损过大,要求被告根据华西市建设委员会、华西市物价局发布的关于调整主要建材价格的文件,依据调整后的材料价格浮动系数、材料预算价格调整工程造价,并根据省计委的文件精神，按实际补偿因材料价格上涨造成的价外差，合计增补工程款1,000万元。被告认为，原告所列作为调价依据的文件仅适用于一般承发包工程，原告承建的工程系招标工程，其工程价款合同约定一次包死，所以不能按照所列文件的规定调整工程造价；但是，鉴于该工程施工期间材料价格上涨幅度较大的客观情况，考虑到施工企业的承受能力，被告同意参照省计划委员会的文件精神，以1996年物价上涨幅度最大期间被告与其他施工单位合同的定价为依据，本着相互谅解、共同承担损失的原则，拟定了补偿方案，补偿给原告部分材料价款，共计人民币600万元。由于原告坚持要求被告补偿价差1,000万元，双方分歧大，协商不成，故1998年11月原告起诉至法院。

上述事实，有下列证据佐证：①招标说明书、招标报告登记表、招标标函、建筑公司的预算表、中标通知书、工程结算审批表、图纸会审纪要、原告与被告双方签订的建筑安装工程承包合同。②原告的工程决算书、原告的收款收据。③华西市建设委员会、物价局、省计划委员会文件。

原告诉称：原告通过招投标方式与被告签订了建筑安装工程承包合同，合同签订后，原告依法履行了合同。但是在合同执行中，主要建材价格发生重大调整，造成了工程造价的大幅度提高。工程完工后，按建材实际价格及有关文件规定的价格浮动系数计算，该工程造价高达1亿元。原告根据华西市建委和省有关文件规定，要求被告增补价差1,000万元。被告以原告承建的系投标工程，合同规定工程价款一次包死为由，不同意按照原告所述的材料价格及有关价格浮动系数计算补价差。原告遂根据《合同法》第七条及上述有关政策文件之规定，以该工程系议标工程而非招标投标工程方式承建，议标工程相当于一般承包工程，其工程价款可以依照有关文件调整为由提起诉讼，要求法院：①认定承包合同中关于造价一次包死的条款因违反国家政策法律规定而无效；②根据上列有关文件规定计核工程造价，判令被告支付差价损失计人民币1,000万元。

被告辩称：①原告系按照招标程序中标承建华西市小区商品房的建设，双方在确定中标后签订的承包发包合同明确规定"工程价款一次包死，今后有关规定、费用等变动，不再调整。"因此，该工程属于招标投标工程，其工程价款不能等同一般承包发包工程那样，可以根据有关文件规定，按照不同施工时期的材料价格浮动系数给予调整；②鉴于该工程施工期间市场上建材价格上涨幅度较大的客观事实，被告同意参照省文件精神，补偿给原告部分材料的价外差，计人民币600万元。

2. 处理结果：华西市人民法院认为：原告、被告双方具备法律规定的履约能力，合同主体合格，经过招标投标程序所签订的"建筑安装工程承包合同"，其内容符合《合同法》和《建筑法》的有关规定，因而依法确认该合同为有效合同，具有法律约束力。被告根据《合同法》和《建筑法》的有关规定，经过发出招标公告和招标说明书、招标企业报送标函、当众开标、议标，确定中标单位、发出中标通知书等程序后同原告签订了承建现代化小区的工程建设承包合同明确规定：工程价款一次包死，今后有关规定、费用等变动，不再调整。根据当时的法律规定，这种约定属于当事人的自由意思表示，一方面，它充分体现了招标投标工程的特征，即通过投标人的竞争来决定工程的总价。也就是说，工程建设单位与承包单位按固定不变的工程造价进行结算，不因工程量、设备、材料价格、工资等变动而调整合同定价。另一方面，它也是双方当事人根据有关政策进行了一系列招标投标程序之后确定的，是双方当事人的真实意思表示，且无违反法律和国家政策之处，因此，它从成立时起即具有法律约束力，双方均需严格遵照履行。再者，参照省计委文件《建筑安装材料预算价格》、《建筑工程预算定额单位估价汇总表》、《建筑安装工程费用定额》的精神，以总价中标承包的，合同注明不予调整的工程，属于固定总价合同，其造价一律不予调整的规定，说明这种约定已经国家的主管机关以文件的形式予以认可，故应依法保护其严肃性。所以，原告工程价款不能按照一般承包工程的有关规定予以调整。

鉴于该工程施工期间市场上建材价格上涨幅度较大的实际情况，根据《民法通则》有关自愿、公平的原则，允许被告参照省计划委员会文件精神，补偿给原告部分材料价外差计人民币600万元，依照《合同法》、《民法通则》和《建筑法》的规定，华西市人民法院于1999年8月作出判决：

(1)驳回原告关于其以招标投标方法承包工程款结算方法变更为一般承发包工程结算方法，要求被告增补工程款1,000万元的诉讼请求。

(2)同意被告房地产开发公司补偿给原告部分材料价外差人民币600万元，具体工程价款的结算，按原签合同规定执行。

(3)法理评析：本案是关于固定总价招标工程的法律制度问题。通过招标投标的方式签订建筑安装工程承包合同是目前我国国内实践中采用较多的一种竞争交易方式，在建筑安装工程中，所谓招标，是指招标人就拟建项目的内容、要求和预选投标人的资格等提出条件，公开或非公开地邀请承包商对其拟建项目所要求的价格、施工方案等进行报价，择日开标，从中择优选定工程承包人的交易过程。其中招标人是业主或总承包人，投标人是承包人或分包人。从合同法的角度看，投标是合同缔结过程中的一种要约行为。投标是投标人在同意特定的招标人拟定的合同主要条件后向其发出的要求承包招标项目的行为，具有明确的要求签订合同的意思表示，这种意思表示，一旦在投标竞争中被招标人承诺或接受，合同即成立。本案当事人经过招标投标行为签订建筑安装工程承包合同，应属于固定总价合同。作为招标投标计价方式在2004年10月20日发布实施《建设工程价款结算暂行办法》前主要有固定总价合同、单价合同、成本加酬金合同。发布实施《建设工程价款结算暂行办法》后有固定总价合同、固定单价合同、可调价格。固定总价合同除不可抗力情况外，其工程总价是固定的。采用这种合同方式时，价格风险全部由承包商承担，所以承包商需要充分考虑不可预见费用和特殊风险以及业主原因导致工程成本增加时的索赔权利。因此承包商报价往往会比较高，这对业主未必有利，如果业主同意在特殊条件下价格可调整或部分可调整，则可减少承包商风险而降低价格。因此采用总价合同时在一定幅度内增加价格调整条款，对业主和承包商都不失为有利的抉择。这种承包方式的优点是工程建设单位应当付给承包商的费用采用一揽子估价的方式，即工程造价一次包死，其缺点就是由于承包商要承担工程量和物价的双重风险，因此承包商的报价一般都比较高，所以它一般适用于规模不大、工期较短、结构不复杂的工程，在本案中采用这种方式签订合同有一定的缺陷。

本案中采用固定总价合同方式签订合同，排斥了各种因素对合同价格调整的可能性，因此，对于原告要求增加1,000万元的工程款法院不予支持，对于确实足以引起合同价格调整的材料价格变化，同意被告给予原告600万元的材料差价补偿也是完全处于公平原则而考虑的。

复习思考题

1. 简述我国的立法层次。
2. 简述建筑相关法规的内容。
3. 法人应具备什么条件？是怎样分类的？
4. 简述工程建设招投标程序。

第二章　合同法总论

【本章提要】本章从合同法基本原理入手，在剖析合同的订立、效力、履行、变更、转让及终止的基础上，系统地介绍违约责任的承担方法，研究了相关法律适用原则。这些内容是合同管理和索赔的理论基础。

第一节　合同法的概述

一、合同法的概念

合同法是指调整因合同产生的以权利义务为内容的社会关系的法律规范的总称。合同法主要规范合同的订立、合同的效力、合同的履行、合同的变更和转让、合同的权利义务终止以及违约责任等问题。合同法有广义和狭义之分。狭义的合同法专指合同法典，在我国即是指《中华人民共和国合同法》（以下简称《合同法》）。广义的合同法除包括合同法典之外，还包括调整合同关系的其他法律规范，例如《保险法》中调整保险合同的法律规范、《担保法》中调整担保合同的法律规范等等。

合同法是社会主义市场经济法律体系的主要组成部分。合同法的立法目的主要表现为保护合同当事人的合法权益，维护社会经济秩序。合同是当事人设立、变更、终止民事权利和义务的协议，因此合同立法的目的直接表现为对合同当事人正当权益的保护。在市场经济条件下，合同是衔接产需的纽带，是实现市场交易的最基本形式，合同关系对市场交易秩序有日益重要的影响。因此，通过对合同关系的调整来维护社会经济秩序成为合同法的重要目的之一。我国目前的任务是发展商品经济，基本手段是借助市场经济这个平台，以完善的法制经济作后盾，构建我国经济发展的框架。合同法通过确立市场交易的规则，保障我国经济发展框架的快速成型。

二、《合同法》的主要内容

合同法完善了我国合同法律制度，更加符合市场交易的规律和法制的要求。合同法是规范市场交易行为和秩序的法律，在市场交易活动中，市场主体期望交易行为便利迅速、安全可靠。合同法兼顾这两方面并使之相辅相成。合同法目的是保障市场经济有序发展，维护当事人权益，防范合同风险，维护合同秩序。

合同法中关于要约和承诺的规定，完善了合同订立的程序；关于合同的形式，合同法规定可采取书面形式、口头形式或其他形式。合同法特别强调数据电文（包括电报、电传、传真、电子数据交换和电子邮件）等可以有形地表现所载内容的合同形式；关于合同的效力，在区别合同成立和合同生效的基础上，合同法不仅对合同生效的时间和地点进行了明确的规定，而且对合同的无效、变更和撤销进行了规定；在合同履行部分，增加了履行的抗辩制度，例如同时履行抗辩、后履行抗辩以及不安抗辩等制度。建立了合同履行的保全制度，规定了保护债权人利益的撤销权和代位权制度，以保障债权人权益的实现；规定了合同的变更和转让制度；在合同终止部分，系统详细地规定了合同终止的情形和适用条件；在违约责任部分，不仅具体规定了违约责任的具体形式，而且违约金责任的种类、含义、条件以及免责等均有规定；在合同的分则部分，系统详细地规定了买卖合同；供用电、水、气、热力合同、赠与合同、借款合同、租赁合同、融资租赁合同、承揽合同、建设工程合同、运输合同、技术合同、保管合同、仓储合同、委托合同、行纪合同、居间合同等合同。

合同法的实施标志着我国有了一部体系完整的合同法典，古人云“徒法不足以自行”。我们应积极创造条件，保护自身利益，保证合同法的执行真正落到实处。

三、合同法的基本原则

(一)当事人法律地位平等的原则

《合同法》第3条规定：“合同当事人的法律地位平等，一方不得将自己的意志强加给另一方。”这一规定表明，不论合同当事人是自然人、法人或者其他组织，不论当事人的经济实力和经济性质，任何一方当事人均不得享有特权，不得凌驾于对方当事人之上，任何一方当事人不得将自己的意志强加给对方当事人。平等原则是合同关系的本质特征，是对合同法的必然要求，是商品交易关系应当遵循的价值规律在合同法中的体现，是调整合同关系的基础，是当事人自愿订立合同的前提，是公平确定当事人权利义务的基础。

(二)自愿订立合同的原则

《合同法》第4条规定：“当事人依法享有自愿订立合同的权利，任何单位和个人不得非法干预。”合同是当事人协商一致的产物，应当是当事人真实意思表示一致的结果。当事人表达其内心的真实意思，不仅需要以双方的法律地位平等作为前提，而且需要以可以自由表达自己的真实意思为条件。如果当事人在订立合同的过程中不能自由地表达自己的真实意思，就无法公平地确定双方的权利和义务。自愿订立合同的原则的主要含义表现在以下几个方面：当事人有订立和不订立合同的自由；当事人有自主选择相对人的自由；当事人在不违背法律、行政法规强制性规定的前提下有自主决定合同内容的自由；当事人在不违背法律、行政法规强制性规定的前提下有选择合同形式的自由；在不是有名合同的情况下，当事人有创设合同类型的自由。

(三)公平原则

《合同法》第5条规定：“当事人应当遵循公平原则确定各方的权利和义务。”在市场交易活动中，公平的含义主要是指双方当事人的利益关系均衡对等。是正义的道德观念在合同法中的体现。根据这一原则，合同法要求当事人在订立合同时应当按照公平、合理的原则确定双方的权利和义务；当事人在履行合同的过程中应当正当地履行自己的义务；当事人变更、解除和终止合同关系也不能导致不公平结果的出现；在解决合同纠纷时，合同争议的解决机构应当按照公平原则对当事人的权利义务进行判定。

(四)诚实信用原则

《合同法》第6条规定：“当事人行使权利、履行义务应当遵循诚实信用原则。”在大陆法系国家，诚实信用原则被认为是债法的最高指导原则，甚至被尊称为“帝王规则”。根据这一原则，当事人在合同的订立、履行、变更、终止以及解释的各个环节，都应充分注意和维护双方的利益平衡，以及当事人的利益与社会利益的平衡。当事人应当以善意的方式履行自己的义务，不得滥用权利及规避法律或者合同规定的义务。另一方面，由于合同法难以包容所有相关的情况,需要赋予法官一定的自由裁量权,法官应当根据诚实信用原则的要求,准确地解释合同、适用法律。

(五)合法原则

《合同法》第7条规定:“当事人订立、履行合同,应当遵守法律、行政法规,尊重社会公德,不得扰乱社会经济秩序,损害社会公共利益。”根据本条规定,当事人订立合同、履行合同应当遵守法律、行政法规规定。结合合同法的其他规定,合法原则的含义主要是指当事人不得违背法律、行政法规的强制性规定。同时,根据本条规定,判断当事人在订立、履行合同过程中的行为是否合法,应当以法律、行政法规为依据,不能擅自将判断的依据无限扩大化。

社会公德即社会公认的道德准则,是所有社会主体应当遵循的行为规范,其中包括了公平、诚实信用等内容。尽管社会公德与法律分属不同层次的社会规范,但两者的价值目标是一致的,而且社会公德的调整范围要大于法律规范。所以,从这个意义上讲,尊重社会公德不仅有利于维护法律规范的尊严,还可以弥补法律规范的不足。在现代社会,法律的任务之一就是保护社会经济秩序和社会公共利益,当事人在订立和履行合同都不得扰乱社会经济秩序,不得损害社会公共利益。

第二节　合同的订立和成立

合同当事人主体合格,是合同得以有效成立的前提条件之一。《合同法》第9条规定:“当事人订立合同,应当具有相应的民事权利能力和民事行为能力。当事人依法可以委托代理人订立合同。”合同当事人的主体资格主要表现在民事权利能力和民事行为能力两个方面。民事权利能力是法律赋予主体享有民事权利承担民事义务的资格或者法律地位。具有民事权利能力,是实施民事行为的前提。民事行为能力,就是民事主体通过自己的行为,取得民事权利承担民事义务的能力或者资格。当事人订立合同,应当具有相应的民事权利能力和民事行为能力。当事人可以亲自订立合同,也可以依法委托代理人订立合同。

一、合同的形式与条款

(一)合同的形式

根据《合同法》第10条规定,当事人订立合同,有书面形式、口头形式和其他形式。所谓书面形式是指合同书、信件和数据电文(包括电报、电传、传真、电子数据交换和电子邮件)等可以有形地表现所载内容的形式。法律、行政法规规定采用书面形式的,应当采用书面形式。当事人约定采用书面形式的,应当采用书面形式。为了保障交易的安全,同时鼓励和促进市场交易活动,根据《合同法》第36条规定:“法律、行政法规规定或者当事人约定采用书面形式订立合同,当事人未采用书面形式但一方已经履行主要义务,对方接受的,该合同成立。”同时,根据《合同法》第37条规定:“采用合同书形式订立合同,在签字或者盖章之前,当事人一方已经履行主要义务,对方接受的,该合同成立。”

(二)合同的一般条款

合同的内容是通过合同的条款来表达的,合同的订立也主要是围绕合同的条款展开的。根据自愿订立合同的原则,合同的内容由当事人约定。为了指导和规范合同的订立和履行,保障合同当事人的正当权益,我国《合同法》第12条规定了合同的一般条款:①当事人的名称或者姓名和住所。②标的。③数量。④质量。⑤价款或者报酬。⑥履行期限、地点和方式。⑦违约责任。⑧解决争议的方法。

国家根据需要下达指令性任务或者国家订货任务的,有关法人、其他组织之间应当依照有关法律、行政法规规定的权利和义务订立合同。当事人可以参照政府有关部门以及行业自律机构编制的各类合同的示范文本订立合同。

二、合同的订立

《合同法》第13条规定:"当事人订立合同,采取要约、承诺方式。"

(一)要约

1. 要约:所谓要约是指希望和他人订立合同的意思表示。根据《合同法》第14条规定,要约的构成要件是:第一,要约的内容具体确定。由于要约一经受要约人承诺,合同即为成立,所以要约必须是能够决定合同主要内容的意思表示。要约的内容首先应当确定,不能含糊不清;其次还应当完整和具体,应包含合同得以成立的必要条款。第二,表明经受要约人承诺,要约人即受该意思表示约束,即要约是具有法律约束力的。要约人在要约有效期间要受自己要约的约束,并负有与作出承诺的受要约人签订合同的义务。要约一经要约人发出,并经受要约人承诺,合同即告成立。

2. 要约邀请:要约邀请不同于要约。《合同法》第15条规定,要约邀请是希望他人向自己发出要约的意思表示,也称要约引诱。寄送的价目表、拍卖公告、招标公告、商业广告等为要约邀请。当然,如果商业广告的内容符合要约规定的,则视为要约。

3. 要约的生效:关于要约的生效时间,我国采取了到达生效的立法体例,即要约于到达受要约人时生效。要约自生效时起对要约人产生约束力。《合同法》第16条规定,采用数据电文形式订立合同,收件人指定特定系统接收数据电文的,该数据电文进入该特定系统的时间,视为到达时间;未指定特定系统的,该数据电文进入收件人的任何系统的首次时间,视为到达时间。

4. 要约的撤回与撤销:根据《合同法》第17条规定,要约可以撤回。撤回要约的通知应当在要约到达受要约人之前或者与要约同时到达受要约人。要约因撤回而不发生效力。同时,《合同法》第18条规定,要约还可以被要约人撤销。撤销要约的通知应当在受要约人发出承诺通知之前到达受要约人。要约因被撤销而不再生效,即在被撤销之后,要约不再对要约人有约束力。为了保护受要约人的正当权益,《合同法》第19条规定,有下列情形之一的,要约不得撤销:①要约人确定了承诺期限或者以其他形式明示要约不可撤销;②受要约人有理由认为要约是不可撤销的,并已经为履行合同作了准备工作。

5. 要约失效:要约仅仅是订立合同的第一个有法律意义的阶段,而且要约并不一定导致合同订立行为的继续,更不一定导致合同的成立。《合同法》第20条规定了要约失效的若干情形:①拒绝要约的通知到达要约人。②要约人依法撤销要约。③承诺期限届满,受要约人未作出承诺。④受要约人对要约的内容作出实质性变更。

(二)承诺

1. 承诺的概念:承诺是指受要约人同意要约的意思表示。承诺的构成要件包括:第一,承诺必须由受要约人作出。如果要约向特定人发出的,特定人具有承诺资格;如果要约向不特定的人发出,不特定人具有承诺资格。其他任何人对要约人作出"承诺"的意思表示均不产生效力,也不能产生合同成立后果,只能作为要约。当然。受要约人的代理人例外。第二,承诺内容与要约内容要完全一致。据《合同法》第30条和第31条的规定,受要约人对要约的内容作出实质性变更的,为新要约。有关合同标的、数量、质量、价款或者报酬、履行期限、履行地点和方式、违约责任和解决争议方法等的变更,属于对要约内容的实质性变更。承诺对要约的内容作出非实质性变更的,除非要约人及时表示反对或者要约表明承诺不得对要约的内容作任何变更的,该承诺有效,合同内容以承诺为准。

2. 承诺的方式:承诺应当明示,缄默或者不作为不是承诺。即承诺应当采取通知的方式,但根据交易习惯或要约表明可通过行为承诺的除外。

3. 承诺的期限:承诺期限是受要约人资格的存续期限,在该期限内受要约人具有承诺资格,可以向要约人发出具有约束力的承诺。承诺应当在要约确定的期限内到达要约人。如果要约没有确定承诺期限,承诺应依下列规定到达:①要约采取对话方式,应当即时承诺,当事人另有约定除外;②要约采取非对话方式,承诺在合理期限内到达。如要约以信件或者电报作出,承诺期限自信件载明的日期或者电报交发之日开始计算。信件未载明日期的,自投寄该信件的邮戳日期开始计算。要约以电话、传真等快速通讯方式作出的,承诺期限自要约到达受要约人时开始计算。受要约人超过承诺期限发出承诺,除要约人及时通知受要约人该承诺有效外,为新要约。对迟到承诺,受要约人在承诺期限内发出承诺,按照通常情形能够及时到达要约人,但因其他原因承诺到达要约人时超过承诺期限,除要约人及时通知受要约人因承诺超过期限不接受该承诺的以外,该承诺有效。

4. 承诺的撤回:承诺的撤回是指在发出承诺之后,承诺生效之前,宣告收回发出的承诺,取消其效力的行为。承诺可以撤回。撤回承诺的通知应当在承诺通知到达要约人之前或者与承诺通知同时到达要约人。但是承诺不得撤销。因为承诺生效合同成立,如允许撤销承诺,无异于撕毁合同,因此,不得撤销。

5. 承诺生效的时间:承诺的生效时间指承诺何时发生法律约束力。《合同法》规定,承诺通知到达要约人时生效。承诺不需要通知的,根据交易习惯或者要约的要求作出承诺的行为时生效。采用数据电文形式订立合同的,承诺到达时间的确定方式与确定要约到达时间的方式相同。

三、合同的成立

合同的成立意味着当事人的意思表示已经达成一致。承诺生效时合同成立。

(一)合同成立的时间

合同成立的时间,是双方当事人的磋商过程结束,达成共同意思表示的时间界限。当事人采用合同书形式订立合同的,自双方当事人签字或者盖章时合同成立;当事人采用信件、数据电文等形式订立合同的,如果在合同成立之前要求确认,签订确认书时合同成立。

(二)合同成立的地点

合同成立的地点是指当事人经过对合同内容的磋商,最终意思表示一致的地点。承诺生效的地点为合同成立的地点。如以数据电文形式订立合同,收件人的主营业地是合同成立地点;无主营业地的经常居住地是合同成立地点。另有约定的要按照约定。如以合同书形式订立合同的,签字盖章地点为合同成立地点。

四、格式条款的特别规定

格式条款是当事人为了重复使用而预先拟定,并在订立合同时未与对方协商。提供格式条款方应当遵循公平原则确定当事人之间的权利义务,采取合理方式提请对方注意免除或者限制其责任条款,按照对方的要求,对该条款予以说明。格式化条款具有下列情形的该条款无效:提供格式条款一方免除其责任、加重对方责任、排除对方主要权利。格式条款的理解发生争议,应按通常理解解释。格式条款有两种以上解释的,应当执行不利于提供格式条款一方的解释。格式条款和非格式条款不一致的,应当采用非格式条款。

五、缔约过失责任

所谓缔约过失责任是指在订立合同过程中,当事人由于过错违反先合同义务而依法承担的民事责任。先合同义务是当事人为订立合同而相互接触和协商期间产生的义务,包括当事人之间的互相协助、互相通知、互相保护,对合同有关事宜给予必要和充分的注意等义务。由于此时合同还没有成立,因此先合同义务不是合同义务。同样,因违反先合同义务应当承担赔偿责任,但不是违约责任。缔约过失责任的承担可维护交易安全、保护当事人利益。但是必须满足以下要件:

1. 当事人违反了先合同义务,即当事人的行为发生在订立合同的过程中。
2. 当事人实施了《合同法》第 42 条和第 43 条规定的行为,包括当事人一方有假借订立合同,恶意进行磋商的;故意隐瞒与订立合同有关的重要事实或者提供虚假情况的;其他违背诚实信用原则的行为以及当事人泄露或者不正当地使用在订立合同过程中知悉的商业秘密的行为。
3. 当事人一方的行为给另一方当事人造成了损失。
4. 一方当事人的行为与另一方当事人的损失之间有因果关系。
5. 违反先合同义务的一方在主观上有过错。

第三节　合 同 的 效 力

合同效力即已经成立的合同的法律效力,其含义是指依法成立的合同对当事人具有法律约束力。具有法律效力的合同不仅表现为对当事人的约束,同时,在合同有效的前提下,当事人可以通过法院获得强制执行的法律效果。当事人应当按照约定履行自己的义务,不得擅自变更或者解除合同。依法成立的合同,受法律保护。合同成立意味着双方当事人就合同的主要条款已经达成一致。合同生效意味着合同产生法律约束力,即法律效力。

一、合同成立与生效的区别和联系

合同成立与合同生效是两个不同的概念,合同成立是合同生效的前提。已经成立的合同不符合法律规定的生效要件,不能产生法律效力。合同的效力制度体现了国家对当事人已经订立的合同的评价。这种评价若是肯定的,即合同能够发生法律效力;这种评价若是否定的,即合同不能发生法律效力。据此可以说,合同的成立主要表现当事人的意志,体现自愿订立合同的原则,而合同效力制度体现国家对合同关系的评价,反映国家对合同关系的干预。

合同生效是指已经成立的合同在当事人间产生的法律约束力,就是通常所说的法律效力。强调合同对当事人的约束力。合同的这种法律效力发生的时间,就是合同生效的时间。对依法成立且符合法律生效要件的合同来说,一旦成立即产生法律约束力。这种情形表现为合同的成立与生效在时间上的同一性。但是对于那些需要履行批准、登记手续方能生效的合同以及附条件和附期限的合同,合同的成立与生效有一定的时间间隔,表现为合同的成立与生效在时间上的不具有同一性。所以,合同的成立和生效在时间上不一定一致。依法成立的合同自成立时生效。法律规定应当办理批准登记等手续生效的,在办理了批准登记手续后生效。当事人对合同的效力可以约定附条件和附期限。附生效条件的合同,自条件成熟时生效;附生效期限的合同,自期限届至时生效。

二、有效合同

有效合同即依法成立并符合合同生效条件的合同。其要件是:第一,合同的主体合格。合同的主体合格,是指合同的主体应当具有相应的民事权利能力和民事行为能力。第二,意思表示真实。意思表示就是指行为人追求一定法律后果的意志在外界的表现,即把要求进行法律行为的意思以一定方式表现于外部的行为。所谓意思表示真实是指行为人的意思表示真实地反映其内心意思。如果说意思表示一致是合同成立的要件,那么真实意思表示一致是合同生效的要件。第三,不违反法律和社会公共利益。这里不违反法律的含义主要是指不违反法律的强制性规定;不违反社会公共利益是指合同的订立履行不得违反公共道德和风俗。值得注意的是,以下两种情形是有效合同:

(一)表见代理

所谓表见代理是指被代理人的行为足以使善意相对人相信无权代理人具有代理权,基于此项信赖与无权代理人进行交易,由此造成的法律后果由被代理人承担的代理。表见代理制度旨在保护善意第三人的信赖利益,维护交易的安全,对于疏于注意的被代理人自负后果。表见代理实质属于无权代理,但表见代理产生与有权代理同样的法律后果。行为人没有代理权、超越代理权或者代理权终止后以被代理人名义订立合同,相对人有理由相信行为其有代理权的,该代理行为有效。

(二)超越代表权订立的合同

法人或者其他组织的法定代表人、负责人超越权限订立的合同,除相对人知道或者应当知道其超越权限的以外,该代表行为有效。法人或者其他组织订立合同的行为能力是由其法定代表人行使,但法人、其他组织可以在章程中对法定代表人的权限进行限制,但不得对抗善意第三人,只能对内发生效力。因此,如果法定代表人超越权限与相对人订立合同,相对人善意并且无过失地相信对方没有超越权限的,则该法定代表人的代表行为有效。订立的合同符合法律规定的成立要件的,可成立。该法人或者其他组织是合同一方的当事人,应承担合同产生的法律后果。但是,如果相对人知道或者应当知道法定代表人超越权限,不适用上述规则,同时法人或者其他组织不承担合同产生的法律后果,由法定代表人自行承担合同责任。

三、效力待定的合同

效力待定合同是指合同虽然已经成立,但因并不完全符合有关合同生效要件的规定,因此其能否生效,尚未确定,一般须经追认才能生效的合同。效力待定合同的种类有:①限制民事行为能力人订立的合同。如10周岁以上的未成年人或不能完全辨认自己行为的精神病人是限制民事行为能力的人。他们可以从事与其年龄、智力和精神健康状况相适应的民事行为。例如限制民事行为能力人订立的合同,除与其年龄、智力、精神健康状况相适应而订立的合同或者纯获利益的合同(不须法定代理人追认),其他合同须经法定代理人事先同意或者事后追认有效。所谓追认,即事后追认是指法定代理人明确无误地表示同意限制民事行为能力人与他人订立的合同。这种同意是一种单方意思表示,无需合同相对人同意即可发生效力。相对人可以催告法定代理人在一个月内予以追认。法定代理人未作表示的，视为拒绝追认。合同被追认之前，善意相对人有撤销的权利。撤销应当采取通知的方式。②行为人无权代理订立的合同。行为人无权代理订立的合同包括行为人没有代理权、超越代理权或者代理权终止后以被代理人名义订立的合同三种情形。这类合同未经被代理人追认，对被代理人不发生效力，由行为人承担责任。同时，合同法也赋予了相对人催告权和撤销权。相对人可以催告被代理人在1个月内予以追认。被代理人未作表示的，视为拒绝追认。被代理人的追认必须采取明示的方式。合同被追认之前，善意相对人有撤销的权利。在被代理人追认之后，善意相对人不再享有撤销权。撤销应当采取通知的方式，即撤销通知也应当采取明示的方式。如果善意相对人有理由相信无权代理人具有代理权，且据此而与无权代理人订立合同，该代理行为有效。

没有处分权的行为人订立的合同。对财产的处分包括法律上的处分和事实上的处分，前者如出卖、赠与，后者如抛弃。通过订立合同处分财产属于一种法律上的处分。处分权是所有权的一项权能，所以，在一般情况下，处分权的主体或者是所有权人或者是得到了所有权人的授权。在特定情况下，行为人可以基于法律的规定取得处分权。例如，抵押权人、质押权人、留置权人处分抵押物、质押物、留置物的权利。无处分权人订立合同处分他人财产的，属于效力待定合同，须经权利人追认，或者无处分权的人订立合同后取得处分权，该合同有效；否则该合同无效。如果合同相对人善意且有偿取得财产，则合同相对人能够享有财产所有权，原财产所有权人的损失，由擅自处分人承担赔偿责任。

四、无效合同与有效合同的无效条款

（一）无效合同

无效合同是相对有效合同而言的，是指合同虽然已经成立，但是因为欠缺生效的要件而自始就不具有法律约束力的合同。无效合同具有以下特征：第一，违法性。无效合同是违反了法律和行政法规的强制性规定和社会公共利益的合同。第二，自始无效。无效合同从订立之时就不具有法律约束力，即自始无效。无效合同的无效是绝对的。需要指出的是，无效合同对当事人没有法律约束力，只是意味着当事人不能实现合同的目的，而并不是指无效合同不发生任何法律后果。

有下列情形之一的合同无效：一方以欺诈、胁迫的手段订立合同，损害国家利益；恶意串通，损害国家、集体或者第三人利益；以合法形式掩盖非法目的；损害社会公共利益；违反法律、行政法规的强制性规定。

（二）有效合同的无效条款

合同中的下列免责条款无效：①造成对方人身伤害的。②因故意或者重大过失造成对方财产损失的。法律之所以规定以上两种情况的免责条款无效，一是因为这两种行为都具有一定的社会危害性和法律的谴责性；二是这种行为都可以构成侵权行为，即使当事人之间没有合同关系，当事人也可以追究对方当事人的侵权行为责任，如果当事人约定这种侵权行为免责的话，等于以合同的方式剥夺了当事人的合同以外的法定权利，违反了民法的公平原则。

五、可变更撤销的合同

可变更合同是指合同虽已成立，但由于存在法定变更因素，经一方当事人请求，法院或者仲裁机构确认后予以变更的合同。合同变更的是合同的内容，随之合同当事人的权利义务要进行调整。可撤销合同是指存在着法定的可撤销因素,经一方当事人请求,法院或者仲裁机构确认撤销的合同。合同在被撤销之后,已发生的合同法律关系自始归于消灭。

合同可变更或者可撤销的法定原因有:①因重大误解订立的;②在订立合同时显失公平;③一方以欺诈、胁迫手段或者乘人之危,使对方在违背真实意思的情况下订立的合同。在上述情形下订立的合同,因违背了意思表示应当真实的要求,所以,法律赋予当事人请求人民法院或者仲裁机构变更或撤销合同的权利。对合同是变更还是撤销,由享有撤销权的当事人自由选择。当事人请求变更的,人民法院或者仲裁机构不得撤销。可撤销的合同在被撤销之前是有效合同,但是由于存在被撤销的因素,所以可撤销合同的效力并不是处于确定的状态。为了稳定当事人之间的合同关系,保护另一方当事人的利益,法律规定撤销权消灭制度。自撤销权消灭之时起,可撤销合同的效力转入确定的状态,即为确定有效的合同,享有撤销权方无权再请求人民法院或者仲裁机构撤销合同。有下列情形之一的,撤销权消灭:①具有撤销权的当事人自己知道或者应当知道撤销事由之日起1年内没有行使撤销权的。因该期限属于除斥期间,所以不得中断、中止或者延长。②具有撤销权的当事人知道撤销事由后明确表示或者以自己的行为放弃撤销权的。

六、合同被确认无效或被撤销后的处理

合同被确认无效或被撤销后,自始无法律约束力。因此,应当将当事人之间的关系恢复到没有订立合同的状态,具体的处理方法:①返还财产。因无效合同和被撤销的合同取得的财产,能够返还并且有必要返还的,应当予以返还。②折价补偿。不能返还或者没有必要返还的,应当折价补偿。不能返还主要是指由于法律上的或者事实上的原因造成的不能返还的情形。例如,一方当事人已经将基于无效合同取得的财产转让给了善意的第三人,如果仍然坚持返还财产的方法,将可能给该善意第三人造成损失,所以在这种情况下不宜适用返还财产的方法,而应当折价补偿。还有些合同的性质决定了无法适用返还方式,例如一方提供劳务的合同、一方提供工作成果的合同。还有一种情形是,如果适用返还的方法,可能需要较高的费用,也不宜适用返还的方式。③赔偿损失。合同被确认无效或者被撤销后,有过错的一方应当赔偿另一方因此所受到的损失。双方都有过错的,应当各自承担相应的责任。④收归国家所有或者返还集体或第三人。该处理方法是针对当事人恶意串通,损害国家、集体或者第三人利益的无效合同。当事人恶意串通,损害国家利益的,因此取得的财产收归国家所有;当事人恶意串通,损害集体或者第三人利益的,应当将取得的财产返还集体或第三人。

有效合同因无效部分具有独立性,没有影响其他部分的法律效力,此时,其他部分仍然有效;无效部分内容在合同中处于重要地位的,可导致整个合同无效。

合同无效或者被撤销并不影响合同中独立存在的解决争议方法的条款效力。不影响合同中双方结算方法的条款效力。对无效合同,有过错的当事人不仅要承担民事责任,还可能承担行政责任甚至刑事责任。

第四节　合同的履行

合同的履行是指合同成立后,双方按照约定的标的、质量、数量、价款或者报酬、履行期限、履行地点、履行方式等内容,全面地完成承担的义务,使合同的权利义务得到实现的行为过程。合同履行以合同的有效为前提,是依法成立的合同必然发生的法律效果。合同的履行是合同法的核心,合同的订立、担保、变更、解除等是围绕履行这个核心的。因为当事人订立合同是为达到一定的目的,而目的的实现只能靠合同履行途径。

一、合同履行的原则

根据《合同法》第60条规定,在合同履行过程中必须遵循两个基本原则:

(一)全面履行原则

全面履行是指合同当事人应当按照合同的约定全面履行自己的义务,包括履行义务的主体、标的、数量、质量、价款或者报酬以及履行的方式、地点、期限等,都应当按照合同的约定全面履行,不能以单方面的意思改变合同义务或者解除合同。

(二)诚实信用原则

诚实信用原则是指在合同履行过程中,合同当事人讲究信用,恪守信用,以善意的方式履行其合同义务,不得滥用权利及规避法律或者合同规定的义务。合同的履行应当严格遵循诚实信用原则。一方面要求当事人除了应履行法律和合同规定的义务外,还应当履行依据诚实信用原则所产生的各种附随义务,包括相互协作和照顾义务、瑕疵的告知义务、使用方法的告知义务、重要事情的告知义务、保密义务等。另一方面,在法律和合同规定的内容不明确或者欠缺规定的情况下,当事人应当依据诚实信用原则履行义务。

二、合同履行的规则

(一)合同内容约定不明确的履行规则

合同生效后,当事人就质量、价款或者报酬、履行地点等内容没有约定或者约定不明确的,可以协议补充;不能达成补充协议的,按照合同有关条款或者交易习惯确定。如果仍然不能确定的,则按照以下规定履行:①质量要求不明确的,按照国家标准、行业标准履行;没有国家标准、行业标准的,按照通常标准或者符合合同目的的特定标准履行。②价款或者报酬不明确的,按照订立合同时履行地的市场价格履行;依法应当执行政府定价或者政府指导价的,按照规定履行。③履行地点不明确,给付货币的,在接受货币一方所在地履行;交付不动产的,在不动产所在地履行;其他标的,在履行义务一方所在地履行。④履行期限不明确的,债务人可以随时履行,债权人也可以随时要求履行,但应当给对方必要的准备时间。⑤履行方式不明确的,按照有利于实现合同目的的方式履行。⑥履行费用的负担不明确的,由履行义务一方负担。

(二)执行政府定价或者政府指导价的合同履行规则

政府定价是指依照《价格法》的规定,由政府价格主管部门或者其他有关部门,按照定价权限和范围制定的价格。这种定价是确定的,当事人不得另行约定价格。政府指导价,是指依照规定,由政府价格主管部门或者其他有关部门,按照定价权限和范围规定基准价及其浮动幅度,指导经营者制定的价格。

执行政府定价或者政府指导价的合同在履行时应遵守以下规则:执行政府定价或者政府指导价的,在合同约定的交付期限内政府价格调整时,按照交付时的价格计价。逾期交付标的物的,遇价格上涨时,按照原价格执行;价格下降时,按照新价格执行。逾期提取标的物或者逾期付款的,遇价格上涨时,按照新价格执行;价格下降时,按照原价格执行。

(三)合同履行涉及第三人规则

当事人约定由债务人向第三人履行债务的,债务人未向第三人履行债务或者履行债务不符合约定，应当向债权人承担违约责任。当事人约定由第三人向债权人履行债务的，第三人不履行债务或者履行债务不符合约定，债务人应当向债权人承担违约责任。

（四）当事人一方发生变更时的履行规则

1. 债权人分立、合并或者变更住所，没有通知债务人，致使履行债务发生困难的，债务人可以中止履行或者将标的物提存。债权人分立是指作为债权人的组织依法分成两个或两个以上的独立的组织，原来的组织可以存在（存续分立），也可以消灭（新设分立）。债权人合并是指作为债权人的组织与其他组织结合成一个组织，原来的组织可以存在（吸收合并），也可以消灭（新设合并）。

2. 合同生效后，当事人不得因姓名、名称的变更或者法定代表人、负责人、承办人的变动而不履行合同义务。合同是合同主体即合同当事人之间的协议，因此，如果只是当事人的姓名或名称改变或者法定代表人、负责人、承办人的变动，合同主体即当事人自然无理由以上述情况的变化来拒绝合同义务的履行。

（五）合同的提前履行

债权人可以拒绝债务人提前履行债务，但提前履行不损害债权人利益的除外。债务人提前履行债务给债权人增加的费用，由债务人负担。

（六）合同的部分履行

债权人可以拒绝债务人部分履行债务，但部分履行不损害债权人利益的除外。债务人部分履行债务给债权人增加的费用，由债务人负担。

三、双务合同履行的抗辩权

抗辩权又称异议权，是指一方当事人根据法律规定拒绝或者对抗对方当事人请求权的权利。《合同法》规定双务合同中的三种抗辩权：同时履行抗辩权、后履行抗辩权和不安抗辩权。这三种抗辩权形成一个整体，共同保护合同履行中的公平和公正，使当事人双方的利益得到有效的保护。

（一）同时履行抗辩权。当事人互负债务，没有先后履行顺序的，应当同时履行。一方在对方履行之前有权拒绝其履行要求。一方在对方履行债务不符合约定时，有权拒绝其相应的履行要求。

（二）后履行抗辩权。当事人互负债务，有先后履行顺序，先履行一方未履行的，后履行一方有权拒绝其履行要求。先履行一方履行债务不符合约定的，后履行一方有权拒绝其相应的履行要求。

（三）不安抗辩权。应当先履行债务的当事人，有确切证据证明对方有下列情形之一的，可以中止履行。第一，经营状况严重恶化；第二，转移财产、抽逃资金，以逃避债务；第三，丧失商业信誉；第四，有丧失或者可能丧失履行债务能力的其他情形。当事人没有确切证据中止履行的，应当承担违约责任。当事人依法中止履行的，应当及时通知对方。对方提供适当担保时，应当恢复履行。中止履行后，对方在合理期限内未恢复履行能力并且未提供适当担保的，中止履行的一方可以解除合同。

四、合同的保全

合同的保全是指债权人依据法律规定，在债务人不正当处分其权利和财产，危及其债权的实现时，可以对债务人或者第三人的行为行使代位权或者撤销权，以保障债权的实现。合同的保全制度有两种，一是债权人的代位权，二是债权人的撤销权。

1. 代位权。《合同法》第 73 条规定:“因债务人怠于行使其到期债权,对债权人造成损害的,债权人可以向人民法院请求以自己的名义代位行使债务人的债权,但该债权专属于债务人自身的除外。代位权的行使范围以债权人的债权为限。债权人行使代位权的必要费用,由债务人负担。”

2. 债权人的撤销权。《合同法》第 74 条规定:“因债务人放弃其到期债权或者无偿转让财产,对债权人造成损害的,债权人可以请求人民法院撤销债务人的行为。债务人以明显不合理的低价转让财产,对债权人造成损害,并且受让人知道该情形的,债权人也可以请求人民法院撤销债务人的行为。撤销权的行使范围以债权人的债权为限。债权人行使撤销权的必要费用,由债务人负担。”撤销权自债权人知道或者应当知道撤销事由之日起 1 年内行使。自债务人的行为发生之日起 5 年内没有行使撤销权的,该撤销权消灭。

第五节　合同的变更转让及终止

一、合同变更

合同的变更有广义和狭义之分。广义的合同变更包括合同内容的变更和合同主体的变更两种情形,前者是指不改变合同的当事人,仅变更合同的内容;后者是指合同的内容保持不变,仅变更合同的主体,又称为合同的转让。而狭义的合同变更,是指依法成立的合同尚未履行或者未完全履行之前,当事人按照法定的条件和程序就合同的内容进行补充或修改。我国将合同的变更界定为狭义合同变更即合同内容的变更。

变更合同的内容,须经当事人协商一致。合同变更的目的是为了通过对原合同的修改,保障合同更好地履行和一定目的的实现。当事人变更合同,必须具备以下条件:第一是当事人之间本来存在着有效的合同关系;第二是合同的变更应根据法律的规定或者当事人的约定;第三是必须有合同内容的变化;第四是合同的变更应采取适当的形式;第五是对合同变更的约定应当明确,当事人对合同变更的内容约定不明确的,推定为未变更。

二、合同的转让

合同的转让是指当事人一方依法将合同权利或义务全部或部分转让给第三人的法律行为。合同转让是仅就合同主体所作的变更,转让前后的合同内容具有同一性,合同的转让使原合同的权利、义务全部或者部分地从合同一方当事人转让给第三人,导致第三人代替原合同当事人一方而成为合同当事人,或者由第三人加入到合同关系中成为合同当事人。合同转让涉及转让人、受让人和合同另一方当事人的三方利益,通常存在两种法律关系,即原合同当事人之间的关系和转让人与受让人的关系。合同的转让根据转让标的不同,分为合同权利的转让、合同义务的转移和合同权利、义务的一并转让三种情形。

(一)合同权利转让。债权人可以将合同的权利全部或者部分转让给第三人。合同权利转让又称为债权转让,是指不改变合同的内容,债权人将其享有的合同权利全部或者部分转移于第三人享有的法律行为。根据所转让的债权的范围,合同权利转让有全部转让和部分转让之分。在合同权利全部转让时,债权人将其债权全部转让给第三人,该第三人取代原债权人而成为合同关系中新的债权人。在合同权利部分转让时,受让债权的第三人加入原合同关系,与原债权人共同享有债权,此时成为多数人之债。尽管债权人在原则上可以将合同的权利全部或者部分转让给第三人,但有下列情形之一的除外:①根据合同性质不得转让的；②按照当事人约定不得转让的；③依照法律规定不得转让的。

债权人转让权利的，一般不会增加债务人的负担，因此无须征得债务人的同意，但是应当通知债务人。未经通知，该转让对债务人不发生效力。债权人转让权利的通知不得撤销，但经受让人同意的除外。债权人转让权利的，受让人取得与债权有关的从权利，但该从权利专属于债权人自身的除外。为了保障债务人的正当权益，债务人接到债权转让通知后，债务人对让与人的抗辩，可以向受让人主张。债务人接到债权转让通知时，债务人对让与人享有债权，并且债务人的债权先于转让的债权到期或者同时到期的，债务人可以向受让人主张抵消。

（二）合同义务转移。合同义务转移是指债务人将其负担的债务全部或者部分转移于第三人负担的法律行为。合同义务转移从受让人的角度讲又称为债务承担。在合同义务转移法律关系中，将债务转移给第三人的人为让与人，承担所转移的债务的人为受让人。合同义务的转移可能会给债权人造成损害，因此，《合同法》第 84 条至第 87 条规定，债务人将合同的义务全部或者部分转移给第三人的，应当经债权人同意。债务人转移义务的，新债务人可以主张原债务人对债权人的抗辩。债务人转移义务的，新债务人应当承担与主债务有关的从债务，但该从债务专属于原债务人自身的除外。法律、行政法规规定转让权利或者转移义务应当办理批准、登记等手续的，依照其规定。

（三）合同权利义务概括转让。当事人一方可以将自己在合同中的权利和义务一并转让给第三人，但是必须经对方同意。所谓合同权利义务一并转让，是指原合同当事人一方将自己在合同中的权利和义务一并转移给第三人，由第三人概括地这些债权和债务。合同权利义务一并转让，可分为权利义务的全部转让和权利义务的部分转移。部分合同权利义务一并转让，可因对方当事人的同意而确定转让人和受让人之间享有债权债务的性质和份额。如果对此没有明确约定，则认为转让人与受让人共同享有合同的权利和义务，他们之间是连带关系。在合同权利义务概括转让中，受让人取得转让人在合同中的地位，成为合同的一方当事人，或者是与转让人共同成为合同的一方当事人。合同权利义务一并转让不同于合同权利转让或者合同义务转移。

合同权利义务概括转让通常有两种情形：一是约定转让，二是法定转让。合同权利义务约定转让，是指当事人一方与第三人订立合同，并经另一方当事人的同意，将其在合同中的权利义务一并转移于第三人，由第三人承受自己在合同上的地位，享受权利并承担义务。因合同权利义务概括转让的内容实质上包括合同权利转让和合同义务转移，因此，权利义务一并转让的，适用《合同法》对合同权利转让和合同义务转移条件的规定。合同权利义务的法定转让，是指当法律规定的条件成就时，合同的权利义务一并转移于第三人的情形。例如，承租人在租赁期间将租赁物转让给第三人的，租赁合同继续有效，该第三人继承租赁物的原所有人在租赁合同中的权利义务。当事人订立合同后合并的，由合并后的法人或者其他组织行使合同权利，履行合同义务。当事人订立合同后分立的，除债权人和债务人另有约定的以外，由分立的法人或者其他组织对合同的权利和义务享有连带债权，承担连带债务。这有助于遏制假借分立之名逃债的违法行为。

三、合同的权利义务终止

合同是平等主体的公民、法人、其他组织之间设立、变更、终止债权债务关系的协议。合同的性质，决定合同是有期限的民事法律关系，不可能永恒存在，有着从设立到终止的过程。

合同的权利义务终止,是指依法生效的合同,因具备法定情形和当事人约定的情形,关系不复存在,合同的债权债务均归于消灭,债权人不再享有合同权利,债务人也不必再履行合同义务。需要注意的是,合同的权利义务终止,不影响合同中结算和清理条款的效力,也不影响合同中独立存在的有关解决争议方法的条款的效力。合同的权利义务终止的原因主要是:合同的目的消灭,包括目的达到和目的不能达到;基于当事人的意思;因无实现或请求的必要以及基于法律的规定。

(一)合同的权利义务终止的效力

合同的权利义务终止后,除消灭原合同的权利义务之外,还发生以下法律效力。

1. 部分从合同的权利义务一并终止。当合同因债务已经按照约定履行、债务相互抵消、债务人依法将标的物提存、债权人免除债务等原因终止时,依附于该主合同的从合同的权利义务亦同时终止,如担保、违约金、利息等亦随之终止。但是,当主合同因违约而解除时,担保合同的权利义务不终止。

2. 合同当事人须承担后合同义务。后合同义务是根据诚实信用原则,在合同的权利义务终止后,原合同当事人向对方所负担的义务。《合同法》第 92 条规定:"合同的权利义务终止后,当事人应当遵循诚实信用原则,根据交易习惯履行通知、协助、保密等义务。"后合同义务属于法律的强行性规定,违反这些义务,当事人也应承担损害赔偿责任。

(二)合同的权利义务终止的法定情形

合同的权利义务终止的情形:

1. 债务已经按照约定履行。债务已经按照约定履行,债务人按照约定的标的、质量、数量、价款或者报酬、履行期限、履行地点和方式全面履行。

2. 合同解除。合同当事人一方或者双方按照法律规定或双方当事人约定的解除条件使合同不再对双方当事人具有法律约束力的行为或者合同各方当事人经协商消灭合同的行为。它是合同终止的非正式的行为。合同解除有约定解除和法定解除两种。

约定解除是指合同的解除是基于当事人的意愿,经过当事人协商同意的。当事人可以约定解除合同。约定解除合同分两种形式:约定解除和协议解除。

合同的法定解除是指由于出现了法律规定的情形,当事人一方或者双方依法有权解除合同。当事人可以解除合同的法定情形包括:第一,因不可抗力致使不能实现合同目的;第二,在履行期限届满之前,当事人一方明确表示或者以自己的行为表明不履行主要债务;第三,当事人一方迟延履行主要债务,经催告后在合理期限内仍未履行;第四,当事人一方迟延履行债务或者有其他违约行为致使不能实现合同目的;第五,法律规定的其他情形。

解除权的行使是法律赋予合同当事人保护自己合法权益的手段,但该权利的行使不能毫无限制。法律规定或者当事人约定解除权行使期限,期限届满当事人不行使的,该权利消灭。法律没有规定或者当事人没有约定解除权行使期限,经对方催告后在合理期限内不行使的,该权利消灭。

关于解除合同的程序规定:当事人一方依法或者依据双方的约定,有权主张解除合同的,应当通知对方,合同自通知到达对方时解除。对方有异议的,可以请求人民法院或者仲裁机构确认解除合同的效力。法律规定解除合同应当办理批准、登记等手续的,依照其规定。

合同解除的效力和债权债务处理规定:合同解除后尚未履行的,终止履行;已经履行的,根据履行情况和合同性质，当事人可以要求恢复原状，采取其他补救措施，并有权要求赔偿损失。

3. 债务相互抵消。债务相互抵消，是指当事人互负到期债务，又互享债权，以自己的债权充抵对方的债权，使自己的债务与对方的债务在等额内消灭。根据规定，债务抵消有法定抵消和约定抵消之分。如果当事人互负到期债务，该债务的标的物种类、品质相同的，任何一方都可以将自己的债务与对方的债务抵消，为法定抵消。但依照法律规定或者按照合同性质不得抵消的除外。当事人主张抵消的，应当通知对方，通知自到达对方时生效，抵消不得附条件或者附期限。如果当事人互负债务，标的物种类、品质不相同的，经双方协商一致，也可以抵消，为约定抵消。

4. 债务人依法将标的物提存。提存是指在债务人因债权人的原因而无法向债权人给付债之标的物时，债务人可将该标的物提交于提存机关，由提存机关告知债权人领取，从而解除债务人的履行义务和承担风险责任的一种制度。根据规定，如果因债权人无正当理由拒绝受领、债权人下落不明、债权人死亡未确定继承人或者丧失民事行为能力未确定监护人、法律规定的其他情形等原因，致使难以履行债务的，债务人可以将标的物提存。标的物不适于提存或者提存费用过高的，债务人依法可以拍卖或者变卖标的物，标的物提存后，除债权人下落不明的以外，债务人应当及时通知债权人或者债权人的继承人、监护人。标的物提存后，毁损、灭失的风险由债权人承担。提存期间，标的物的孳息归债权人所有。提存费用由债权人负担。债权人可以随时领取提存物，但债权人对债务人负有到期债务的，在债权人未履行债务或者提供担保之前，提存部门根据债务人的要求应当拒绝其领取提存物。债权人领取提存物的权利，自提存之日起5年内不行使而消灭，提存物扣除提存费用后归国家所有。

5. 债权人免除债务。债权人免除债务，是指债权人放弃自己的债权。债权人可以免除债务的部分，也可以免除债务的全部，合同的权利义务部分或者全部终止。债权人免除个别债务人的债务，不能导致债权人的债权受损，否则，债权人的债权可以依法行使撤销权来保全自己的债权。

6. 债权债务的混同。是指由于某种事实的发生，使合同中原本由一方当事人享有的债权，而由另一方当事人负担的债务统归于一方当事人，使得该当事人既是合同的债权人，又是合同的债务人。故合同的权利义务终止，但涉及第三人利益的除外。

7. 法律规定或约定终止的其他情形。出现法律规定终止的其他情形的，合同的权利义务可以终止。如委托人或者受托人死亡、丧失民事行为能力或者破产的，委托合同终止。

第六节　违约责任

违约责任是指合同当事人不履行合同义务或者履行合同义务不符合约定时，依法产生的法律责任。违约责任是以合同有效为基础的，同时以存在合同义务为前提，违约责任是当事人违反有效合同中所约定的合同义务的法律后果。

一、违约责任的原则与形态

（一）违约责任的归责原则

当事人一方不履行合同义务或者履行合同义务不符合约定的，就应当承担违约责任，而不论主观上是否有过错。但是,《合同法》对缔约过失、无效合同、可撤销合同以及分则中又对某些违约责任须以当事人在主观上存在过错为要件。可见,我国合同法在违约责任的归责原则方面,实行以严格责任原则为主导、以过错责任原则为补充的双轨制归责原则体系。

(二)违约形态

按照违约行为发生的时间,可分为届期违约和预期违约。在通常情况下,违约责任针对的是届期违约行为,即合同的履行期已经届至,但是当事人一方不履行合同义务或者履行合同义务不符合约定的,因此应当承担违约责任。届期违约是与预期违约相对的.预期违约是指在合同约定的履行期限届至前,当事人一方明确表示或者以自己的行为表明不履行合同义务。明确表示不履行合同义务的,为明示毁约;以自己的行为表明不履行合同义务的,为默示毁约。对于预期违约行为,对方当事人不仅有权单方解除合同,而且还可在履行期限届满之前,要求预期违约方承担违约责任。

(三)违约责任的划分

一方违约后,对方应当采取适当措施防止损失的扩大;没有采取适当措施致使损失扩大的,不得就扩大的损失要求赔偿。当事人因防止损失扩大而支出的合理费用,由违约方承担。当事人双方都违反合同的,应当各自承担相应的责任。当事人一方因第三人的原因造成违约的,应当向对方承担违约责任。当事人一方和第三人之间的纠纷,依照法律规定或者按照约定解决,因当事人一方的违约行为,侵害对方人身、财产权益的,受损害方有权选择依照合同法要求其承担违约责任,或者依照其他法律要求其承担侵权责任。

二、违约责任的承担形式

(一)继续履行

继续履行是指合同当事人一方不履行合同义务或者履行合同义务不符合约定时,如果仍然有履行的可能和必要,另一方当事人请求强制违约方按照合同的约定继续履行合同的义务。继续履行是通过法律规定的强制手段,迫使合同义务人履行义务,保护合同债权人合法权利的一项重要制度。针对金钱债务《合同法》规定,当事人一方未支付价款或者报酬的,对方可以要求其支付价款或者报酬。对于非金钱债务《合同法》规定,当事人一方不履行非金钱债务或者履行非金钱债务不符合约定的,对方可以要求履行,但有下列情形之一的除外:第一,法律上或者事实上不能履行;第二,债务的标的不适于强制履行或者履行费用过高;第三,债权人在合理期限内未要求履行。

(二)采取补救措施

采取补救措施是指在合同一方当事人违约的情况下,为了减少损失和保证债权人的权益,使合同尽量完满履行所采取的一切积极行为。采取补救措施是我国合同法确定的合同违约方应当承担违约责任的方式之一。从广义上理解,合同违约方承担的一切违约责任的方式,均可认为是保护受害人利益的补救措施。从狭义上理解,采取补救措施这一违约责任,主要适用于合同当事人提供的合同标的物的质量不符合约定的违约行为。关于采取补救措施法律规定,质量不符合约定的,应当按照当事人的约定承担违约责任。对违约责任没有约定或者约定不明确,依照《合同法》有关的规定(第61条)仍不能确定的,受损害方根据标的的性质以及损失的大小,可以合理选择要求对方承担修理、更换、重作、退货、减少价款或者报酬等违约责任。

(三)赔偿损失

赔偿损失是指合同当事人一方不履行合同或者不适当履行合同给对方造成损失的,应依法或依照合同约定承担赔偿责任。承担赔偿责任的构成要件有:第一,当事人一方有违约行为;第二,相对方当事人遭受了损失;第三,前两者之间有因果关系。当事人一方不履行合同义务或者履行合同义务不符合约定的,在履行义务或者采取补救措施后,对方还有其他损失的,应当赔偿损失。赔偿损失主要是为了弥补或填补债权人因违约行为遭受的损失,损失赔偿额的确定也主要以实际发生的损失为计算标准。赔偿损失以完全赔偿为原则。完全赔偿原则是指违约方应对其违约行为所造成的全部损失负责,既包括直接损失,也包括间接损失;既包括实际损失,也包括预期利益的损失。但不得超过违反合同一方订立合同时预见到或者应当预见到的因违反合同可能造成的损失。经营者对消费者提供商品或者服务有欺诈行为的,依照《中华人民共和国消费者权益保护法》的规定承担损害赔偿责任。这种惩罚性赔偿的规定,是专门针对保护消费者的权益的特别规定。

(四)违约金

违约金是指一方当事人违反合同,依照约定或者法律规定向对方支付一定数额的金钱的责任形式。承担违约金责任的构成要件为:第一,有法定的或者约定的违约金条款;第二,违约方有违约行为;第三,当事人违反合同行为不具有免责事由。可以约定一方违约时应当根据违约情况向对方支付一定数额的违约金,也可以约定因违约产生的损失赔偿额的计算方法。违约金主要目的是为了补偿当事人一方因对方的违约行为所遭受的损失。因此,约定的违约金低于造成的损失的,当事人可以请求人民法院或者仲裁机构予以增加。当然,如果约定的违约金过分高于造成的损失的,当事人可以请求人民法院或仲裁机构予以适当减少。值得注意的是,如果违约金责任是由当事人专门就防止迟延履行特别约定的,那么,违约方支付违约金后,还应当履行债务。

(五)定金

定金是指合同当事人约定的,为了保证合同的履行,由一方预先向对方给付的一定数量的金钱。定金既是对合同的一种担保,同时也是一种违约责任。作为违约责任的一种形式,主要是通过定金罚则体现出来的。《合同法》第 115 条规定:“当事人可以依照《中华人民共和国担保法》约定一方向对方给付定金作为债权的担保。债务人履行债务后,定金应当抵作价款或者收回。给付定金的一方不履行约定的债务的,无权要求返还定金;收受定金的一方不履行约定的债务的,应当双倍返还定金。”根据《合同法》第 116 条的规定,如果当事人既约定违约金,又约定定金的,一方违约时,对方可以选择适用违约金或者定金条款。

(六)价格制裁

价格制裁是执行政府定价或者政府指导价的合同当事人,由于逾期履行合同义务而遇到价格调整时,在原价格和新价格中执行对违约方不利的价格。逾期交付标的物的,遇价格上涨时,按照原价格执行;价格下降时,按照新价格执行。逾期提取标的物或者逾期付款的,遇价格上涨时,按照新价格执行;遇价格下降时,按照原价格执行。

三、违约责任各种形式相互之间的适用情况

(一)继续履行与采取补救措施

继续履行与采取补救措施是两种相互独立的违约责任承担方式,在实际操作中,一般不被同时适用。继续履行适用于债务人不履行合同义务的情形;采取补救措施主要适用于债务人履行合同义务不符合约定的情形,尤其是质量达不到约定的情况。

（二）继续履行（或采取补救措施）与赔偿损失（违约金或定金）

违约金主要适用于当违约方的违约行为给非违约方造成损害时而提供的一种救济手段，这与继续履行（或采取补救措施）并不矛盾，所以在承担违约责任时，赔偿损失（或违约金）可以与继续履行（或采取补救措施）同时采用。定金（或违约金）也可以与继续履行（或采取补救措施）同时采用。

（三）赔偿损失与违约金

在违约金的性质体现赔偿性的情况下，违约金被视为是损害赔偿额的预定标准，其目的在于补偿债权人因债务人的违约行为所造成的损失。因此，违约金可以替代损失赔偿金，当债务人支付违约金以后，债权人不得要求债务人再承担支付损失赔偿金的责任。

（四）定金与违约金

当定金属于违约定金时，其性质与违约金相同。因此，两者不能同时并用。如果当事人既约定违约金，又约定定金的，一方违约时，对方可以选择适用违约金或者定金条款。

四、违约责任的免除

违约责任的免除是指依照法律规定或者当事人约定，违约方可以免于承担违约责任的情形。违约责任的免除主要包括两种情况，其一是债权人放弃追究债务人的违约责任；其二是存在免责事由。

免责事由是指免除违约方承担违约责任的原因，具体包括法定的免责事由和约定的免责事由。法定的免责事由就是指法律规定的免责事由，主要是指不可抗力。不可抗力是指不能预见、不能避免并不能克服的客观情况，包括自然事件和社会事件两大类。《合同法》第117条和第118条规定，因不可抗力不能履行合同的，根据不可抗力的影响，部分或者全部免除责任，但法律另有规定的除外。当事人迟延履行后发生不可抗力的，不能免除责任。当事人一方因不可抗力不能履行合同的，应当及时通知对方，以减轻可能给对方造成的损失，并应当在合理期限内提供证明。此外，还有其他的法定免责事由，如《合同法》第311条规定，货运合同的承运人能够证明货物的毁损、灭失是因货物本身的自然性质或者合理损耗以及托运人、收货人的过错造成的，不承担损害赔偿责任。

约定的免责事由，是指当事人通过合同约定的免除承担违约责任的事由，由当事人双方在合同中预先约定，包括不可抗力的范围可以由当事人通过合同条款予以约定，旨在限制或免除其未来责任的条款。免责条款必须是合法的，否则无效。

五、合同的法律适用原则

合同的法律适用，包括当事人在订立合同的时候任何适用法律的有关规定，也包括法官在处理合同纠纷的时候适用什么法律的问题。但是，合同法中对于合同的规定不可能包揽无余，在我国的单行法中，有不少规定有关合同法的内容。为了保持单行法的稳定性，就需要在合同法上规定法律适用的条款。

1. 优先适用特别法。普通法是对一般法律关系作一般规定的法律，特别法是对某类法律关系作特别规定的法律。《合同法》第123条规定："其他法律对合同另有规定的，依照其规定。"

2. 无名合同的法律适用。《合同法》第124条规定："本法分则或者其他法律没有明文规定的合同，适用本法总则的规定，并可以参照本法分则或者其他法律最相类似的规定"。

3. 涉外合同的法律适用。《合同法》第126条规定："涉外合同的当事人可以选择处理合同争议所适用的法律，但法律另有规定的除外。涉外合同的当事人没有选择的，适用与合同有最密切联系的国家的法律。”同时规定，在我国境内履行的中外合资经营企业合同、中外合作经营企业合同、中外合作勘探开发自然资源合同，适用我国法律。

六、合同的解释

“当事人对合同条款的理解有争议的，应当按照合同所使用的词句、合同的有关条款、合同的目的、交易习惯以及诚实信用原则，确定该条款的真实意思。合同文本采用两种以上文字订立并约定具有同等效力的，对各文本使用的词句推定具有相同含义。各文本使用的词句不一致的，应当根据合同的目的予以解释。”这一条规定了合同解释的一般规则。

1. 文义解释是指在解释合同条款的含义时，首先要以合同条款中使用的文字的通常含义进行解释，是一种客观解释的规则。

2. 整体解释即按照“合同的有关条款”进行解释。它要求把合同的所有条款作为一个整体，从有争议的条款与其他条款的关系以及该条款在合同中的位置等来解释该合同条款的真实含义。

3. 习惯解释是指人民在长期的实践中形成的，在某个地区、某个行业内普遍和反复使用，并且为大多数从事交易的人所广泛认同和通行的做法。

4. 诚信解释是指在探求当事人订立该条款的真实含义时，要按照诚实信用的原则，充分考虑当事人双方的利益。

5. 文本解释适用与合同文本采用两种以上文字订立，并约定具有同等效力的情形。

6. 目的解释是指在解释合同有争议的条款时，要按照双方当事人订立合同的目的进行解释。目的解释是合同有争议条款解释的核心规则。全部的解释活动，最终都要以解释是否符合双方当事人的合同目的来判断。

七、合同的监督

《合同法》第127条规定：“工商行政管理部门和其他有关行政主管部门在各自的职权范围内，依照法律、行政法规的规定，对利用合同危害国家利益、社会公共利益的违法行为，负责监督处理；构成犯罪的，依法追究刑事责任。”

八、合同争议的解决

当事人可以通过和解或者调解解决合同争议。调解一般应遵循自愿原则、合法原则和公平原则。调解的方式一般有：行政调解，是指工程合同发生争议后，根据双方当事人的申请，在有关行政主管部门主持下，双方自愿达成协议的解决合同争议的方式。工程合同争议的行政调解人一般是一方或双方当事人的业务主管部门；人民（民间）调解，是指合同发生争议后，当事人共同协商，请有威望、受信赖的第三人，包括人民调解委员会、企事业单位或其他经济组织、一般公民以及律师、专业人士等作为中间调解人，双方合理合法地达成解决争议的协议。民间调解无论是书面的还是口头的调解协议，均没有法律约束力，靠当事人自觉履行；法院调解或仲裁调解，是指在合同争议的诉讼或仲裁过程中，在法院或仲裁机构的主持和协调下，双方当事人进行平等协商，自愿达成协议，并经法院或仲裁机构认可从而终结诉讼或仲裁程序的活动。调解书经双方当事人签收后，即发生法律效力，如果一方不履行时，另一方当事人可以向人民法院申请强制执行。

当事人不愿和解、调解或者和解、调解不成的，可以根据仲裁协议向仲裁机构申请仲裁。涉外合同的当事人可以根据仲裁协议向中国仲裁机构或者其他仲裁机构。申请仲裁的基本原则有:独立的原则。仲裁委员会是由政府组织有关部门和商会统一组建,属于民间团体;自愿的原则。如当事人是否选择仲裁的方式解决争议,选择哪一个仲裁机构进行仲裁,仲裁是否公开进行,在仲裁的过程中是否要求调解、是否进行和解、是否撤回仲裁申请等,由当事人自愿决定的,双方当事人选择仲裁解决争议,应在争议发生前或后达成书面的仲裁协议;或裁或审的原则即合同争议可采取或裁或审途径之一。一裁终局的原则是指裁决作出之后,当事人就同一争议再申请仲裁或者向法院起诉的,仲裁委员会或者法院不应受理。但是当事人对仲裁委员会作出的裁决不服时,并提出足够的证明、证据,可以向法院申请撤销裁决,裁决被法院依法裁定撤销或者不予执行的,当事人可以就已裁决的争议重新达成仲裁协议申请仲裁或向法院起诉。如果撤销裁决的申请被法院裁定驳回,仲裁委员会作出的裁决仍然要执行。先行调解就是仲裁机构先于裁决之前,根据争议的情况或双方当事人自愿而进行说服教育和劝导。当事人没有订立仲裁协议或者仲裁协议无效的,可以向人民法院起诉。当事人应当履行发生法律效力的判决、仲裁裁决、调解书,拒不履行的,对方可以请求人民法院强制执行。

复习思考题

1. 具体说明《合同法》规定的合同形式有几种?
2. 在工程项目招投标活动中要约与承诺如何体现?
3. 无效合同与可变更撤销的合同有什么区别和联系?
4. 什么是政府定价和政府指导价?执行政府定价和政府指导价的履行规则是什么?
5. 合同变更与转让有什么区别?合同终止有几种情形?
6. 简述违约责任的承担形式。各种形式如何组合适用?

第三章 合同管理

【本章提要】合同管理是在掌握合同法原理后，通过对建设工程合同的种类、计价方式（定额计价和工程量清单计价）及国家新规定的合同约定方式（单价合同、总价合同、可调价格合同）的剖析，多角度地说明建设工程合同管理的意义、目标、类型、常规过程。全面培养合同管理实务能力。本章介绍了建设工程合同体系组成和工程承包合同的种类，重点突出工程施工合同。通过案例分析提高合同管理理论和实践的结合能力。

第一节 合同概述

一、合同的概念

合同是指平等主体的自然人、法人、其他组织之间设立、变更、终止民事权利义务关系的协议。合同的含义非常广泛，广义上的合同是指以确定权利、义务为内容的协议，除了包括民事合同外、还包括行政合同、劳动合同等。民法中的合同即民事合同，它是指确立、变更、终止民事权利义务关系的协议，它包括债权合同、身份合同等。

《合同法》调整的仅仅是债权合同。行政合同、劳动合同为我国《民法通则》及《婚姻法》等法律中的相关内容所规范。身份合同是指以设立、变更、终止身份关系为目的，不包含财产内容或者不以财产内容为主要调整对象的合同，如结婚、离婚、收养、监护等协议。这种合同为我国《民法通则》及《婚姻法》等法律中的相关内容所规范。

债权合同是指确立、变更、终止债权债务关系的合同。法律上的债是指特定当事人之间请求对方做特定行为的法律关系，就权利而言，为债权关系；从义务方面来看，为债务关系。由此可见，我国的《合同法》的调整对象为除了身份合同以外的民事合同即债权合同。

二、合同的种类

在市场经济活动中，交易的形式千差万别，合同的种类也各不相同。根据性质的不同，合同有以下几种分类方法：

（一）书面合同、口头合同及默示合同

按照合同的表现形式，合同可以分为书面合同、口头合同及默示合同。

书面合同是指当事人以书面文字有形地表现内容的合同。传统的书面合同的形式为合同书和信件，随着科技的进步和发展，书面合同的形式也越来越多，如电报、电传、传真、电子数据交换以及电子邮件等已成为高效快速的书面合同的形式。书面合同有以下优点：①它可以作为双方行为的证据，便于检查、管理和监督，有利于双方当事人以约执行；当发生合同纠纷时，有凭有据，举证方便。②可以使合同内容更加详细、周密。当事人在将其意思表示通过文字表现出来时，往往会更加审慎，对合同内容的约定也更加全面、具体。有时把书面合同分为标准书面合同和非标准书面合同，并不能把打印的合同认为是标准书面合同，一般我们认为合同示范文本是标准书面合同。

口头合同是指当事人以口头语言的方式(如当面对话、电话联系等)达成协议而订立的合同。口头合同简便易行,迅速及时。但缺乏证据,当发生合同纠纷时,难于举证。因此,口头合同一般只适用于即时清结情况。口头合同必须是明示,不能暗示。

默示合同是指当事人并不直接用口头或者书面形式进行意思表示,而是通过实施某种行为或者以不作为的沉默方式进行意思表示而达成的合同。如房屋租赁合同约定的租赁期满后,双方并未通过口头或者书面形式延长租赁期限,但承租人继续交付租金,出租人依然接受租金,从双方的行为可以推断双方的合同仍然有效。

(二)转移财产合同、完成工作合同和提供服务合同

按照给付内容和性质的不同,合同可以分为转移财产合同、完成工作合同和提供服务合同。

转移财产合同是指以转移财产权利(包括所有权、使用权和收益权)为内容的合同。合同标的为物质客体。《合同法》规定的买卖合同、供电水气热合同、赠予合同、借款合同、租赁合同和部分技术合同等均属转移财产合同。

完成工作合同是指当事人一方按照约定完成一定的工作并将工作成果交付给对方,另一方接受成果并给付报酬的合同。《合同法》规定的承揽合同、建设工程合同均属此类合同。

提供服务合同是指依照约定,当事人一方提供一定方式的服务,另一方给付报酬的合同。《合同法》中规定的运输合同、行纪合同、居间合同和部分技术合同均属此类合同。

(三)双务合同和单务合同

按照当事人是否相互负有义务,合同可以分为双务合同和单务合同。

双务合同是指当事人双方相互承担对待给付义务的合同。双方的义务具有对等关系,一方的义务即另一方的权利,一方承担义务的目的是为了获取对应的权利。《合同法》中规定的绝大多数合同如买卖合同、建设工程合同、承揽合同和运输合同等均属于此类合同。

单务合同是指只有一方当事人承担给付义务的合同。即双方当事人的权利义务关系并不对等,而是一方享有权利而另一方承担义务,不存在具有对待给付性质的权利义务关系。

(四)有偿合同和无偿合同

按照当事人之间的权利义务关系是否存在着对价关系,合同可以分为有偿合同和无偿合同。

有偿合同是指当事人一方享有合同约定的权利必须向对方当事人支付相应对价的合同,如买卖合同、保险合同等。

无偿合同是指当事人一方享有合同约定的权利无须向对方当事人支付相应对价的合同,如赠与合同等。

(五)诺成合同和要物合同

按照合同的成立是否以递交交付物为必要条件,合同可分为诺成合同和要物合同。

诺成合同是指只要当事人双方意思表示达成一致即可成立的合同,它不以标的物的交付为成立的要件,我国《合同法》中规定的绝大多数合同都属于诺成合同。

要物合同是指除了要求当事人双方意思表示达成一致外,还必须实际交付标的物以后才能成立的合同。如承揽合同中的来料加工合同在双方达成协议后,还需要由供料方交付

原材料或者半成品，合同才能成立。

（六）主合同和从合同

按照相互之间的从属关系，合同可以分为主合同和从合同。主合同是指不以其他合同的存在为前提而独立存在和独立发生效力的合同，如买卖合同、借贷合同等。从合同又称附属合同，是指不具备独立性，以其他合同的存在为前提而成立并发生效力的合同。如在借贷合同与担保合同中，借贷合同属于主合同，因为它能够单独存在，并不因为担保合同不存在而失去法律效力；而担保合同则属于从合同，它仅仅是为了担保借贷合同的正常履行而存在的，如果借贷合同因为借贷双方履行完合同义务而宣告合同效力解除后，担保合同就因为失去存在条件而失去法律效力。主合同和从合同的关系为：主合同和从合同并存时，两者发生互补作用。主合同无效或者被撤消，从合同也将失去法律效力；而从合同无效或者被撤消一般不影响主合同的法律效力。

（七）要式合同和不要式合同

按照法律对合同形式是否有特别要求，合同可分为要式合同和不要式合同。要式合同是指法律规定必须采取特定的形式的合同。《合同法》中规定，法律、行政法规规定采用书面形式的，应当采用书面形式。

不要式合同是指法律对形式未做出特别规定的合同。合同究竟采用何种形式，完全由双方当事人自己决定，可以采用口头形式，也可以采用书面形式、默示形式。

（八）有名合同和无名合同

按照法律是否为某种合同确定了一个特定的名称，合同可分为有名合同和无名合同。有名合同又称为典型合同，是指法律确定了特定名称和规则的合同。如《合同法》分则中所列出的十五种基本合同即为有名合同，包括买卖合同；供用电、水、气、热力合同；赠与合同；借款合同；租赁合同；融资租赁合同；承揽合同；建设工程合同；运输合同；技术合同；保管合同；仓储合同；委托合同；行纪合同；居间合同。无名合同又称非典型合同，是指法律没有确定一个特定的名称和相应规则的合同。

建设工程合同所涉及的内容复杂，履行期较长，为便于明确各自的权利和义务，减少履行困难和争议，建设工程合同应当采用书面形式。建设工程合同是承包人进行工程建设，发包人支付价款的合同。进行工程建设的行为包括勘察、设计、施工，建设工程实行监理的，发包人应当与监理人订立委托监理合同。建设工程合同是诺成合同，合同订立生效后双方应当严格履行。同时，建设工程合同也是一种双务、有偿合同，当事人双方在合同中都有各自的权利和义务，在享有权利的同时必须履行义务。建设工程合同是广义的承揽合同的一种，也是承揽人（承包人）按照定作人（发包人）的要求完成工作（工程建设），交付工作成果（竣工工程），定作人给付报酬的合同。但由于工程建设合同在经济活动、社会生活中的重要作用，以及在国家管理、合同标的等方面均有别于一般的承揽合同，我国一直将建设工程合同列为单独的一类重要合同。同时，考虑到建设工程合同毕竟是从承揽合同中分离出来的，《合同法》规定：建设工程合同适用承揽合同的有关规定（除非合同法另有规定）。

三、建设工程合同的特征

（一）合同主体的严格性

建设工程合同主体一般只能是法人。发包人是经过批准进行工程项目建设的法人组织，必须经过国家批准，落实投资计划，应当具备相应的协调能力；承包人则必须具备法人资格，而且应当具备相应的勘察、设计、施工资质。无营业执照或无承包资质的单位不能作为建设工程合同的主体，资质等级低的单位不能越级承包建设工程。

（二）合同标的特殊性

建设工程合同的标的是各类建筑产品，建筑产品通常是与大地相连的，建筑形态往往是多种多样的，就是采用同一张图纸施工的建筑产品也可以是各不相同的（价格、位置等）。建筑产品的单件性及固定性等特性，决定了建筑工程合同标的特殊性，相互间具有不可替代性。

（三）合同履行期限的长期性

建设工程由于结构复杂、体积大、建筑材料类型多、工作量、投资大，使得建设工程的生产周期比一般工业产品的生产周期长，导致建设工程合同履行期限较长。而且，因为投资规模大，建设工程合同的订立和履行需要较长的准备期，同时，在合同的履行过程中，还可能因为不可抗力、工程变更、材料供应不及时等原因而导致合同期限的延长，故建设工程合同的履行期限具有长期性。

（四）投资和程序的严格性

由于工程建设对国家的经济发展、公民的工作和生活有重大的影响，因此，国家对工程建设的投资和程序有严格的管理制度。订立建设工程合同必须以国家批准的投资计划为前提，即使是国家投资以外的、以其他方式筹集的投资也要受到当年的贷款规模和批准限额的限制，纳入当年投资规模的平衡。同时，要经过严格的审批程序。建设工程合同的订立和履行还必须遵守国家关于基本建设程序的规定。

四、建设工程合同类别划分

（一）按承包发包的范围和数量分类

按承发包的范围和数量将建设工程合同分为建设工程总承包合同、建设工程承包合同、分包合同。发包人将工程建设的全过程发包给一个承包人的合同即为建设工程总承包合同。发包人如果将建设工程的勘察、设计、施工等的每一项分别发包给一个承包人的合同即为建设工程承包合同。经合同约定和发包人认可，从工程承包人的工程中承包部分专业工程而订立的合同即为建设工程分包合同。

（二）按完成承包的内容分类

按完成承包的内容来划分建设工程合同可以分为建设工程勘察合同、建设工程设计合同和建设工程施工合同三类。

（三）按发包承包人签订合同时约定方式分类

可划分总价合同、单价合同和成本加酬金合同三大类型。目前，按国内工程的合同结算计价形式不同，可划分为：固定总价合同、固定单价合同、可调价格合同。

建设工程勘察、设计合同和设备加工采购合同一般为总价合同；而建设工程施工合同则根据招标准备情况和工程项目特点不同，可选择其适用的一种合同。业主在进行项目招标时，必须慎重选择恰当的合同价格形式。投标人须根据招标人要求的合同价格形式，采用相应的报价方法进行投标报价。

财政部、建设部《建设工程价款结算暂行办法》第八条规定发包人、承包人在签订合同时对于工程价款的约定，可选用下列三种之一：其一是合同工期较短且工程合同总价较低的工程，可以采用固定总价合同方式；其二是双方在合同中约定综合单价包含的风险范围和风险费用的计算方法,在约定的风险范围内综合单价不再调整,风险范围以外的综合单价调整的固定单价合同方式;第三是可调价格合同方式,可调价格包括可调综合单价和措施费等,双方应在合同中约定综合单价和措施费的调整方法(调整因素包括:法律、行政法规和国家有关政策变化;工程造价管理机构的价格调整;经批准的设计变更;发包人更改经审定批准施工组织设计的费用增加,修正错误除外;双方约定的其他因素)。《建设工程价款结算暂行办法》附则规定:合同示范文本与本办法不一致,以本办法为准。

1. 总价合同

总价合同指工程承发包双方签订的按合同约定的工程价款结算的方式。该方式内容明确,工程价格一次包死,除变更工程承包内容情况外,一般工程包干价格不得变更。总价合同有三种形式:固定总价合同、可调总价合同、工程量固定总价合同。

(1)固定总价合同。指以详尽的工程项目设计图纸、承包工程内容的具体规定、技术规范等为依据计算并固定工程总价格的合同。工程承包人承担较大的风险责任(工程量方面的风险和工程价格方面的风险)。承包人在双重风险压力下,为降低风险,承包人报价较高。合同双方以招标时的图纸和工程量等为依据,承包商按投标时业主接受的合同价格实施,一笔包死。合同履行过程中,如果业主不要求变更原内容,实施后,均应按合同价获得项目款的支付。固定总价合同的适用条件:招标时的设计深度达到施工图设计阶段,合同履行不会出现大的设计变更;工程规模较小,最终产品的要求明确,技术不复杂的中小型工程或承包工作内容中较为简单的工程部位;合同工期较短,一般为1年期之内的承包合同等。

(2)可调总价合同。指以详尽的工程项目设计图纸、承包工程具体内容、技术规范等为依据计算出工程总价格,并约定,在合同执行过程中由于通货膨胀造成的市场价格浮动等因素引起工程成本的增加时,可对合同工程总价进行相应调整的一种合同。可见,通货膨胀等不可预见费用因素的风险由工程发包人负责承担。使用该合同必须明确工程内容、范围、技术规范、技术经济指标等问题。这种合同与固定总价合同基本相同,但合同期较长(1年以上),是在固定总价合同基础上,增加合同履行过程中因通货膨胀造成市场价格浮动等因素对承包价格调整的条款。常用的调价方法有:

①文件证明法。合同履行期间,当合同内约定的某一级以上有关主管部门或地方建设行政管理机构颁发价格调整文件时,按文件规定执行。

票据价格调整法。票据调整法是指合同履行期间,承包商依据实际采购的票据和用工量,向业主实报实销与报价单中该项内容所报基价的差额。这种计价方式的合同,应在条款中明确约定允许调整价格的内容和基价,凡未包括在其范围内的项目尽管也受到了物价浮动的影响但不作调整,按双方应承担的风险来对待。

②公式调价法。常用的调价公式可以概括为如下形式:即 $C = C_0(A_0 + A_1M/M_0 + A_2L/L + \cdots A_nT/T_0 - 1)$,式中 C——合同价格调整后应予增加或扣减的金额;C_0——阶段支付时或一次结算时,承包商在该阶段按合同约定计算的应得款;M、L、T——分别代表合同内约定允许调整价格项目的价格指数(如分别代表材料费、人工费、运输费、燃料费等),分母带脚标“0”的项为签订合同时该项费用的基价,分子项为支付结算时的现行基价;A_0——非调价因子的加权系数,即合同价格内不受物价浮动影响或不允许调价部分在合同价格内所占的比例;A_1、A_2、$\cdots A_n$——相应于各有关调价项的加权系数,一般通过对工程概算分解确定,合同内可调价因子 a_1、a_2、$\cdots$、a_n 的确定方法通常有两种形式:一是在招标文件中业主已明确

规定了各项因子的数值,承包商在报价时不需考虑;二是在招标文件中对各因子都给出一个取值范围,供承包商报价时选用。承包商可根据对物价浮动风险的预测,将所选择的具体数值写在投标书内,供评标时考虑,并最终写入合同内。虽然给承包商提供了取值范围,但他不能都取上限或下限,各项加权系数之和应满足等于1的条件。各项加权系数之和应等于1,即:$a_0+a_1+a_2+\cdots+a_n=1$。合同内约定以公式法调价应注意:凡在合同内未约定允许调价的项目,尽管合同履行中也受市场物价浮动影响,但不进行调整,因此,合同须细划可调整价格的项目。可调价项的分子部分是结算支付时的现价,但并非承包商实际采购支出的价格或劳动力的工资,而是依据国家或地方建设管理部门定期发布的有关价格指数,以结算日期最近的发布指数为准。这种合同主要适用技术比较简单,工期1年以上的中、小型建设工程项目。

(3)工程量固定总价合同。由业主根据施工图纸、规定及规范,详细划分发包工程的分部分项工程项目及数量,投标人依据业主规定划分工程量,标出分项工程单价乘以相应分项工程的工程量计算的固定的工程总价。发包人明确规定发包工程的分部分项工程项目及数量,以工程量为基础相对固定合同总价。在工程实施期间,工程量变动,费用相应增加,允许对合同工程总价进行调整。承包人只须承担费用风险,工程量风险由发包人承担,因此,只要实际施工过程中工程量变动不大,工程总价就不必调整。所以采用这种合同形式能维护工程承发包双方的经济利益,这种合同的使用普遍。使用前提是业主提供准确的工程量表。采用这种合同形式对招标准备要求高,时间也较长。

这三种总价合同的工程总价基本固定,对招标单位具有以下优点:第一有利于招标人在投标人无限竞争状态下,按最低报价固定项目的总价,有效地控制项目造价;第二承包人承担工程实施的大部分风险责任,有利于业主方面维护自身经济利益;第三承包人的工作内容完整而明确,便于业主进行评标,并对项目实行全面控制。

采用总价合同时,业主务必注意做到:首先完整、准确地明确规定承包内容;第二必须将设计和施工变化控制在最小限度,确保总价相对固定;第三酌情考虑承包人所能承担风险的限度,力求风险分配可接受,确保有竞争力的承包人投标。

2. 单价合同

单价合同是指工程承发包双方签订的按合同规定的分部分项工程单价及实际完成的分部分项工程数量或最终产品单价(如每平方米建筑面积单价)及实际完成的最终产品数量进行工程价款结算的合同。单价合同也被称之为"量变价不变合同"。工程承包人只承担工程单价、费用方面的风险,工程量方面的风险发包人承担,工程风险合理分担,公正地维护了工程承发包双方的经济利益,因此,国际工程承包市场普遍采用单价合同,在FIDIC合同条件规定"量可变而价一般不变",把单价合同作为主要的国际工程承包合同之一。目前,国内工程也开始实行工程量清单计价。单价合同大多用于工期长、技术复杂、实施过程中发生各种不可预见因素较多的大型复杂工程的施工,以及业主为了缩短项目建设周期,初步设计完成后就进行施工招标的工程。单价合同的工程量清单内所开列的工程量是估计工程量,而非准确工程量。常用的单价合同有估计工程量单价合同、纯单价合同和单价与包干混合合同三种。

估计工程量单价合同是以业主方面提供的工程量清单的工程量为基础,以投标人自行确定并填写在业主拟定的工程单价表中的各分部分项工程单价为依据,计算工程价格的合同。该合同一般均列有工程量清单及单价表，业主方面开列各分部分项工程的设计工程量，投标人投标时在单价表内按工程量清单中各分部分项工程逐项填写工程单价，再计算工程总价。此时的单价应为综合单价，即成品价。以实际完成工程量乘以单价作为支付和结算依据，这种合同方式合理地分担了合同履行过程中的风险。估计工程量单价合同按照合同工期长短也可分为固定单价合同和可调单价合同两类，调价方法与总价合同相同。估计工程量单价合同要求实际工程量与业主估计工程不能发生实质性的变更，否则会引起估计工程量为基础制定的工程单价亦需随之变化，不利于原合同的履行（各地区对此有具体规定）。因此，估计工程量单价合同适用设计规范、标准的工程项目。

纯单价合同指承包人在业主拟定的工程单价表上填写的分部分项工程单价（或承包人填写的对"工程师"估算工程单价的浮动比例），按项目实际完成的工程量确定工程总价的合同。业主方面在招标文件中只向投标人给出发包工程的各分部分项工程项目划分及其工程范围，而工程量不做任何规定，招投标时只按分部分项工程开列的单价表，无近似工程量。由于同一工程在不同的施工部位和外部环境条件下，承包商的实际成本投入并不尽相同，因此，仅以工作内容填报单价不易准确。对间接费分摊在许多工种中的情况，不易计算工程量的项目，采用纯单价合同会引起结算麻烦，导致合同争议。

在设计单位来不及提交施工详图，或虽有施工图但由于某些原因不能准确地计算工程量时采用这种合同。有时也可由建设单位一方在招标文件中列出单价，而投标一方提出修正意见，双方协商后确定最后的承包单价。

单价与包干合同是以单价合同为基础，这种合同是总价合同与单价合同的一种结合形式。对内容简单、工程量准确部分，采用总价合同承包；对技术复杂、工程量为估算值部分采用单价合同方式承包。但应注意，在合同内必须详细注明两种计价方式限定的工作范围。单价与包干合同优点是减少招标准备，缩短招标时间；鼓励承包商提工效、降成本；建设单位按工程量表的项目开支，漏项可再报价，结算程序简单。

3. 成本加酬金合同

成本加酬金合同这种合同形式主要适用于工程内容及其技术经济指标尚未全面确定，投标报价的依据尚不充分的情况下，因发包方工期要求紧迫，必须发包；也适用于发包方与承包方之间彼此信任，承包方具有独特的技术特长和经验。缺点是发包方对工程造价不能真正控制，承包方对降低成本兴趣不大。因此，采用这种合同形式，条款必须严格。成本加酬金合同有以下几种形式：成本定比费用合同、成本固定费用合同、成本奖金合同、限额成本奖金合同。

成本加定比费用合同是指工程承发包双方签订的由工程发包人向承包人支付全部工程直接成本及一项按工程直接成本的固定百分比计算的定比费用进行工程价款结算的合同。"工程直接成本"是直接用于工程并形成工程实体的人工费、材料费、施工机械费等；"固定费用"一般由管理费、属于成本的其他费用及利润组成，这种合同中，不规定固定费用的具体数额，只规定占该项工程直接成本的百分比。

成本加定比费用合同招投标时，业主方面图纸不齐全，工程具体内容不明确，不便粗略估算工程所需费用。有些地区叫费率招投标，在内蒙古地区要经过政府部门批准才能实施，投标人费率报价一般要接近法定费率，具体办法以招标文件为准。这种合同形式也可认为是可调价格合同，工程总造价及付给承包方的酬金随工程成本水涨船高，不利于鼓励承包方降低成本。业主风险较大。

成本固定费用合同是指工程的承发包人签订的由工程发包人向工程承包人支付全部工程直接成本及一笔数额既定的固定费用进行工程价款结算的合同。

成本奖金合同有目标成本,根据目标成本确定酬金,采用百分率或固定酬金。然后,根据实际成本支出,另定一笔奖金,当实际成本低于目标成本,承包方还可根据成本降低额得到一笔奖金;当实际成本高于目标成本时,承包方要被处以罚金。除此之外,还可设工期奖罚。

限额成本奖金合同确定一个成本概算额,在合同中对成本概算额规定“底点”和“顶点”,即限额成本和最低成本,奖金是在目标成本和顶点差额间。

第二节 合 同 管 理

一、合同管理的类型

合同在工程中作用特殊,工程项目的相关主体都涉及合同管理。如行政管理部门、业主、承包商、供应商;又如律师、工程师、承包企业经理、项目经理、项目职能人员、工程小组负责人等,从而形成类型各异的合同管理工作。

1. 行政主管部门从市场管理角度进行合同管理。

行政主管部门对合同双方进行资质管理,对合同签订的程序和规则进行控制,保证公平、公开、公正原则,使合同的签订和实施合法有序。

2. 业主对合同总体策划与控制,确立中标人,提供合同实施的条件。

3. 承包商从实施合同的角度进行合同管理。从投标报价、合同谈判、执行合同,全过程完成合同义务,其合同管理工作细致、复杂、困难、重要,影响整个工程项目。本书主要以承包商的合同管理作对象,也涉及工程师和业主的合同管理工作。

4. 律师通常协助合同一方进行合同合法性审查控制、解决争议。

5. 监理工程师以公正的第三者的立场实施合同管理,其中包括起草合同文件和相关文件,解释合同,监督控制合同的执行,协调业主、承包商、供应商间的合同关系。

二、合同管理的目标

合同管理直接为项目总目标和企业总目标服务,保证它们的顺利实现。所以合同管理不仅是工程项目管理的一部分,而且又是企业管理的一部分。具体地说,合同管理目标包括:

1. 保证项目三大目标的实现,使整个工程在预定的成本(投资)、预定的工期范围内完成,达到预定的质量和功能要求。

由于合同中包括了进度要求、质量标准、工程价格,以及双方的责权利关,所以它贯穿了项目的三大目标。在一个建筑工程项目中,有几份、十几份甚至几十份互相联系、互相影响的合同,一份合同至少涉及两个独立的项目参加者。通过合同管理可以保证各方面都圆满地履行合同责任,进而保证项目的顺利实施。最终业主按计划获得一个合格的工程,实现投资目的,承包商获得合理的价格和利润。

2. 成功的合同管理在工程结束时双方满意,合同争议少,各方面互相协调。业主对工程、承包商、双方的合作满意,承包商取得利润,赢得信誉,建立了双方友好合作关系。工程问题的解决公平合理,符合惯例。这是企业经营管理和发展战略对合同管理的要求。

在国际上,人们总结的许多成功案例中,最重要的成功因素是通过合同明确项目目标,双方对合同统一认识、正确理解，就项目的总目标达成共识。

三、合同管理的内容

（一）合同管理的工作范围

工程合同管理的目的是项目法人通过工程项目合同订立和履行所进行的计划、组织、指挥、监督和协调等工作，促使项目各部门、环节相互衔接、密切配合，形成验收合格的工程项目。建设工程合同管理的过程是一个动态过程，是工程项目合同管理机构和人员为实现预期目标，运用管理职能和方法对工程合同的全过程进行管理的活动。全过程包括合同订立前的管理、订立中的管理、履行中的管理和合同争议时的管理。

1. 合同订立前的管理

合同订立前的管理也称为合同总体策划。合同签订意味着合同生效和全面履行，所以，必须以谨慎、严肃、认真的态度，完成签订前的准备工作，具体内容包括：市场预测、资信调查和决策以及订立合同前行为的管理。

业主方主要应通过合同总体策划对以下几方面内容作出决策：与业主签约的承包商的数量确定；招标方式确定；合同种类选择；合同条件选择；重要合同条款的确定；其他战略性问题（诸如业主的相关合同关系的协调等）。

承包商的合同策划问题服从于承包商的基本目标和企业经营战略，具体内容包括：投标方向的选择、合同风险的评价、合作方式选择等。

2. 合同订立中的管理

合同订立阶段，意味着当事人双方经过工程招标投标活动，协商一致，建立了工程合同法律关系。订立合同是一种法律行为，双方应当严肃拟定合同条款，做到合同合法、公平、有效。

3. 合同履行中的管理

合同订立后，当事人应做好履行过程中的组织管理工作，按照合同条款维护自身权利，承担合同义务。这阶段合同管理人员（无论是业主方还是承包方）的主要工作有：建立合同实施的保证体系、对合同实施情况进行跟踪诊断分析、进行合同变更管理等。

4. 合同发生争议时的管理

当争议出现时，有关方首先应从整体、全局利益的目标出发，有条不紊，平等协商，客观理智地做好合同管理工作。要从可能的结果出发，确定争议处理自身要能够满足的程度，由于工程的标的大，尽量协商处理。诉讼中的律师代理等相关费用不容忽略。诉讼中的不确定结果的风险不容忽略。

（二）合同管理的组织机构

1. 合同管理的组织机构设置

建设工程的协作单位多，涉及到业主、总包、分包、材料供应商、设备供应商、设计单位、监理单位、运输单位、保险公司等。各方责任界限的划分、合同权力义务的定义异常复杂，合同文件出错和矛盾的可能性大。合同在时间空间上的衔接协调重要、复杂、困难。合同管理必须立足于协调处理各方关系，使合同规定的各活动不矛盾，内容、技术、组织、时间协调，形成完整、周密、有序的体系，以保证工程按计划实施。在整个过程中，稍有疏忽就会前功尽弃，导致经济损失。所以必须保证合同在工程全过程各环节顺利实施。特别是在工程实施过程中，合同相关文件和工程资料数量繁多。在合同管理中必须能收集、整理、使用、保存这些文件和资料。因此，合同管理的任务须由一定的组织机构和人员完成。要提高合同管理水平,必须使合同管理工作专门化和专业化,在承包企业和建筑工程项目组织中应设立专门的机构和人员进行合同管理工作。大型工程项目应设立合同管理小组。例如内蒙古大雅装饰有限责任公司的管理组织机构将合同管理工作职能化,设立与工程部、设计部并驾齐驱的合同部。在岱海电厂装饰施工项目的实施中按甲方的要求,采用现代项目管理模式,突出合同管理部的职能,双方在实施过程中合同文书完善,结算工作顺利圆满。目前该公司拥有一流的项目管理,包括合同管理、预算、设计软件,拥有一流的人员和设备,极大地提升了企业的核心竞争力。它们的经验是"以合同为中心,以市场价格为支点,以施工合同文件为证据,合情合理开源增效。"美国凯撒公司的施工项目管理组织结构中,将合同管理纳入施工组织系统中,设立合同经理、合同工程师和合同管理员。成为美国独具特色的企业。我国中建某局设立合约部,项目经理部设立合约副经理指导项目预算员和兼职合约管理员工作,实行签订施工合同洽谈权、审查权、批准权,相对独立,相互制约的原则。

总之,工程承包企业应设置合同管理部门(科室),负责企业工程合同管理。较小的工程可设合同管理员,在项目经理领导下进行施工现场的合同管理。分包项目承担的工作量不大、工程不复杂,工地可不设专门的合同管理人员,合同管理由项目经理协调。国际工程的特大型的项目,合同关系复杂、风险大,承包商聘请合同管理专家将工程合同管理工作(或索赔工作)委托给咨询管理公司。工程合同管理水平和工程经济效益提高,但花费较高。

2. 合同管理机构的工作内容

(1)参与投标报价,分析招标文件的合同条款;

(2)收集市场和工程信息;

(3)总体策划工程合同;

(4)参与合同谈判和签订;

(5)派遣合同管理人员;

(6)分析并指导合同履行,诊断合同的实施;

(7)协调工程相关合同的实施;

(8)处理各方面的合同关系;

(9)组织索赔和工程变更管理;

(10)协同财务、工程部完成进度、竣工结算。

四、建设工程合同管理意义

在现代建设工程项目管理中合同管理具有十分重要的地位,是和进度管理、质量管理、成本(投资)管理、信息管理等并列的管理职能,这是由合同管理的独特作用所决定的。

(一)合同管理确定工程的主要目标,是双方在工程中进行经济活动的依据

1. 工期:包括工程的总工期,开始、工程结束的日期以及工程中的一些主要活动的持续时间。它们由合同协议书、总工期计划、双方同意的进度计划规定。

2. 工程质量、工程规模和范围:质量、技术和功能等方面的要求。例如建筑面积、项目要达到的生产能力、建筑材料、设计、施工等质量标准和技术规范等。它们由合同条件、图纸、规范、工程量清单、供应单等定义。

3. 价格:包括工程总价格,各分项工程的单价和总价等。它们由中标函、合同协议书或工程量报价单等定义。这是承包商按合同要求完成工程责任所应得的报酬。合同管理工作可保证这些目标的实现。

（二）合同使双方结成一定的经济关系，合同管理是调节的手段

保障合同双方的权利，体现经济责任。签订合同使双方居于一个统一体中，双方完成项目的总目标是一致的。双方的利益是不一致。承包商的目标是多取得利润，增加收益，降低成本。业主的目标是以尽可能少的费用完成质量高的工程。由于利益的不一致，导致工程利益冲突，双方都可以利用合同保护自己的权益，限制和制约对方。所以合同应该体现双方经济责权利关系的平衡。如果不能保持这种均势，则往往孕育着合同一方的失败，或整个工程的失败。

目前建筑市场竞争激烈，工程合同价格中的利润减少，风险增大，条件苛刻。故要进行合同、合同管理及索赔的宣传、培训和教育，认识到问题的重要性，重视合同管理。

（三）合同管理是工程管理的核心，合同是工程双方的最高行为准则

工程过程中的一切活动都是为了履行合同，双方的行为主要靠合同来约束，合同限定和调节双方的义务和权力，作为双方的最高行为准则。任何工程问题首先要按合同解决，合同具有法律上的最高优先地位。

合同签订，只要合法，则成为一个法律文件。双方按合同内容承担相应的法律责任，享有相应的法律权利，都必须用合同规范自己的行为。如果不能认真履行自己的责任和义务，甚至单方撕毁合同，则必须接受经济的，甚至法律的处罚。除了特殊情况（如不可抗力等）使合同不能实施外，合同当事人即使亏本，甚至破产也不能摆脱这种法律约束力。

（四）合同管理是实施项目控制的基础

业主分解合同和委托项目任务，通过合同体系决定项目的管理机制。将工程涉及的生产、材料和设备供应、运输、各专业设计和施工的分工协作关系联系起来，协调各参加者的行为。合同管理限定参加单位与工程的关系、在工程中的角色、任务和责任。使参加单位按时、按质、按量地完成义务，保持正常的工程秩序，顺利实现工程总目标。

（五）合同管理要求工程双方依据合同解决争议

由于双方利益的不一致，合同和争议有不解之缘。合同争议是经济利益冲突的表现，它起因于双方对合同理解的不一致、合同实施环境的变化、一方未履行或未正确履行合同等。

合同管理要注意：争议的判定以合同作为法律依据，即以合同条文判定争议的性质，谁对争执负责，应负什么样的责任等；争议的解决方法和解决程序由合同规定。

（六）合同管理使合同管理组织机构化，使合同管理职能专业化

必须研究国外承包企业的经验。由于合同管理和索赔涉及经营、估价（预算）、法律、工程管理及公关等方面知识，专业性很强，因此必须有专门的人员和机构从事这项工作。不能将合同管理仅作为预算科的兼职工作。

合同管理和索赔水平的提高，有利于解决合同争执和赔偿问题，有利于整个项目管理和企业管理水平的提高，有利于整个企业素质的提高。

（七）合同管理是规范市场行为的手段

我国经济体制改革的基本目标是发展商品经济，建立社会主义市场经济体制，完善市场经济法规，建立市场经济秩序。这表明，今后建筑市场将逐步法制化、规范化。在这个过程中，合同管理是规范市场行为的主要手段。

（八）合同管理是加入 WTO 的时代要求

目前，我国的建筑市场全面开放，工程项目管理逐渐与国际接轨，我国建设投资已呈多

元化趋势,国内的外资项目(世界银行项目、亚行项目、中外合资项目、外商独资项目)均按国际惯例进行管理,采用 FIDIC 合同条件,必须实行严格的合同管理。

(九)合同管理是工程项目管理系统的重要要素

建立更为科学的包括合同管理职能的项目管理组织结构、工作流程和信息流程,须具体定义合同管理的地位、职能、工作流程、规章制度,确定合同与成本、工期、质量等管理子系统的界面,将合同管理融于投标报价和施工项目管理全过程中。我国传统的施工项目管理系统尚不完备,缺少合同管理职能,直接表现为:

1. 投标报价缺乏对合同条款的研究,依据图纸预算。
2. 商签合同不对合同风险进行预测并采取对策。
3. 工程施工只进行图纸交底,无“合同交底”工作。
4. 工程施工中按图施工,不是按合同施工。
5. 项目结束时,不总结合同管理的经验。

(十)合同管理学的发展是我国合同管理和索赔专家培养的基础

合同管理和索赔是高智力型的、涉及全局的,同时又是专业性、技术性强的管理工作。要保证我国的国际承包业的发展,就必须有从事合同管理和索赔的专家。在现代工程中不仅需要专门的合同管理的专家(如合同工程师),而且要求参与工程管理的各类人员,如项目经理、估价师、计划师、技术工程师、各职能部门人员都具备合同管理知识。

第三节 合同体系

工程建设是个复杂的社会生产过程,经历可行性研究、勘察设计、工程施工和运行等阶段,有土建、水电、机械设备、通信等专业设计和施工活动,需要各种材料、设备、资金和劳动力的供应。由于现代的社会化大生产和专业化分工,一个工程项目参加单位有十几个、几十个,甚至成百上千,它们之间形成各式各样的经济关系。是一个复杂的合同网络,在这个网络中,由于维系这种关系的纽带是合同,所以就有各式各样的合同。工程项目的建设过程实质上又是一系列经济合同的签订和履行过程。也是建设工程合同体系动态平衡的过程。在这个体系中,业主和工程的承包商是两个最主要的节点。按照上述分析和项目任务的结构分解,就得到不同层次,不同种类的合同,由此组成工程项目的合同体系。

一、工程合同体系的组成

我们以一般工程项目为例,说明工程的合同体系(图 3-1):

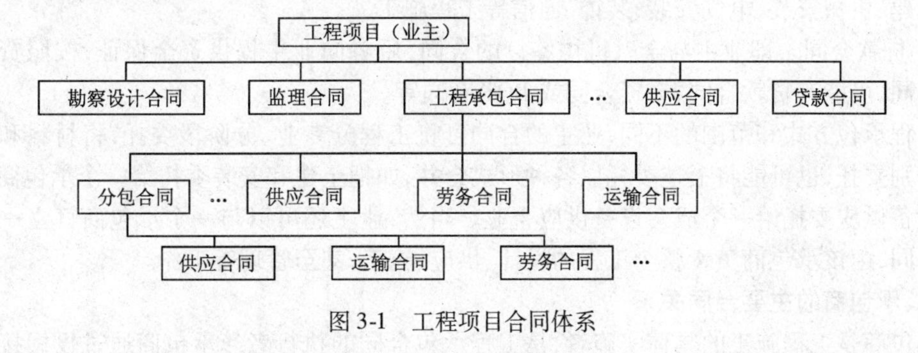

图 3-1 工程项目合同体系

在一个工程中,所有合同都是为了完成业主的项目目标,都必须围绕这个目标签订和实施。由于这些合同之间存在着复杂的内部联系,构成了该工程的合同网络。其中,工程承包合同是最有代表性、最普遍,也是最复杂的合同类型,在工程项目的合同体系中处于主导地位,是整个项目合同管理的重点。无论是业主、监理工程师或承包商都将它作为合同管理的主要对象。深刻了解承包合同将有助于对整个项目合同体系及其他合同的理解。本书以业主与承包商之间签订的工程承包合同作为主要研究对象。

二、合同体系对项目的影响

工程项目的合同体系在项目管理中非常重要。它从一个重要角度反映项目的形象,对整个项目管理的运作有很大的影响:

1. 它反映项目任务的范围和划分方式。

2. 它反映项目所采用的管理模式,例如监理制度、总包方式或平行承包方式。

3. 它在很大程度上决定项目的组织形式,因为不同层次的合同,常常又决定合同实施者在项目组织结构中的地位。

第四节 工程承包合同的种类

一、业主的主要合同关系

业主作为工程或服务的买方,是工程的所有者,可能是政府、企业、其他投资者、企业的组合、政府与企业的组合,例如合资项目 BOT 项目的业主。项目业主通常委派代理人(或代表)以业主的身份进行工程管理。

业主根据工程需求,确定工程项目的目标,它是所有相关工程合同的核心。要实现工程目标须将建筑工程的勘察设计、工程施工、设备和材料供应等工作委托给有关单位,签订如下合同。

1. 咨询(监理)合同。即业主与咨询(监理)公司签订的合同,咨询(监理)公司负责工程的可行性研究、设计监理、招标和施工阶段监理某项或某几项工作。

2. 勘察设计合同。即业主与勘察设计单位签订的合同,勘察设计单位负责工程勘察和工程设计工作。

3. 供应合同。业主与负责提供材料和设备的单位签订的合同,供应单位必须向业主提供合格的材料和设备。

4. 工程施工合同。即业主与工程承包商签订的工程施工合同,一个或几个承包商分别承包土建、机械安装、电气安装、装饰、通信等工程施工。

5. 贷款合同。即业主与金融机构签订的合同,后者向业主提供资金保证,按照资金来源的不同,可能有贷款合同、合资合同或 BOT 合同等。

工程承包方式和范围的不同,业主的合同可将工程分专业、分阶段委托,将材料和设备供应分别委托,也可能将上述委托以各种形式合并,如把土建和安装委托给一个承包商。把整个设备供应委托给一个成套设备供应企业。当然,业主还可以与一个承包商订立一个总承包合同,由该承包商负责整个工程的设计、供应、施工,甚至管理等工作。

二、承包商的主要合同关系

承包商是工程施工的具体实施者,是工程承包合同的执行者。承包商通过投标接受业主的委托，签订工程总承包合同。承包商要完成承包合同的责任，包括由工程量表所确定的工程范围的施工、竣工和保修，为完成这些工程提供劳动力、施工设备、材料，有时也包括技术设计。任何承包商都不可能，也不具备所有的专业工程的施工能力、材料和设备的生产和供应能力，须将许多专业工作委托出去，所以，承包商有复杂的合同关系。

1. 分包合同。大的工程，承包商常常必须与其他承包商合作才能完成总承包合同责任。承包商把工程中的某些分项工程或工作分包给另一承包商完成，签订分包合同。承包商在承包合同下可能订立许多分包合同，而分包商仅完成总承包商的工程，向总包商负责，与业主无合同关系。总包商仍向业主担负全部工程责任，负责工程的管理和所属各分包商工作之间的协调，以及各分包商之间合同责任界面的划分，同时承担协调失误造成损失的责任，向业主承担工程风险。

在投标书中，承包商必须附上拟定的分包商的名单，供业主审查。如果在工程施工中委托分包商，必须经过工程师的认定。

2. 供应合同。承包商为工程所进行的必要的材料和设备的采购和供应，必须与供应商签订供应合同。

3. 运输合同。这是承包商为解决材料和设备的运输问题而与运输单位签订的合同。

4. 加工合同。即承包商将建筑构配件、特殊构件加工任务委托给加工承揽单位而签订的合同。

5. 租赁合同。在建设工程中，承包商需要许多施工设备、运输设备、周转材料。当有些设备、周转材料在现场使用率较低，或自己购置需要大量资金投入而自己又不备这个经济实力时，可以采用租赁方式，与租赁单位签订租赁合同。

6. 劳务供应合同。建筑产品往往要花费大量的人力，承包商不可能全部采用固定工来完成该项工程，为了满足任务的临时需要，往往要与劳务供应商签订劳务供应合同，由劳务供应商向工程提供劳务。

7. 保险合同。业主或承包商按施工合同要求对工程进行保险，与保险公司签订保险合同。这些合同都与工程承包合同相关，都是为了完成承包合同责任而签订的。

此外，在许多大型国际工程中，尤其是在业主要求总包工程中，承包商经常是几个企业的联营，即联营承包（最常见的是设备供应商、土建承包商、安装承包商、勘察设计单位的联合投标），这时承包商之间还需订立联营合同。

三、其他合同关系

1. 设计单位、各供应单位也可能存在各种形式的分包。

2. 承包商有时也承担工程（或部分工程）的设计（如设计—施工总承包），须委托设计单位，签订设计合同。

3. 如果工程付款条件苛刻，要求承包商带资承包，他就必须借款，与金融单位订立借（贷）款合同。

4. 在许多大工程中，尤其是在业主要求总承包的工程中，承包商经常是几个企业的联营体，即联营承包。若干家承包商（最常见的是设备供应商、土建承包商、安装承包商、勘察设计单位）之间订立联营合同，联合投标，共同承接工程。联营承包已成为许多承包商经营战略之一，国内外工程中都很常见。

5. 担保合同，它是由业主、承包商与担保人（银行、担保公司、其他法人）签订的从合同。

如投标担保、履约担保、质量保证、预付款担保,业主付款担保等。

四、建设工程合同案例剖析

【案例 3-1】

1. 工程项目背景摘要:1998 年 6 月沈阳建筑工程公司与金飞股份有限公司签订了建设金飞大厦的施工合同,合同约定金飞大厦 22 层,预算投资 8000 万元。双方达成了初步的意向,在最后签字时,沈阳建筑工程公司擅自修改了合同主要条款,金飞股份有限公司提出解除合同关系。后经调解,双方 1998 年 8 月重新签订合同,沈阳建筑工程公司按照合同约定进场施工。由于建筑公司施工工艺缺陷,开槽没有作好护坡桩,导致临近的居民楼地基受侵害,在雨季中居民楼地基出现塌陷,金飞股份有限公司向沈阳建筑工程公司正式提出停工整顿的要求。冬施季节来临后,金飞公司发出复工令,由于建筑公司施工、技术能力等原因无法满足施工要求,遂以停工损失要求先行赔偿,拒绝复工。双方发生争执。沈阳建筑工程公司以原告身份起诉金飞股份有限公司,要求:①支付已完工程量的工程款;②解除合同。

被告金飞股份有限公司认为,由于施工质量缺陷,有权要求原告停工整顿。同时,复工令原告应当执行,但原告以冬施困难为由拒绝复工,导致工程在预定期限无法完成,要求法院判令原告承担违约赔偿责任。

在案件审理中,双方出具的合同文本,内容多有修改,笔迹混乱,难以认定。被告认为这些修改是原告通过买通被告的工作人员所为,而且双方文本合同无原件,合同内容难以通过文本确定。在庭审中,原告又出具了一份补充协议,约定了停工补偿事项,协议无双方当事人的公章,只有法定代表人签字,其中金飞股份有限公司的法定代表人签字是"金飞",金飞本人对签字否认,认为系模仿,不能作为法院判决案件的依据。法院委托某省公安厅物检所进行笔迹鉴定,首次判定"金飞"非金飞本人所写。复议认定是金飞所写。

2. 法理评析:本案争议的是关于合同文本的适用和书面合同形式的问题。《建设工程施工合同》示范文本是建设工程合同签署的基本参照文件,是施工合同文件的组成部分。所谓的合同文件还包括其他资料:①本合同协议书;②中标通知书;③投标书及其附件;④本合同专用条款;⑤本合同通用条款;⑥标准、规范及有关技术文件;⑦图纸;⑧工程量清单;⑨工程报价单或预算书;双方有关工程的洽商、变更等书面协议或文件视为本合同的组成部分。应排列在首位。从前到后是上述文件的优先解释顺序。在本案中,作为双方使用的《建设工程施工合同》无法相互印证而不能成为定案的依据,根据上述文件的解释顺序,作为双方当事人法定代表人签署的书面变更文件,应当作为定案的依据,因此,法院根据公安部的鉴定结论,认为应当认定双方法定代表人所签署的书面文件是当事人真实意思表示,对于其中涉及合同及双方权益的约定,应当作为定案的依据。法院判决:双方签署的《建设工程施工合同》示范文本因没有原件及相互无法印证而不能作为定案依据。对于双方当事人法定代表人签署的补充文件赋予原告的权利给予保障。法院对该文件内容所涉及双方权利义务的内容加以了确认。

第五节　工程合同的商签谈判

工程施工合同具有标的物特殊、履行周期长、条款内容多、涉及面广的特点,而且往往一个大型工程施工合同的签订关系到一家企业的生死存亡。所以,应给予工程施工合同的谈判足够重视,从而能从合同条款上全力维护己方的合法权益。谈判是工程施工合同签订双方对是否签订合同以及合同具体内容达成一致的协商过程。谈判能够充分了解对方及项目的情况,为决策提供信息和依据。

一、谈判的准备工作

谈判活动的成功与否,通常取决于谈判准备工作的充分程度和在谈判过程中策略与技巧的运用。

(一)收集资料

谈判准备工作的首要任务就是要收集整理有关合同对方及项目的各种基础资料和背景材料。这些资料的内容包括对方的资信状况、履约能力、发展阶段、已有成绩等,包括工程项目的由来、土地获得情况、项目目前的进展、资金来源等。这些资料的体现形式可以是我方通过合法调查手段获得的信息,前期接触过程中已经达成的意向书、会议纪要、备忘录、合同等,对方对我方的前期评估印象和意见,双方参加前期阶段谈判的人员名单及其情况等等。

(二)合同相关信息分析

在获得了背景材料的基础上分析合同相关信息。俗话说"知彼知己,百战不殆",谈判的重要准备是对双方情况进行充分了解。

签订施工合同前,发包方必须对拟建项目的投资进行综合分析、论证和决策。发包方在可行性研究时,要分析研究工程水文地质勘察、地形测量。测算项目的经济、社会、环境效益,论证项目技术经济可行性,推荐最佳方案。依据获得批准的项目建议书和可行性研究报告,编制项目设计任务书并选择建设地点。建设项目的设计任务书和选点报告批准后,发包方就可以进行招标或委托设计单位进行设计。随后,发包方进行建设准备工作,包括技术准备、征地拆迁、现场的"三通一平"等。建设项目的有关技术资料和文件具备后,进入工程招投标阶段,发包方应考察承包方已完工程的质量和工期,考察承包方在被考察工程施工中是总承包还是分包。到承包方原建设单位了解,结合承包方递交的投标文件选择中标人。在发包实践中,发包方往往单纯考虑承包方的报价,不全面考察承包方的资质能力,这会导致合同无法顺利履行,受损害的还是发包方。因此,考察选择承包方是发包方重要的准备工作。

承包方在获悉招标公告后,首先应该调查研究,了解下列问题:工程建设项目是否确实由发包方立项?项目的规模如何?是否适合自身的资质条件?发包方的资金实力如何?等等。这些问题可以通过审查有关文件,譬如发包方的法人营业执照、项目可行性研究报告、立项批复、建设用地规划许可证等解决。承包方为了承接项目,往往主动提出某些让利的优惠条件,但是,在项目真实性、发包方主体合法性、建设资金是否落实程度等原则性问题不能马虎,否则发生问题,受损害最大的是承包方。对项目可行性的研究和分析关系到项目本身是否有效益,是否有能力承接,项目是否值得投入资源,这个方向性的决策发生错误将导致整个项目的亏损。

业主方的分析主要从以下入手:对方谈判人员的分析,即了解对手的谈判组由哪些人员组成,了解他们的身份、地位、权限、性格、喜好等,注意与对方建立良好的关系,发展谈判双方的友谊,争取在谈判前就有亲切和信任感,为谈判创造良好的氛围。对方实力的分析是对资信、技术、物力、财力等状况的分析。在当今信息时代,很容易通过各种渠道和信息传递手段取得有关资料。外国公司很重视该工作,他们借助各种机构和组织及信息网络,调研我国公司实力。

实践中，对于承包方而言，一要注意审查发包方是否为工程项目的合法主体。发包方作为合格的施工承发包合同的一方，对拟建项目应有立项批文、建设用地规划许可证、建设用地批准书、建设工程规划许可证等证件，在《建筑法》第七条、第八条、第二十二条均作了具体规定。二要注意调查发包方的资信情况，是否具备足够的履约能力。

对于发包方而言，须注意承包方是否有相应资质。无资质证书承揽工程或越级承揽工程或以欺骗手段获取资质证书或允许其他单位或个人使用本企业的资质证书、营业执照的，该施工企业须承担法律责任；对于将工程发包给不具有相应资质的施工企业的，《建筑法》亦规定发包方应承担法律责任。

总之，分析工作包括分析自身谈判目标是否合理、是否为对方接受，对方谈判目标是否合理。如自身谈判目标有疏漏，或盲目接受不合理谈判目标，会造成项目实施的无穷后患。在实际操作中，由于建筑市场目前是发包方市场，承包方中标心切，故往往接受发包方极不合理的要求，比如带资垫资要注意对方合同条件、工期极短要考虑自身能力等，避免回收资金、获取工程款、反索赔困难。

与对方相比己方所处的地位的分析是必要的。包括整体的与局部的优劣势。如果己方在整体上存在优势，而在局部存有劣势，则可以通过以后的谈判弥补局部的劣势。如果己方在整体上已显劣势，除非有契机转化情势，否则就不宜再进行谈判。

（三）拟定谈判方案

在上述分析完毕的基础上，总结项目的操作风险、双方的共同利益、双方的利益冲突，双方在哪些问题取得一致，哪些存在分歧甚至原则性的分歧等，从而拟定谈判的初步方案，决定谈判的重点，在运用谈判策略和技巧的基础上，获得谈判的胜利。

二、谈判的策略和技巧

谈判是通过会晤确定各方权利义务的过程，直接关系各方最终利益得失。因此，谈判一定要注意策略、技巧、艺术：

（一）合理分配议程时间

工程建设谈判会涉及诸多事项，重要性各不相同，各方对同一事项的关注不同。要善于掌握谈判的进程，在合作气氛阶段，展开自己的议题，抓住时机，达成有利于己方的协议。在气氛紧张时引导谈判进入有共识议题，缓和气氛，缩小差距，推进谈判进程。同时，谈判者应懂得合理分配谈判时间。对于各议题的商讨时间应得当，不要拘泥细节性问题，这样可以缩短谈判时间，降低交易成本。

（二）高起点战略

谈判的过程是各方妥协的过程，有经验的谈判者在谈判之初会有意识向对方提出苛求的条件。这样对方会过高估计本方的谈判底线，从而在谈判中做出让步。

（三）注意谈判氛围

有经验的谈判者会在分歧严重时，常见的方式是饭桌式谈判。通过餐宴，联络感情，拉近距离，进而重新回到议题。

（四）拖延和休会

当谈判遇到障碍，陷入僵局，拖延和休会可以使明智的谈判方有时间冷静思考，在客观分析形势后提出替代性方案。在冷处理后，各方可以进一步考虑，进而弥合分歧，将谈判从低谷引向高潮。

（五）避实就虚

谈判各方都有优势和弱点。应分析形势，做出判断，利用对方的弱点，追其就范妥协。对于己方的弱点要尽量回避。

（六）分配谈判角色

任何一方的谈判团都由众多人士组成，谈判中应利用各人不同的性格特征扮演不同角色。有的积极进攻；有的和颜悦色。这样可以事半功倍。

（七）利用专家效益

充分拓宽自己的人际关系网，虚心向本行业的专家求教，发挥各领域专家的作用，既可以在专业问题上获得技术支持，又可以利用专家的权威性给对方造成心理压力。

三、建设工程合同效力判别

合同效力是指合同依法成立所具有的约束力。《合同法》第 8 条规定："依法成立的合同，对当事人具有法律约束力。当事人应当按照约定履行自己的义务，不得擅自变更或解除合同。依法成立的合同，受法律保护。"第 44 条规定："依法成立的合同，自成立时生效。法律、行政法规规定应当办理批准、登记等手续生效的，依照其规定。"有效的工程施工合同，有利于建设工程规范顺利的进行。我国《民法通则》第 58 条和《合同法》第 52 条已对无效合同的认定作了规定。对工程施工合同效力的审查，基本从合同主体、客体、内容三方面考察。

（一）无经营资格订立的合同

工程施工合同的签订双方是否有专门从事建筑业务的资格，是合同有效、无效的重要条件之一。例如作为发包方的房地产开发企业应有相应的开发资格。《中华人民共和国城市房地产管理法》第 29 条规定："房地产开发企业是以营利为目的，从事房地产开发和经营的企业。设立房地产开发企业，应当具备下列条件：①有自己的名称和组织机构；②有固定的经营场所；③有符合国务院规定的注册资本；④有足够的专业技术人员；⑤法律、行政法规规定的其他条件。设立房地产开发企业，应当向工商行政管理部门申请设立登记。工商行政管理部门对符合本法规定条件的，应当予以登记，发给营业执照；对不符合本法规定条件的，不予登记。"可见，房地产开发企业是专门从事房地产开发和经营的企业，如无此经营范围而从事房地产开发并签订工程合同的，该合同无效。

作为承包方的勘察、设计、施工单位均应有其经营资格。《建筑法》第二章"建筑许可"第二节"从业资格"第十二条规定："从事建筑活动的建筑施工企业、勘察单位、设计单位和工程监理单位，应当具备下列条件：①有符合国家规定的注册资本；②有与其从事的建筑活动相适应的具有法定执业资格的专业技术人员；③有从事相关建筑活动所应有的技术装备；④法律、行政法规规定的其他条件。"所以，发包方在制作了一系列招标文件并发出招标通知后，就面临选择确定承包方的问题。发包方不但要通过承包方提交的投标文件来了解承包方的意愿，还应该特别注意承包方的主体资格和资质条件，这是承包方是否可以参加招投标的前提条件，更是工程施工合同有效的必要条件，这项工作可以通过审查承包方法人营业执照来解决。

（二）超越资质签订的合同

建设工程是不动产产品，不是一般的产品，因此工程施工合同的主体除了具备可以支配的财产、固定的经营场所和组织机构外，还必须具备与建设工程项目相适应的资质条件，而且也只能在资质证书核定的范围内承接相应的建设工程任务，不得擅自越级或超越规定的范围。

《建筑法》第二章“建筑许可”第二节“从业资格”第十三条规定：“从事建筑活动的建筑施工企业、勘察单位、设计单位和工程监理单位，按照其拥有的注册资本、专业技术人员、技术装备和已完成的建筑工程业绩等资质条件，划分为不同的资质等级，经资质审查合格，取得相应等级的资质证书后，方可在其资质等级许可的范围内从事建筑活动。”国务院于2000年1月30日发布的《建设工程质量管理条例》第18条规定：“从事建设工程勘察、设计的单位应当依法取得相应等级的资质证书，并在其资质等级许可的范围内承揽工程。禁止勘察、设计单位超越其资质等级许可的范围或者以其他勘察、设计单位的名义承揽工程。禁止勘察、设计单位允许其他单位或者个人以本单位的名义承揽工程。”第25条规定：“施工单位应当依法取得相应等级的资质证书，并在其资质等级许可的范围内承揽工程。禁止施工单位超越本单位资质等级许可的业务范围或者以其他施工单位的名义承揽工程。禁止施工单位允许其他单位或者个人以本单位的名义承揽工程。”第34条规定：“工程监理单位应当依法取得相应等级的资质证书，并在其资质等级许可的范围内承担工程监理业务。禁止工程监理单位超越本单位资质等级许可的业务范围或者以其他工程监理单位的名义承揽工程。禁止工程监理单位允许其他单位或者个人以本单位的名义承揽工程监理业务。”可见，我国法律、行政法规对建筑活动中的承包人须具备相应资质作了严格的规定，违反此规定签订的合同必然是无效的。

（三）违反法定程序订立的合同

订立合同由要约与承诺两个阶段。在工程施工合同尤其是总承包合同和施工总承包合同的订立中，通常通过招标投标的程序，招标为要约邀请，投标为要约，中标通知书的发出意味着承诺。对通过这一程序缔结的合同，我国2000年1月1日起生效的《招标投标法》有着严格的规定。

首先，《招标投标法》对必须进行招投标的项目作了限定，其第三条规定：“在中华人民共和国境内进行下列工程建设项目包括项目的勘察、设计、施工、监理以及与工程建设有关的重要设备、材料等的采购，必须进行招标：①大型基础设施、公用事业等关系社会公共利益的项目；②全部或者部分使用国有资金投资或者国家融资的项目；③使用国际组织或者外国政府贷款、援助资金的项目……”第四条规定：“任何单位和个人不得将依法必须进行招标的项目化整为零或者以其他任何方式规避招标。”如属于上述必须招标的项目却未经招投标，由此缔结的工程施工合同无效。具体内容可参见第三章。

其次，招投标遵循公平、公正的原则，违反这一原则，也可能导致合同无效。违反这一原则的行为主要有：①招标代理机构违法泄露应当保密的与招标投标活动有关的情况和资料的；②招标代理机构与招标人、投标人串通损害国家利益、社会公共利益或者他人合法权益的；③依法必须进行招标的项目的招标人向他人透露已获取招标文件的潜在投标人的名称、数量或者可能影响公平竞争的有关招标投标的其他情况的；④依法必须进行招标的项目的招标人泄露标底的；⑤依法必须进行招标的项目，招标人违法与投标人就投标价格、投标方案等实质性内容进行谈判的。上述行为均直接导致中标无效，进而构成合同无效。此种情况下，应当依照《招标投标法》规定的中标条件从其余投标人中重新确定中标人或者重新进行招标。

（四）违反分包和转包规定签订的合同

我国《建筑法》允许建设工程总承包单位将承包工程中的部分发包给具有相应资质条件的分包单位，但是，除总承包合同中约定的分包外，其他分包必须经建设单位认可。而且属于施工总承包的，建筑工程主体结构的施工必须由总承包单位自行完成。也就是说，未经建设单位认可的分包和施工总承包单位将工程主体结构分包出去所订立的分包合同，都是无效的。此外，将建设工程分包给不具备相应资质条件的单位或分包后将工程再分包的，均是法律禁止的。

《建筑法》及其他法律、法规对转包行为均作了严格禁止。转包，包括承包单位将其承包的全部建筑工程转包、承包单位将其承包的全部建筑工程肢解以后以分包的名义分别转包给他人。属于转包性质的合同，也因其违法而无效。

（五）其他违反法律和法规订立的合同

如合同内容违反法律和行政法规，也可能导致整个合同的无效或合同的部分无效。合同某条款的无效，并不必然影响整个合同的有效性。

以上介绍了几种合同无效的情况。实践中，构成合同无效的情况众多，需要有一定法律知识方能判别。所以，建议承发包双方将合同审查落实到合同管理机构和专门人员，每一项目的合同文本均须经过经办人员、部门负责人、法律顾问、总经理几道审查，批注具体意见，还应听取财务、预算人员的意见，尽量完善合同，确保在谈判时自身利益能够得到最大保护。

四、合同内容的审查分析

合同条款的内容直接关系到合同双方的权利义务，在工程施工合同签订之前，应当严格审查各项合同内容，其中尤应注意如下内容。

（一）确定合理工期

对发包方言，工期过短，则不利于工程质量以及施工过程中建筑半成品的养护；工期过长，则不利于发包方及时收回投资。对承包方言，应当合理计算自己能否在发包方要求的工期内完成承包任务，否则应当按照合同约定承担逾期竣工的违约责任。某些案例中，承包方未注意相关约定，而贸然起诉，向发包方追索拖欠的工程款，但发包方却利用承包方逾期竣工提出反诉。有时合同中约定的逾期竣工的违约金数目巨大，索赔额甚至超过追索的工程款数目。

（二）明确代表的权限

合同通常明确甲乙方代表的姓名和职务，但对其权限规定不明。由于代表的行为即代表发承包方的行为，例如约定：确认工程量增加、设计变更等事项只需代表签字即发生法律效力，作为双方在履行合同过程中达成的对原合同的补充或修改；而确认工期顺延则应甲方代表签字并加盖甲方公章，此时即对甲方代表的权利作了限制，乙方须明白工期顺延不仅需要甲方代表的签字，而且需要甲方的公章。

（三）明确工程造价及其计算方法

造价条款是工程施工合同的关键条款，发生约定不明或设而不定的情况，为争议发生埋下隐患。而处理纠纷，法院或仲裁机构一般委托有权审价单位鉴定造价，审价得出的造价亦会因缺少有效计算依据而缺乏准确性，对维护当事人的合法权益极为不利。

工程造价如何明确确定，值得认真研究，尤其是对于“三边”工程。可设定分阶段决算程序，强化过程控制。具体而言，就是在设定承发包合同时增加工程造价过程控制的内容，按工程形象进度分阶段控制并确定相应的操作程序。

设定造价过程控制程序需要增加的条款为：①约定发包方按工程形象进度分段提供施工图的期限和发包方组织分段图纸会审的期限。②约定承包商得到分段施工图后提供相应工程预算以及发包方批复同意分段预算的期限。经发包方认可的分段预算是该段工程备料款和进度款的付款依据。③约定承包商按经发包方认可的分段施工图组织设计和分段进度计划组织基础、结构、装修阶段施工。合同规定的分阶段进度计划具有决定合同是否继续履行的直接约束力。④约定承包商完成分阶段工程并经质量检查符合合同约定条件向发包方递交该形象进度阶段的工程结算的期限，以及发包方审核的期限。⑤约定发包方支付承包商各分阶段预算工程款的比例，以及备料款、进度、工作量增减值和设计变更签证、新型特殊材料差价的分阶段结算方法。⑥约定全部工程竣工通过验收后承包商递交工程最终结算造价的期限，以及发包方审核是否同意及提出异议的期限和方法。双方约定经发包方提出异议，承包商作修改、调整后双方能协商一致的，即为工程最终造价。⑦约定承发包双方对结算工程最终造价有异议时的委托审价机构审价以及该机构审价对双方均具有约束力，双方均承认该机构审定的即为工程最终造价。⑧约定双方自行审核确定的或由约定审价机构审定的最终造价的支付以及工程保修金的处理方法。⑨约定结算工程最终造价期间与工程交付使用的互相关系及处理方法，实际交付使用和实际结算完毕之间的期限是否计取利息以及计取的方法。

（四）明确材料和设备的供应

由于材料、设备的采购和供应引发的纠纷非常多，故必须在合同中明确约定相关条款，包括发包方或承包商所供应或采购的材料、设备的名称、型号、规格、数量、单价、质量要求、运送到达工地的时间、验收标准、运输费用的承担、保管责任、违约责任等。

（五）明确工程竣工交付使用

应当明确约定工程竣工交付的标准。如发包方需要提前竣工，而承包商表示同意的，则应约定由发包方另行支付赶工费用或奖励。因为赶工意味着承包商将投入更多的人力、物力、财力，劳动强度增大，损耗亦增加。

（六）明确最低保修年限和合理使用寿命的质量保证

《建筑法》第六章"建筑工程质量管理"第六十条、第六十二条以列举的方式列明了建筑工程保修的必要内容，指出了设定保修期限的原则，即保证"建筑物合理使用寿命年限内正常使用、维护使用者合法权益"，同时又提出了最低保修期限的概念。《建设工程质量管理条例》第六章"建设工程质量保修"第四十条明确规定了在正常使用条件下，建设工程的最低保修期限。根据上述规定，承发包双方应在招标投标时不仅要据此确定上述已列举项目的保修年限，并保证这些项目的保修年限等于或超过上述最低保修年限，而且要对其他保修项目加以列举并确定保修年限。作者建议承发包双方在工程竣工验收之前，应参照建设工程施工合同示范文本，另行签订具体的保修合同。保修合同应包括如下条款：①建筑工程的名称和所在地；②建筑工程竣工和交付时间；③分部分项保修工程的验收；④保修范围和保修期；⑤保修程序；⑥保修金的设定、使用、结算及返还；⑦双方的权利、义务；⑧保修责任的担保；⑨是否对保修责任购买建设工程质量责任保险或保证保险；⑩违约责任；⑪双方约定的其他事项。

（七）明确违约责任

审查违约责任条款时，要注意：①违约责任的约定要全面。在工程施工合同中，双方的义务多，仅对主要的违约情况约定违约责任，忽视违反其他非主要义务应承担的违约责任。极可能影响到整个合同的履行。②违约责任的约定不应笼统化，而应区分情况作相应约定。

合同尾部应加盖与合同双方文字名称相一致的公章，并由法定代表人或授权代表签名或盖章，授权代表的授权委托书作为合同附件。

第六节　工程合同的履约管理

建设工程合同签订，即具有法律约束力，合同当事人应当按照合同的规定，全部履行自己的义务。当事人应当遵循诚实信用原则，根据合同的性质、目的和交易习惯履行通知、协助、保密等义务。

一、工程合同履约管理原则

1. 遵守约定原则

遵守约定原则又称约定必须信守原则。意味着合同双方的履行过程要服从约定，信守约定。该原则包括两个方面，即适当履行和全面履行。适当履行，也称正确履行，指合同当事人必须按照合同的规定，在适当的时间、适当的地点以适当的方式履行合同义务；全面履行，是指合同当事人必须按照合同规定的标的、质量和数量、履行地点、履行价格、履行时间和履行方式等全面地完成各自应当履行的义务。

2. 诚实信用原则

该原则是合同法的基本原则，该原则在于强调履行虽然没有约定或可能没有约定的诸如通知、协助、保密等合同当事人的附随义务。该原则可概括为两个方面：协作履行和经济合理履行。协作履行要求当事人在履行合同中不仅要适当、全面履行合同的约定，还要基于诚实信用原则的要求，协助对方的履约行为；经济合理履行是在适当履行合同的前提下，可以选择最合理的履行期限、履行方式，可以经济合理地对合同进行适当的变更，在违约的处理上，采取更经济合理的方式进行。

我国工程施工合同履行的质量达不到合同约定标准；工期严重拖延；投资超过约定造价。基于此，施工企业履约管理的应该按约履行；以造价管理为中心；敢于和善于运用法定权利，包括三大抗辩权、法定解除权、撤销权、代位权、法定抵押权。

二、履约管理的要求

建设工程合同是承包人进行工程建设，发包人支付价款的合同，施工企业履行施工合同的基本义务是进行工程建设，全面、适当地履行合同。

（一）按约履行的要求

具体包括：按约定质量施工、竣工、维修，按约定时间竣工、安全施工等，其中安全施工是履约管理容易忽略的基本义务。工程施工合同和有关法律对该三项基本义务的约定和规定如下：

1. 按约定质量施工

《建设工程施工合同示范文本》（GF—1999—0201）通用条款约定工程质量应当达到协议书约定的质量标准，质量标准的评定以国家或行业的质量检验评定标准为依据。因承包人原因工程质量达不到约定的质量标准,承包人承担违约责任。

建筑施工企业对工程的施工质量负责,建筑施工企业必须按照工程设计图纸和施工技术标准施工,不得偷工减料,因施工人的原因致使建设工程质量不符合约定的,发包人有权要求施工人在合理期限内无偿修理或者返工、改建。因承包人的原因致使建设工程在合理使用期限内造成人身和财产损害的,承包人应当承担损害赔偿责任。

2. 按约定时间竣工

示范文本约定:因承包人原因不能按照协议书约定的竣工日期或工程师同意顺延的工期竣工的,承包人承担违约责任。

3. 安全施工

承包人应遵守工程建设安全生产的有关管理规定,严格按安全标准组织施工;承包人在动力设备、输电线路、地下管道、密封防震车间、易燃易爆地段以及临街交通要道附近施工时,施工开始前应向工程师提出安全防护措施,经工程师认可后实施,防护措施费用由发包人承担;实施爆破作业,在放射、毒害性环境中施工(含储存、运输、使用)及使用毒害性、腐蚀性物品施工时,承包人应在施工前14天以书面形式通知工程师,并提出相应的安全防护措施,经工程师认可后实施,由发包人承担安全防护措施费用。建筑施工企业应当在施工现场采取维护安全、防范危险、预防火灾等措施;有条件的,应当在施工现场实行封闭管理。施工现场对毗邻的建筑物、构筑物和特殊作业环境可能造成损害的,建筑施工企业应当采取安全防护措施。施工现场安全由建筑施工企业负责。

(二)以造价管理为中心的要求

1. 执行《建设工程价款结算暂行办法》,约定工程造价

建筑工程造价应当按照国家有关规定,由发包单位与承包单位在合同中约定。公开招标发包的,其造价的约定,须遵守招标投标法律的规定。发包单位应当按照合同的约定,及时拨付工程款项。按照约定支付价款主要包括预付款、进度款和结算款三类。对如何约定这三类款项及其支付以及违约责任,示范文本在通用条款中有比较详尽的规定。但是在实际操作时要以《建设工程价款结算暂行办法》为准绳。双方在专用条款中做出合理合法的约定。凡通用条款和暂行办法不一致依据法律规定:合同示范文本内容如与本办法不一致,以本办法为准,执行《建设工程价款结算暂行办法》。

2. 造价管理的前提是业主支付合同价款、承包方完成三大目标

从法律角度来看,合同造价正是双方签订和履行承发包合同权利义务所指向的关键。就发包方而言,履行承发包合同的目的是在合同约定的期限内获得符合质量标准的建筑物,支付价款;就承包方而言,履行承发包合同必须在约定期限内,按质量标准完成建筑物的营建,据此可以获得相应的合同价款。因此,造价管理是企业生存的中心,施工企业把建筑物符合合同标准的质量作为结算和实现合同造价的法定前提。《合同法》规定:建设工程竣工后,发包人应当根据施工图纸及说明书、国家颁发的施工验收规范和质量检验标准及时进行验收。验收合格的,发包人应当按照约定支付价款,并接收该建设工程。

发包方与承包方结算合同造价,承包方必须确保合同工期,承包方也不能指望自己严重延误了工期而要求发包方如数支付全部造价。司法实践中已经有判例判决承包方在追索工程欠款的同时被判以超过追索价款的款项赔偿发包方的工期损失。因此,工期就是造价的一部分,要顺利确认结算造价,必须首先确保合同工期。

3. 注重造价管理的环节

以造价为中心加强施工企业合同管理,还必须抓住两个重要环节。首先,必须加强造价的中间结算。由于合同造价的确认和结算贯串于整个履约过程,而且合同价款包括履约过程中的预付款、进度款和结算款;又由于建筑物的营建一般都会经历基础、结构和装修等阶段,中间结算就是各个阶段的预、决算,并进行相应确认,因此中间结算就成为整个合同造价结算的重要环节和总体强化造价结算的关键,强化中间结算,就是强化造价管理。

其次,必须把握索赔规律。低中标、勤索赔、高结算同样是承包工程的国际惯例,指望通过招投标获得一个优惠的高价合同是不现实的,通过勤于索赔,精于索赔的造价履约管理,从而获得相对高的结算造价则是完全可能的、现实的,因此,必须切实把索赔作为合同造价履约管理最重要的工作。以造价为中心,就是以索赔为中心,造价管理就是索赔管理,尤其是在签订合同时难以确定合同造价的,履约过程中的中间预、决算和变更、增加款项,都只能通过索赔才能实现。

(三)运用法定权利的要求

1. 三大抗辩权的运用

双务合同的三大抗辩权,即同时履行抗辩权、后履行抗辩权、不安抗辩权。上述三种抗辩权相互补充,共同保护合同履行的公平,使当事人的利益得到保护。合同管理要善用抗辩权。

2. 法定解除权的运用

在下列情况下可以解除合同:①因不可抗力致使不能实现合同的目的。不可抗力指"不能预见、不能避免并且不能克服的客观情况",其中包括某些自然灾害,例如地震、火山爆发、雪崩、飓风等,也包括某些社会现象,例如政府禁令、战争等。作为不可抗力事件的法律后果,可以免除一方当事人未履行合同义务的责任,双方当事人都可以要求解除合同。②在履行期限届满之前,当事人一方明确表示或者以自己的行为表明不履行主要债务。如果当事人一方明确表示不履行合同义务,受损害一方不必等到履行期限届满,即可以立即解除合同。③当事人一方迟延履行债务,经催告后在合理期限内仍未履行,另一方当事人可以解除合同。一方当事人迟延履行主要的合同义务,特别是另一方当事人允许违约一方在合理期限内履行其义务,但违约一方仍不能履行义务时,即构成根本性违约,另一方当事人有权解除合同。例如建设工程施工合同,发包人长期不能支付双方约定的预付工程款、工程进度款等款项,承包人多次催告并给予了宽限期,对方当事人仍不能履行义务时,承包人因无米之炊、资金短缺而难以为计,就可以实施这一条法律规定,解除合同,由违约方承担赔偿责任。④当事人一方迟延履行债务或者有其他违约行为致使不能实现合同目的。该规定是指合同义务方必须在特定时间或者特定期限内履行完毕,一旦该方当事人迟延履行债务,合同的目的就无从实现,在这种情形下对方当事人也无须催告,就可以解除合同。

3. 撤销权和代位权的运用

撤销权和代位权确定了合同的保全制度,巩固债权人的权利,有助于治理我国三角债、多角债的顽症,防止合同诈骗行为。

4. 法定优先权的运用

拖欠工程款成为施工企业生存发展的根本性障碍,解决拖欠工程款最有效的办法,是行使《合同法》的规定,折价或拍卖在建工程以优先受偿,实现追索欠款的合法权益。这是针对施工企业的工程款被严重拖欠而做出的切实解决问题的规定,赋予被拖欠款的施工企业以法定的、优先于协议抵押权人的优先受偿权。准确理解并依法行使此项优先受偿权,施工企业的合法权益方可得到有效保护。

《合同法》规定的优先受偿权的行使是有前提的。发包方"未按照约定支付价款"就是前提。具体地说,一是工程承发包合同要有支付价款的约定;二是发包人违反这个约定。在实践中,约定支付的款项一般有预付款、进度款和结算款,现在合同中约定预付款已越来越少,工程竣工后的结算款则情况复杂,难以确定,是确定价款的难点,而进度款的确认和追索的主动权在承包人一方,是施工企业需要加强造价管理、及时结算的重点。

实现工程欠款优先受偿的方法是先行处分施工合同指向的对象即在建的建筑物本身。所谓折价,是承发包双方通过自行协商,将在建建筑物的部分物权,抵消"未按照约定支付价款"的债权,即通过债权变更为物权的办法,使承包人的合法权益得以保障。所谓拍卖,是承包方对业主确认的应付价款,向人民法院申请,通过执行程序,采取竞拍办法,将发包方的在建工程转让,依转让所有权所得价款来实现债权,即处分在建工程物权,使承包人的合法权益得以保障。这两个法律手段均以国家机器作为后盾,是依法实施的处分发包方在建工程物权的严厉措施,因此,确认采取折价或拍卖办法的前提便极其重要,没有承发包双方的确认和有确凿证据可以证明的属于"未按照约定支付价款"的事实,就难以依法采取这两种带有强制力的法律手段。

我国《担保法》第三十三条规定:"抵押是债务人或者第三人不转移对本法第三十四条所列财产的占有,将该财产作为债权的担保。债务人不履行债务时,债权人有权依照本法规定以该财产折价或者以拍卖、变卖该财产的价款优先受偿。"但是因抵押产生的优先受偿权,其依据的是设定抵押权的双方协议,这是一种协议的优先权。而《合同法》第 286 条设定的优先受偿权,是不同于《担保法》规定的协议优先权的法定优先权,因此,这是一种特殊的、优先于抵押产生的协议优先权的优先权,这是由建筑业的支柱产业发展要求、工程欠款主要部分属于材料设备及人工工资的基本特点所决定的,这也是不少国家和地区的法律规定,是一种国际惯例。因此,结合行业实际,深入研究《合同法》的规定,善于运用法定优先权,是有效解决长期困扰而且越演越烈的拖欠工程款问题的法律武器,也是施工企业在一系列新的法律法规先后颁布,给企业提出更高要求的新形势下改变传统管理模式、提高效益的重要契机。

三、履约管理的依据

履约管理的依据是合同分析,合同分析是从执行的角度分析、补充、解释合同,将合同目标和合同规定落实到合同实施的具体问题上和具体事件上,用以指导合同履行,使工程按合同要求施工、竣工和维修。

1. 合同分析的作用

①分析合同漏洞、解释争议内容。在合同实施过程中,双方必须就合同条文的理解达成一致。特别是在索赔中,合同分析为索赔提供了理由和根据。②分析合同风险、制定风险对策。合同实施前全面分析,确认和界定风险,落实对策。③简化分解合同,进行合同交底。由合同管理专门人员先作全面的合同分析,再向各职能人员和工程小组进行合同交底就不失为较好的方法。④分解合同工作,落实合同责任。

2. 分析补充合同漏洞的方式

合同漏洞指当事人应当约定的合同条款未约定或约定不明确、无效或者被撤销而使合同处于不完整的状态。为鼓励交易、节约交易成本,法律要求对合同漏洞应补充,使之足够明确,达到合同全面适当履行的要求。

补充合同漏洞有三种方式:第一是约定补充。当事人可以通过协议补充合同漏洞。在平等自愿的基础上另行协商,达成一致意见作为合同的补充协议,并与“原合同”共同构成一份完整的合同;第二是解释补充。是指以合同的客观内容为基础,依据诚实信用原则并斟酌交易惯例对合同的漏洞做出符合合同目的的填补。解释补充分为两种:按照合同有关条款确定、根据交易习惯确定。第三法定补充。是指根据法律的直接规定,如合同工期不明确的,除国务院另有规定的以外,应当执行各省、市、自治区和国务院主管部门颁发的工期定额,按照工期定额计算得出合同工期。法律暂时没有规定工期定额的特殊工程,合同工期由双方协商,协商不成的,报建设工程所在地的定额管理部门审定。请看如下案例:

【案例 3-2】

某工程项目由业主甲投资兴建,1995 年 4 月 28 日经招标投标,乙施工单位中标后开始施工。价款约定为固定总价。该工程项目变形缝包括滤池变形缝、清水池变形缝和预沉池变形缝。已载明滤池变形缝密封材料选用“胶霸”,但未载明清水池变形缝和预沉池变形缝采用何种密封材料。1996 年 4 月,乙就清水池变形缝和预沉池变形缝的密封材料按合同约定报监理单位批准,其在建筑材料报审表上填写的材料为“建筑密封胶”。监理单位坚决不同意乙施工单位企业用“建筑密封胶”,而要求用“胶霸”。乙按监理单位的要求进行施工。乙就此向甲提起索赔,要求甲补偿使用“胶霸”而增加费用 80 万元。因此双方产生争议,乙根据合同的约定向法院提出诉讼。

乙提起索赔的理由是:对清水池变形缝和预沉池变形缝采用何种密封材料没有定;“胶霸”是新型材料,该工程所在地的的工程造价信息无“胶霸”,这类建材有“建筑密封胶”,所以其只能按照“建筑密封胶”进行报价。

甲反驳索赔的理由是:①变形缝密封材料应不应该使用胶霸的依据是合同和法律,而不是根据“工程材料信息”有无胶霸这种建材。该工程造价信息没有某建筑材料不等于该建筑材料不常用,无法找到而不能选择。②清水池变形缝、预沉池变形缝和滤池变形缝的作用、性质完全相同。根据合同漏洞的解释补充规则,既然双方在选用密封材料之前未能达成补充协议,清水池变形缝和预沉池变形缝的密封材料当然应根据最相关的合同有关条款即载明滤池变形缝密封材料选用“胶霸”。因此,清水池变形缝和预沉池变形缝的密封材料选用“胶霸”符合合同管理的原则,不存在增加合同价款的问题。

法院审判结果:驳回乙的索赔请求。

3. 分析解释合同歧义的原则

根据工程施工合同的国际惯例,合同文件间的歧义一般按“最后用语规则”进行解释,合同文件内歧义一般按“不利于文件提供者规则”进行解释。

根据《合同法》“当事人对合同条款的理解有争议的,应当按照合同所使用的词句、合同的有关条款、合同的目的、交易习惯以及诚实信用原则,确定该条款的真实意思”的规定,合同的解释有如下原则:①以合同文义为出发点,客观主义结合主观主义原则。确定合同词句含义的一般规则是,从通常的意义上揭示其涵义,客观主义原则要求法官以一个普通的、理性的社会成员的身份,置身于合同缔结的情境中,探究合同用语的含义以解释合同。但在合同因欺诈、胁迫、乘人之危、错误等原因致使当事人意思表示不自由、不真实时,应采取主观主义原则,充分考虑当事人的内心真意。②整体解释原则。要求将争议的合同条款视为合同的一个有机组成部分,从该合同条款、整个合同中的位置等方面阐释合同用语的含义。该方法要求:其一,在合同中,一般应坚持概念用语的意义的统一性。其二,不能仅限于正式的合同文本,而应与合同有关的合同草案、谈判记录、信件、电报、电传等与合同有关的文件放在一起进行合同解释。③参照交易习惯原则。是指在合同文字或条款的含义发生歧义时,按照交易习惯予以明确或补充。④诚实信用原则。要求合同解释的结果不得显失公平,双方的利益大致是平衡的。⑤符合合同目的原则。合同条款可以作两种以上的解释时,应当以符合合同目的的解释为准。合同条文的解释必须有统一性和同一性。在承包商的施工组织中,合同解释权必须归合同管理人员。请看如下案例:

【案例 3-3】

案例 3-1 所涉工程,还存在这样的争议:在招标图纸(扩大初步设计图纸)中,沉井载明用"C25 混凝土浇制"。乙就沉井项目报价较低。开工后沉井项目施工前,甲向乙提供沉井技术要求,载明沉井用"C25 钢筋混凝土"。为此,乙向甲提起索赔,要求甲补偿其因工程变更增加的费用 10 万元。因双方无法就此达成一致意见,最后,乙根据合同的约定将该争议提交给法院。

乙的索赔理由为:合同图纸载明沉井用素混凝土;以对其报价的分析为证据,说明就沉井项目,其在投标时是按照素混凝土报价,而非按照钢筋混凝土报价。

甲对索赔的反驳为:乙在投标时提供的"施工组织设计",说明其在投标报价时就明知沉井须使用钢筋,要建造合格的工程沉井必须使用钢筋,本工程为固定总价合同,因乙运用"不平衡报价法"存在得利项目、亏损项目之分,故不能仅从分项工程的价款推断乙投标时是按照素混凝土进行报价的。

最后,法院驳回了乙的索赔请求。

复习思考题

1. 合同在建设工程中有哪些作用?
2. 以某建筑企业为对象,调查企业合同管理的状况。
3. 当前建设工程合同管理有哪些特点?
4. 合同管理与项目管理其它职能有什么关系?
5. 合同管理与企业经营管理有什么内在的联系?
6. 承包商合同管理的工作有哪些主要内容?
7. 在我国的项目管理系统中应如何加强合同管理职能?

第四章　建设工程施工合同管理

【本章提要】施工合同管理是对建设工程施工合同的签订、履行、变更和解除等进行筹划和控制的过程。本章介绍建设工程施工的合同管理问题,叙述施工合同订立的条件、依据、程序。重点剖析建设工程施工合同管理、专业工程分包合同管理、劳务分包合同管理的主要内容。阐明施工合同管理的组织机构设置及合同交底的要求,分析施工合同的变更管理、纠纷的处理、合同的解除等诸多问题。

第一节　建设工程施工合同概述

一、建设工程施工合同的概念

建设工程施工合同,是发包人和承包人为完成特定的建筑安装工程,明确相互权利、义务关系的协议。

建设工程施工合同是建设工程合同体系中的一种,他与其他建设工程合同一样是一种双务合同。依据合同规定,承包人应在一定条件下(如工期、质量、投资)完成特定的建筑安装工程,发包人应提供必要的施工条件(如施工现场"三通一平"、工程报建)并支付工程价款。

建设工程施工合同是建设工程合同的主要合同,是市场经济条件下建设工程责任主体之间权利、义务关系的主要表达形式。是发包人与承包人之间为完成商定的建设工程任务,确定双方权利和义务的协议。

施工合同的当事人是发包人与承包人。施工合同的发包人可以是建设工程的建设单位,也可以是取得建设项目总承包资格的项目总承包单位或取得施工总承包资格的承包单位。施工合同的承包人是施工单位。

建设工程施工合同有施工承包合同和分包合同之分。施工承包合同的发包人是建设工程的建设单位或取得建设项目总承包资格的项目总承包单位,在合同中一般称为业主或发包人。施工承包合同的承包人是施工单位,在合同中一般称为承包人。

分包合同又有专业工程分包合同和劳务作业分包合同之分。分包合同的发包人一般是取得施工承包合同的施工单位,在合同中一般仍沿用施工承包合同中的名称,即仍称为承包人。而分包合同的承包人一般是专业化的专业工程施工单位或劳务作业单位,在合同中一般称为分包人或劳务分包人。

在国际工程合同中,业主可以根据施工承包合同的约定,选择某个单位作为指定分包商,指定分包商一般应与承包人签订分包合同,接受承包人的管理和协调。因此,加强施工合同管理在工程建设领域具有十分重要的意义。为了规范和指导合同当事人双方的行为,避免合同纠纷,解决合同文本不规范、条款不完备、执行过程纠纷多等一系列问题,国际工程界许多著名组织(如FIDIC——国际咨询工程师联合会、AIA——美国建筑师学会、AGC——美国总承包商会、ICE——英国土木工程师学会、世界银行等)都编制了指导性的合同示范文本,规定了合同双方的一般权利和义务,对引导和规范建设行为起到非常重要的作用。

国家立法机关、国务院、建设部十分重视施工合同的规范管理工作。建设部和国家工商行政管理总局根据工程建设的有关法律、法规,总结我国1991年版《建设工程施工合同示范文本》(GF—91—0201)推行的有关经验,结合我国建设工程施工合同的实际情况,并借鉴国际上通用的土木工程施工合同的成熟经验和有效做法,于1999年12月24日颁发了修改的《建设工程施工合同示范文本》(GF—99—0201)。该文本适用于各类公用建筑、民用住宅、工业厂房、交通设施及线路、管道的施工和设备安装等工程。

各种建设工程项目之间的差异性很大,特别是不同行业之间的建设工程项目,如水利水电、公路、电力、石油化工、冶炼等,其某些特殊性要求有符合项目需要的专门的施工合同文本,因此,有关行业管理部门颁布了专门的合同文本。如,交通部颁布《公路工程国内招标文件范本》,其中包含合同文本;水利部、国家电力公司和国家工商行政管理总局于2000年颁布了修订的《水利水电土建工程施工合同条件》(GF—2000—0208)等等。

1993年10月1日生效实施的《中华人民共和国合同法》对施工合同做了专门的规定;建设部1993年1月29日发布了《建设工程施工合同管理办法》。建设部会同国家工商行政管理局于1999年12月制定了新版《建设工程施工合同(示范文本)》(GF—1999—0201),沿用至今。这些法律、法规、部门规章是我国工程建设施工合同管理的重要依据。

二、建设工程施工合同的特点

建设工程施工合同除了具备经济合同的一般特性外,还具有自身的特点,主要是:

(一)建设工程施工合同标的特殊性

建设工程施工合同的标的是施工项目,即建筑安装工程施工活动过程及其产品。建筑产品具有如下特点:

1. 建筑产品的固定性和生产的流动性;
2. 建筑产品类别庞杂,体现为产品的个体性和生产的单件性;
3. 建筑产品体积庞大,资源消耗量大,一次性投资大;
4. 建筑产品的质量特性和验收有国家明确规定的特殊标准和程序。

(二)建设工程施工合同主体的特殊性

建设工程施工合同主体是发包人和承包人。国家对其行为条件及行为过程均有明确的规定。发包人必须具有组织工程建设和管理的能力(在实行建设监理制度的情况下,可以委托社会监理单位代为履行职责),并具有相应工程款项的支付能力;其建设行为必须符合国家有关基本建设管理的规定(如工程报建、工程招标、工程备案)。承包人应具有与工程类别相适应的资质条件和承担工程建设任务的能力,并具有法人资格;其行为过程及行为结果必须符合国家有关规定。

(三)建设工程施工合同执行周期长,合同风险大

建设工程的施工工期,少者几个月,多者几十年;工程面临的自然条件、市场条件、社会条件及政策环境中不可预见的因素太多,可能会给工程建设各方造成巨大损失,合同风险极大。

(四)建设工程施工合同的内容多

建设工程施工合同的内容涉及到技术、经济、法律、商务等诸多方面的内容，因而合同内容的条款多；为防止因合同条款订立的失误，合同双方应尽可能详细规定合同各项条款的内容，以满足合法、全面、严密、具体、逻辑性强的要求。

(五)建设工程施工合同管理的难度高

建设工程施工合同在执行过程中的不可遇见因素多，常常出现合同的变更、中止及工程索赔。发包人和承包人均应加强合同管理，维护自身的合法利益。

三、建设工程施工合同的作用

建设工程施工合同，在现代工程建设中具有十分重要的作用。

1. 它是国家有关基本建设法律、法规、政策的具体体现

建设工程施工合同，必须体现国家基本建设法律、法规和政策要求，维护社会公共安全及利益；否则，从合同订立开始，就是无效合同。

2. 它是确定业主与承包商权利与义务关系的重要依据

在建设工程施工合同中，应明确规定双方的权利、义务范围，以便使合同双方自觉地履行合同。

3. 它是保护合同双方合法利益的重要手段

在合同执行过程中，任何一方不履行合同或不完全履行合同，另一方都有权依据有关法律及合同的约定要求对方履行合同，承担违约责任，保护自身合法利益。

第二节 建设工程施工合同的订立

一、建设工程施工合同订立的条件

1. 初步设计已经批准。
2. 工程项目已列入年度建设计划。
3. 满足施工需要的设计文件和有关技术资料齐全。
4. 建设资金和主要建筑材料、设备来源已经落实。
5. 中标通知书已经下达。

二、建设工程施工合同订立的依据

1. 相关的法律、法规及规章制度

相关的法律、法规及规章制度是国家管理建筑市场，明确建设责任主体责任，规范市场主体行为，维护市场秩序，保护国家利益和社会公众利益的法律依据。建设工程施工合同当事人双方只有在遵守国家相关法律、法规及规章制度的前提下签订施工合同，才受法律的保护。

2. 建设工程投标招标文件

建设工程招标和投标过程，实质上是建设工程施工合同订立过程中的要约邀请和要约，一经实现，则具有法律约束力。招标人与投标人不得实质性改变招标文件和投标文件中涉及施工合同内容的主要条款。

3. 中标通知书

中标通知书是招标人对投标人的一种承诺，具有法律约束力。只要投标人无过错，招标人不得以任何理由拒绝与中标人签订施工合同。

4. 工程建设的技术标准和规范

建筑产品涉及到公众利益和公众安全,关系到千家万户的生命和财产安全。为此,国家制定了一系列建筑施工生产及建筑产品质量(安全)的技术规范和标准,特别是工程建设标准强制性条文,应该在工程建设中严格执行,任何单位和个人都不得违反工程建设标准强制性条文。

三、建设工程施工合同订立的程序

1. 招标人签发中标通知书

招标人应根据评标小组推荐的潜在中标人名单,择优选择中标人,并向中标人签发中标通知书。获得中标通知书是投标人与招标人进行施工合同谈判,并签订施工合同的先决条件。

2. 合同谈判

由于工程建设周期长,涉及面广,不可预见因素多,为便于加强合同管理,确保工程建设的顺利进行,招标人和中标人应就施工合同的主要内容进行仔细磋商,达成一致性意见,并做好书面记录,形成合同谈判纪要。合同谈判中,双方不得对招标文件和投标文件的内容进行实质性改变。

3. 签订建设工程施工合同

通过合同谈判,招标人与投标人就建设工程施工合同的主要内容达成一致意见后,双方可以依据国家相关法律、法规的要求,签订书面形式的建设工程施工合同。

4. 建设工程施工合同的鉴证与公证

建设工程施工合同当事人双方在签订合同后,可本着自愿原则,对所签订的建设工程施工合同进行鉴证或公证。

第三节　建设工程施工合同的主要内容

一、施工承包合同的主要内容

(一)建设工程施工合同示范文本的组成

《建设工程施工合同(示范文本)》(GB—1999—0201)由协议书、通用条款、专用条款及附件四个部分组成。附件包括承包人承揽工程项目一览表、发包人供应材料设备一览表和工程质量保修书。

协议书是发包人、承包人依照《中华人民共和国合同法》、《中华人民共和国建筑法》及其他有关法律、行政法规,遵循平等、自愿、公平和诚实信用的原则,双方就特定建设工程施工事项协商一致,订立文本合同的承诺。

协议书内容包括:工程概况;工程承包范围;合同工期;质量标准;合同价款;组成合同的文件;本协议书中有关词语含义与本合同第二部分《通用条款》中分别赋予它们的定义相同;承包人向发包人承诺按照合同约定进行施工、竣工并在质量保修期内承担工程质量保修责任;发包人向承包人承诺按照合同约定的期限和方式支付合同价款及其他应当支付的款项;合同生效;其他。

通用条款是根据法律、行政法规及建设工程施工的需要而制定的,通用于所有建设工程项目施工的条款,是一般建设工程共同具备的共性条款,具有规范性、可靠性、完备性和适用性等特点,可以作为签订建设工程施工合同的指导性文件。通用条款的内容包括 11 个方面共 47 条 172 款。主要内容如下:词语定义及合同文件;双方的一般权利与义务;施工组织设计和工期;质量与检验;安全施工;合同价款与支付;材料设备供应;工程变更;竣工验收与结算;违约、索赔和争议;其他。

专用条款是对通用条款规定内容的确认和具体化,是合同双方根据建设工程项目的建设条件和建设特点,经协商一致达成的合同条款。其条款的设置及编号与通用条款相一致。在通用条款中阐述笼统的、普遍的或者不适用本工程的问题,都应在专用条款中作补充或修改。

为保证建设工程在合理使用年限内正常使用,建设工程施工合同双方应协商一致,签订该工程质量保修书。工程质量保修书是《建设工程施工合同》的从合同,包括以下六项内容:工程质量保修范围和内容;质量保修期;质量保修责任;质量保修金的支付;质量保修金的返还;其他需要双方约定的工程质量保证事项。

(二)施工合同文件的组成

构成施工合同文件的组成部分,除了协议书、通用条款和专用条款以外,一般还应该包括:中标通知书,投标书及其附件,有关的标准、规范及技术文件,图纸,工程量清单,工程报价单或预算书等。可以这样讲:施工合同文件包括施工合同示范文本,施工合同示范文本不是施工合同文件惟一组成内容,施工合同文件是合同履行的依据,特别是合同结算的依据。

组成合同的各个文件应能互相解释,互为说明。当合同文件出现含糊不清或不一致时,一般应由负责监理的工程师做出解释。作为施工合同文件组成部分的上述各个文件,其优先顺序是不同的,解释合同文件的优先顺序规定一般在合同专用条款内,原则上应把文件签署日期在后的和内容重要的排在前面,即更加优先。以下是一般的优先顺序:协议书(包括补充协议);中标通知书;投标书及其附件;专用合同条款;通用合同条款;标准、规范及技术文件;图纸;工程量清单;工程报价单或预算书等。发包人在编制招标文件时,可以根据具体情况规定优先顺序。

(三)施工合同示范文本的内容

一般包括:词语定义与解释;合同双方的一般权利和义务,包括代表业主利益进行监督管理的监理人员的权力和职责;工程施工的进度控制;工程施工的质量控制;工程施工的费用控制;施工合同的监督与管理;工程施工的信息管理;工程施工的组织与协调;施工安全管理与风险管理等。

在《建设工程施工合同示范文本》(GF—99—0201)的词语定义与解释中,对工程师作了专门定义,明确为工程监理单位委派的总监理工程师或发包人指定的履行合同的代表,其具体身份和职权由发包人和承包人在专用条款中约定。二者的职责不能重叠,不能矛盾。工程师可以根据需要委派代表,行使合同中约定的部分权力和职责。

(四)施工承包合同中发包方的责任与义务

发包人的责任与义务有许多,最主要的有:提供具备施工条件的施工现场和施工用地;提供其他施工条件,包括将施工所需水、电、电信线路从施工场地外部接至专用条款约定地点,并保证施工期间的需要,开通施工场地与城乡公共道路的通道,以及专用条款约定的施工场地内的主要道路,满足施工运输的需要,保证施工期间的畅通;提供有关水文地质勘探资料和地下管线资料,提供现场测量基准点、基准线和水准点及有关资料,以书面形式交给承包人,并进行现场交验,提供图纸等其他与合同工程有关的资料;办理施工许可证及其他施工所需证件、批件和临时用地、停水、停电、中断道路交通、爆破作业等的申请批准手续(证明承包人自身资质的证件除外),协助承包人办理有关许可、执照和批准;组织承包人和设计单位进行图纸会审和设计交底;按合同规定支付合同价款;按合同规定及时向承包人提供所需指令、批准等;按合同规定主持和组织工程的验收。

(五)施工承包合同中承包方的责任与义务

承包人的主要义务是:按合同要求的质量完成施工任务;按合同要求的工期完成并交付工程;施工期间遵守政府有关主管部门的管理规定;负责保修期内的工程维修;接受发包人、工程师或其代表的指令;负责工地安全,看管进场材料、设备和未交工工程;负责对分包的管理,并对分包方的行为负责;安全施工,保证施工人员的安全和健康;保持现场整洁;按时参加各种检查和验收。

(六)进度控制的主要条款内容

1. 合同工期的约定

工期是指发包人和承包人在协议书中约定,按照总日历天数(包括法定节假日)计算的承包天数。

承发包双方必须在协议书中明确约定工期,包括开工日期和竣工日期。工程竣工验收通过,实际竣工日期为承包人送交竣工验收报告的日期;工程按发包人要求修改后通过验收的,实际竣工日期为承包人修改后提请发包人验收的日期。

2. 进度计划

承包人应按合同专用条款约定的日期,将施工组织设计和工程进度计划提交工程师,工程师按专用条款约定的时间予以确认或提出修改意见。

工程师对进度计划予以确认或者提出修改意见,并不免除承包人对施工组织设计和工程进度计划本身的缺陷应承担的责任。

3. 工程师对进度计划的检查和监督

开工后,承包人必须按照工程师确认的进度计划组织施工,接受工程师对进度的检查和监督。检查和监督的依据一般是双方已经确认的月度进度计划。

工程实际进度与经过确认的进度计划不符时,承包人应按照工程师的要求提出改进措施,经过工程师确认后执行。但是,对于因承包人自身的原因导致实际进度与计划进度不符时,所有的后果都应由承包人自行承担,承包人无权就改进措施追加合同价款,工程师也不对改进措施的效果负责。

4. 暂停施工

(1)工程师要求的暂停施工

工程师认为确有必要暂停施工时,应当以书面形式要求承包人暂停施工,并在提出要求后48小时内提出书面处理意见。承包人应当按照工程师的要求停止施工,并妥善保护已完工程。因为发包人原因造成停工的,由发包人承担所发生的追加合同价款,赔偿承包人由此造成的损失,相应顺延工期;因承包人原因造成停工的,由承包人承担发生的费用,工期不予顺延。因工程师不及时作出答复,导致承包人无法复工,由发包人承担违约责任。

(2)因发包人违约导致承包人主动暂停施工

但发包人出现某些违约情况时,承包人可以暂停施工,这时发包人应当承担相应的违约责任。

(3)意外事件导致的暂停施工

在施工过程中出现一些意外情况,如果需要承包人暂停施工的,承包人应该暂停施工,此时工期是否给予顺延,应视风险责任应由谁承担而确定。

5. 竣工验收

承包人提交竣工验收报告:当工程按合同要求全部完成后,具备竣工验收条件,承包人按国家工程竣工验收的有关规定,向发包人提供完整的竣工资料和竣工验收报告。

发包人组织验收:发包人收到竣工验收报告后28天内组织验收,并在验收后14天内给予认可或提出修改意见,承包人应当按要求进行修改,并承担因自身原因造成修改的费用,中间交工工程的范围和竣工时间,由双方在专用条款内约定。

发包人收到承包人送交的竣工验收报告后28天内不组织验收,或者在组织验收后14天内不提出修改意见,则视为竣工验收报告已经被认可。发包人在收到承包人竣工验收报告后28天内不组织验收,从第29天起承担工程保管及一切意外责任。

(七)质量控制的主要条款内容

在施工过程中,承包人要随时接受工程师对材料、设备、中间部位、隐蔽工程和竣工工程等质量的检查、验收与监督。

1. 工程质量标准

工程质量应当达到协议书约定的质量标准,质量标准的评定以国家或行业的质量检验评定标准为依据。

双方对工程质量有争议,由双方同意的工程质量检测机构鉴定,所需要的费用以及因此造成的损失,由责任方承担。

2. 检查和返工

承包人应认真按照标准、规范和设计图纸要求以及工程师依据合同发出的指令施工,随时接受工程师的检查检验,为检查检验提供便利条件。

工程师的检查检验不应影响施工的正常进行。如影响施工正常进行,检查检验不合格时,影响正常施工的费用由承包人承担。除此之外,影响正常施工的追加合同价款由发包人承担,相应顺延工期。

3. 隐蔽工程和中间验收

工程具备隐蔽条件或达到专用条款约定的中间验收部位,承包人进行自检,并在隐蔽或中间验收前48小时以书面形式通知工程师验收。承包人准备验收记录,验收合格,工程师在验收记录上签字后,承包人方可进行隐蔽和继续施工。验收不合格,承包人在工程师限定的时间内修改后重新验收。

4. 重新检验

无论工程师是否进行验收,当其提出对已经隐蔽的工程重新检验的要求时,承包人应按要求进行剥离或开孔,并在检验后重新覆盖或修复。检验合格,发包人承担由此发生的全部追加合同价款,赔偿承包人损失,并相应顺延工期。检验不合格,承包人承担发生的全部费用,工期不予顺延。

5. 工程试车

双方约定需要试车的,应当组织试车。试车有单机无负荷试车、联动无负荷试车和投料试车。

（1）单机无负荷试车

设备安装工程具备单机无负荷试车条件，由承包人组织试车，并在试车前48小时以书面形式通知工程师。

（2）联动无负荷试车

设备安装工程具备联动无负荷试车条件，发包人组织试车，并在试车前48小时以书面形式通知承包人。

（3）投料试车

投料试车应在工程竣工验收后由发包人负责。

6. 竣工验收

工程未经竣工验收或竣工验收未通过的，发包人不得使用。发包人强行使用时，由此发生的质量问题及其他问题，由发包人承担责任。

7. 质量保修

承包人应按照法律、行政法规或国家关于工程质量保修的有关规定，对交付发包人使用的工程在质量保修期内承担质量保修责任。承包人应在工程竣工验收之前，与发包人签订质量保修书，作为合同附件，主要内容包括工程质量保修范围和内容、质量保修期、质量保修责任和质量保修金的支付方法等。

8. 材料设备供应

（1）发包人供应的材料设备

发包人应按合同约定提供材料设备，并向承包人提供产品合格证明，对其质量负责。发包人在所供材料设备到货前24小时以书面形式通知承包人，由承包人派人与发包人共同清点。

发包人供应的材料设备，承包人派人参加清点后由承包人妥善保管，发包人支付相应保管费用。因承包人原因发生丢失损坏，由承包人负责赔偿。

发包人供应的材料设备使用前，由承包人负责检验或试验，不合格的不得使用，检验或试验费用由发包人承担。

（2）承包人采购材料设备

承包人负责采购材料设备的，应按照专用条款约定及设计和有关标准要求采购，并提供产品合格证明，对材料设备质量负责。

承包人供应的材料设备使用前，承包人应按照工程师的要求进行检验或试验，不合格的不得使用，检验或试验费用由承包人承担。

根据工程需要，承包人需要使用代用材料时应经工程师认可后才能使用。

（八）费用控制的主要条款内容

根据《建设工程价款结算暂行办法》规定：施工合同示范文本与本办法相抵触的规定，一律执行本办法。故以下是按照暂行规定的要求讲述。

1. 施工合同价款

发、承包人在签订合同时对于工程价款的约定，可选用下列一种约定方式：

固定总价。合同工期较短且工程合同总价较低的工程，可以采用固定总价合同方式；

固定单价。双方在合同中约定综合单价包含的风险范围和风险费用的计算方法，在约

定的风险范围内综合单价不再调整。风险范围以外的综合单价调整方法,应当在合同中约定;

可调价格。可调价格包括可调综合单价和措施费等,双方应在合同中约定综合单价和措施费的调整方法,调整因素包括:法律、行政法规和国家有关政策变化影响合同价款;工程造价管理机构的价格调整;经批准的设计变更;发包人更改经审定批准的的施工组织设计(修正错误除外)造成费用增加;双方约定的其他因素。

2. 工程预付款

实行工程预付款的,双方应当在专用条款内约定发包人向承包人预付工程款的时间和数额,开工后按约定的时间和比例逐次扣回。

工程预付款结算应符合下列规定:包工包料工程的预付款按合同约定拨付,原则上预付比例不低于合同金额的10%,不高于合同金额的30%,对重大工程项目,按年度工程计划逐年预付。计价执行《建设工程工程量清单计价规范》(GB—50500—2003)的工程,实体性消耗和非实体性消耗部分应在合同中分别约定预付款比例。

在具备施工条件的前提下,发包人应在双方签订合同后的一个月内或不迟于约定的开工日期前的7天内预付工程款,发包人不按约定预付,承包人应在预付时间到期后10天内向发包人发出要求预付的通知,发包人收到通知后仍不按要求预付,承包人可在发出通知14天后停止施工,发包人应从约定应付之日起向承包人支付应付款的利息(利率按同期银行贷款利率计),并承担违约责任。

预付的工程款必须在合同中约定抵扣方式,并在工程进度款中进行抵扣。凡是没有签订合同或不具备施工条件的工程,发包人不得预付工程款,不得以预付款为名转移资金。

3. 工程进度款

工程量的确认,包括对承包人已完工程量进行计量、核实与确认,是发包人支付工程款的前提。承包人应当按照合同约定的方法和时间,向发包人提交已完工程量的报告。发包人接到报告后14天内核实已完工程量,并在核实前1天通知承包人,承包人应提供条件并派人参加核实,承包人收到通知后不参加核实,以发包人核实的工程量作为工程价款支付的依据。发包人不按约定时间通知承包人,致使承包人未能参加核实,核实结果无效;发包人收到承包人报告后14天内未核实完工程量,从第15天起,承包人报告的工程量即视为被确认,作为工程价款支付的依据,双方合同另有约定的,按合同执行;对承包人超出设计图纸(含设计变更)范围和因承包人原因造成返工的工程量,发包人不予计量。

工程进度款结算方式:按月结算与支付。即实行按月支付进度款,竣工后清算的办法。合同工期在两个年度以上的工程,在年终进行工程盘点,办理年度结算;分段结算与支付。即当年开工、当年不能竣工的工程按照工程形象进度,划分不同阶段支付工程进度款。具体划分在合同中明确。

工程进度款支付:根据确定的工程计量结果,承包人向发包人提出支付工程进度款申请,14天内,发包人应按不低于工程价款的60%,不高于工程价款的90%向承包人支付工程进度款。按约定时间发包人应扣回的预付款,与工程进度款同期结算抵扣;发包人超过约定的支付时间不支付工程进度款,承包人应及时向发包人发出要求付款的通知,发包人收到承包人通知后仍不能按要求付款,可与承包人协商签订延期付款协议,经承包人同意后可延期支付,协议应明确延期支付的时间和从工程计量结果确认后第15天起计算应付款的利息

(利率按同期银行贷款利率计);发包人不按合同约定支付工程进度款,双方又未达成延期付款协议,导致施工无法进行,承包人可停止施工,由发包人承担违约责任。

4. 变更价款的确定

施工中发生工程变更,承包人按照经发包人认可的变更设计文件,进行变更施工,其中,政府投资项目重大变更,需按基本建设程序报批后方可施工。

在工程设计变更确定后14天内,设计变更涉及工程价款调整的,由承包人向发包人提出,经发包人审核同意后调整合同价款。变更合同价款按下列方法进行:合同中已有适用于变更工程的价格,按合同已有的价格变更合同价款;合同中只有类似于变更工程的价格,可以参照类似价格变更合同价款;合同中没有适用或类似于变更工程的价格,由承包人或发包人提出适当的变更价格,经对方确认后执行。如双方不能达成一致的,双方可提请工程所在地工程造价管理机构进行咨询或按合同约定的争议或纠纷解决程序办理。

工程设计变更确定后14天内,如承包人未提出变更工程价款报告,则发包人可根据所掌握的资料决定是否调整合同价款和调整的具体金额。重大工程变更涉及工程价款变更报告和确认的时限由发承包双方协商确定。收到变更工程价款报告一方,应在收到之日起14天内予以确认或提出协商意见,自变更工程价款报告送达之日起14天内,对方未确认也未提出协商意见时,视为变更工程价款报告已被确认。确认增(减)的工程变更价款作为追加(减)合同价款与工程进度款同期支付。

5. 竣工结算

工程完工后,双方应按照约定的合同价款及合同价款调整内容以及索赔事项,进行工程竣工结算。工程竣工结算分为单位工程竣工结算、单项工程竣工结算和建设项目竣工总结算。单位工程竣工结算由承包人编制,发包人审查;实行总承包的工程,由具体承包人编制,在总包人审查的基础上,发包人审查;单项工程竣工结算或建设项目竣工总结算由总(承)包人编制,发包人可直接进行审查,也可以委托具有相应资质的工程造价咨询机构进行审查。政府投资项目,由同级财政部门审查。单项工程竣工结算或建设项目竣工总结算经发、承包人签字盖章后有效;承包人应在合同约定期限内完成项目竣工结算编制工作,未在规定期限内完成的并且提不出正当理由延期的,责任自负。

单项工程竣工后,承包人应在提交竣工验收报告的同时,向发包人递交竣工结算报告及完整的结算资料,发包人应按以下规定时限进行核对(审查)并提出审查意见。500万元以下从接到竣工结算报告和完整的竣工结算资料之日起20天;500万元~2000万元从接到竣工结算报告和完整的竣工结算资料之日起20天。2000万元~5000万元从接到竣工结算报告和完整的竣工结算资料之日起20天。5000万元以上从接到竣工结算报告和完整的竣工结算资料之日起20天。建设项目竣工总结算在最后一个单项工程竣工结算审查确认后15天内汇总,送发包人后30天内审查完成。发包人收到承包人递交的竣工结算报告及完整的结算资料后,应按本办法规定的期限(合同约定有期限的,从其约定)进行核实,给予确认或者提出修改意见。发包人根据确认的竣工结算报告向承包人支付工程竣工结算价款,保留5%左右的质量保证(保修)金,待工程交付使用一年质保期到期后清算(合同另有约定的,从其约定),质保期内如有返修,发生费用应在质量保证(保修)金内扣除。发包人收到竣工结算报告及完整的结算资料后,在本办法规定或合同约定期限内,对结算报告及资料没有提出意见,则视同认可。

承包人如未在规定时间内提供完整的工程竣工结算资料,经发包人催促后14天内仍未提供或没有明确答复,发包人有权根据已有资料进行审查,责任由承包人自负。根据确认的竣工结算报告,承包人向发包人申请支付工程竣工结算款。发包人应在收到申请后15天内支付结算款,到期没有支付的应承担违约责任。承包人可以催告发包人支付结算价款,如达成延期支付协议,承包人应按同期银行贷款利率支付拖欠工程价款的利息。如未达成延期支付协议,承包人可以与发包人协商将该工程折价,或申请人民法院将该工程依法拍卖,承包人就该工程折价或者拍卖的价款优先受偿。工程竣工结算以合同工期为准,实际施工工期比合同工期提前或延后,发、承包双方应按合同约定的奖惩办法执行。

6. 索赔价款结算

发承包人未能按合同约定履行自己的各项义务或发生错误,给另一方造成经济损失的,由受损方按合同约定提出索赔,索赔金额按合同约定支付。发包人和承包人要加强施工现场的造价控制,及时对工程合同外的事项如实纪录并履行书面手续。凡由发、承包双方授权的现场代表签字的现场签证以及发、承包双方协商确定的索赔等费用,应在工程竣工结算。

7. 合同以外零星项目工程价款结算

发包人要求承包人完成合同以外零星项目,承包人应在接受发包人要求的7天内就用工数量和单价、机械台班数量和单价、使用材料和金额等向发包人提出施工签证,发包人签证后施工,如发包人未签证,承包人施工后发生争议的,责任由承包人自负。

8. 质量保修金

保修期满,承包人履行了保修义务,发包人应在质量保修期满后14天内结算,将剩余保修金和按工程质量保修书约定银行利率计算的利息一起返还承包人。

二、专业工程分包合同的主要内容

专业工程分包,是指施工承包单位(即专业分包工程的发包人)将其所承包工程中的专业工程发包给具有相应资质的其它建筑业企业(即专业分包工程的承包人)完成的活动。

针对各种工程中普遍存在专业工程分包的实际情况,为了规范管理,减少或避免纠纷,建设部和国家工商行政管理总局于2003年又发布了《建设工程施工专业分包合同(示范文本)》(GF—2003—0213)。

《建设工程施工专业分包合同(示范文本)》(GF—2003—0213)与《建设工程施工合同示范文本》(GF—99—0201)在合同条款的内容和结构上是非常接近的,所不同的主要是,前者中的分包工程发包人是施工承包单位(通常被称为总承包单位,合同中称为承包人),而分包工程承包人则是分包人;而原来应由施工承包单位(承包人)承担的权利、责任和义务依据分包合同部分地转移给了分包人,但对发包人来讲,不能解除施工承包单位(承包人)的义务和责任。

(一)专业工程承包单位的资质

2001年7月1日起施行的、由建设部颁布的《建筑业企业资质管理规定》,规定了国务院建设行政主管部门负责全国建筑业企业资质的归口管理工作,国务院铁道、交通、水利、信息产业、民航等有关部门配合国务院建设行政主管部门实施相关资质类别建筑业企业资质的管理工作。根据有关规定,专业承包序列企业的资质设二至三个等级,60个资质类别,其中常用的专业承包工程类别有:土石方工程、地基与基础工程、钢结构工程、预应力工程、机电设备安装工程、管道工程、电梯安装工程、建筑装饰装修工程、建筑幕墙工程、消防设施工程、建筑防水工程、防腐保温工程、爆破与拆除工程、电信工程等。

(二)专业工程分包合同的主要内容

专业工程分包合同示范文本的结构和主要条款、内容与施工承包合同相似,包括词语定义与解释,双方的一般权利和义务,分包工程的施工进度控制、质量控制、费用控制,分包合同的监督与管理,信息管理,组织与协调,施工安全管理与风险管理,等等。

分包合同内容的特点是,既要保持与主合同条件中相关分包工程部分的规定的一致性,又要区分负责实施分包工程的当事人变更后的两个合同之间的差异。分包合同所采用的语言文字和适用的法律、行政法规及工程建设标准一般应与主合同(即建设单位与施工承包单位签订的施工承包合同,通常被称为总包合同)相同。

(三)工程承包人(总承包单位)的主要责任和义务

1. 分包人对总包合同的了解:承包人应提供总包合同(有关承包工程的价格内容除外)供分包人查阅。分包人应全面了解总包合同的各项规定(有关承包工程的价格内容除外)。

2. 项目经理应按分包合同的约定,及时向分包人提供所需的指令、批准、图纸并履行其他约定的义务,否则分包人应在约定时间后24小时内将具体要求、需要的理由及延误的后果通知承包人,项目经理在收到通知后48小时内不予答复,应承担因延误造成的损失。

3. 承包人的工作:向分包人提供与分包工程相关的各种证件、批件和各种相关资料,向分包人提供具备施工条件的施工场地;组织分包人参加发包人组织的图纸会审,向分包人进行设计图纸交底;提供本合同专用条款中约定的设备和设施,并承担因此发生的费用;随时为分包人提供确保分包工程的施工所要求的施工场地和通道等,满足施工运输的需要,保证施工期间的畅通;负责整个施工场地的管理工作,协调分包人与同一施工场地的其他分包人之间的交叉配合,确保分包人按照经批准的施工组织设计进行施工。

(四)专业工程分包人的主要责任和义务

1. 分包人对有关分包工程的责任

除本合同条款另有约定,分包人应履行并承担总包合同中与分包工程有关的承包人的所有义务与责任,同时应避免因分包人自身行为或疏漏造成承包人违反总包合同中约定的承包人义务的情况发生。

2. 分包人与发包人的关系

分包人须服从承包人转发的发包人或工程师与分包工程有关的指令。未经承包人允许,分包人不得以任何理由与发包人或工程师发生直接工作联系,分包人不得直接致函发包人或工程师,也不得直接接受发包人或工程师的指令。如分包人与发包人或工程师发生直接工作联系,将被视为违约,并承担违约责任。

3. 承包人指令

就分包工程范围内的有关工作,承包人随时可以向分包人发出指令,分包人应执行承包人根据分包合同所发出的所有指令。分包人拒不执行指令,承包人可委托其他施工单位完成该指令事项,发生的费用从应付给分包人的相应款项中扣除。

4. 分包人的工作

按照分包合同的约定,对分包工程进行设计(分包合同有约定时)、施工、竣工和保修;按照合同约定的时间,完成规定的设计内容,报承包人确认后在分包工程中使用。承包人承担由此发生的费用;在合同约定的时间内,向承包人提供年、季、月度工程进度计划及相应进度统计报表;在合同约定的时间内,向承包人提交详细施工组织设计,承包人应在专用条款约定的时间内批准,分包人方可执行;遵守政府有关主管部门对施工场地交通、施工噪声以及环境保护和安全文明生产等的管理规定,按规定办理有关手续,并以书面形式通知承包人,承包人承担由此发生的费用,因分包人责任造成的罚款除外;分包人应允许承包人、发包人、工程师及其三方中任何一方授权的人员在工作时间内,合理进入分包工程施工场地或材料存放的地点,以及施工场地以外与分包合同有关的分包人的任何工作或准备的地点,分包人应提供方便;已竣工工程未交付承包人之前,分包人应负责已完分包工程的成品保护工作,保护期间发生损坏,分包人自费予以修复;承包人要求分包人采取特殊措施保护的工程部位和相应的追加合同价款,双方在合同专用条款内约定。

(五)合同价款及支付

1. 分包工程合同价款应与总包合同约定的方式一致。

2. 分包合同价款与总包合同相应部分价款无连带关系。

3. 合同价款的支付

建设工程施工专业分包或劳务分包,总(承)包人与分包人必须依法订立专业分包或劳务分包合同,按照建设工程价款结算暂行办法的规定在合同中约定工程价款及其结算办法。凡实行监理的工程项目,工程价款结算过程中涉及监理工程师签证事项,应按工程监理合同约定执行。实行工程预付款的,双方应在合同专用条款内约定承包人向分包人预付工程款的时间和数额,开工后按约定的时间和比例逐次扣回;承包人应按专用条款约定的时间和方式,向分包人支付工程款(进度款),按约定时间承包人应扣回的预付款,与工程款(进度款)同期结算;分包合同约定的工程变更调整的合同价款、合同价款的调整、索赔的价款或费用以及其他约定的追加合同价款,应与工程进度款同期调整支付;承包人超过约定的支付时间不支付工程款(预付款、进度款),分包人可向承包人发出要求付款的通知,承包人不按分包合同约定支付工程款(预付款、进度款),导致施工无法进行,分包人可停止施工,由承包人承担违约责任;承包人应在收到分包工程竣工结算报告及结算资料后28天内支付工程竣工结算价款,无正当理由不按时支付,从第29天起按分包人同期向银行贷款利率支付拖欠工程价款的利息,并承担违约责任。

(六)禁止转包或再分包

分包人不得将其承包的分包工程转包给他人,也不得将其承包的分包工程的全部或部分再分包给他人,否则将被视为违约,并承担违约责任。分包人经承包人同意可以将劳务作业再分包给具有相应劳务分包资质的劳务分包企业;分包人应对再分包的劳务作业的质量等相关事宜进行督促和检查,并承担相关连带责任。

三、劳务分包合同的主要内容

劳务作业分包,是指施工承包单位或者专业承包单位(即劳务作业的发包人)将其承包工程中的劳务作业发包给劳务分包单位(即劳务作业承包人)完成的活动。

(一)劳务分包单位的资质

根据《建筑业企业资质管理规定》等有关规定,劳务分包序列企业资质设1~2个等级,13个资质类别,其中常用类别有:脚手架作业、模板作业、焊接作业、钢筋作业、混凝土作业、砌筑作业、水暖电安装作业、木工作业、抹灰作业、油漆作业等。如同时发生多类作业可划分为结构劳务作业、装修劳务作业、综合劳务作业等。

(二)劳务分包合同的重要条款

建设部和国家工商行政管理总局于2003年发布了《建设工程施工劳务分包合同(示范文本)》(GF—2003—0214)。劳务分包合同不同于专业分包合同,其重要条款有:劳务分包人资质情况;劳务分包工作对象及提供劳务内容;分包工作期限;质量标准;工程承包人义务;劳务分包人义务;材料、设备供应;保险;劳务报酬及支付;工时及工程量的确认;施工配合;禁止转包或再分包,等等。

(三)工程承包人的主要义务

对劳务分包合同条款中规定的工程承包人的主要义务归纳如下:

1. 组建与工程相适应的项目管理班子,全面履行总(分)包合同,组织实施施工管理的各项工作,对工程的工期和质量向发包人负责。

2. 完成劳务分包人施工前期的下列工作:

向劳务分包人交付具备本合同项下劳务作业开工条件的施工场地;满足劳务作业所需的能源供应、通信及施工道路畅通;向劳务分包人提供相应的工程资料;向劳务分包人提供生产、生活临时设施。

3. 负责编制施工组织设计,统一制定各项管理目标,组织编制年、季、月施工计划、物资需用量计划表,实施对工程质量、工期、安全生产、文明施工、计量检测、实验化验的控制、监督、检查和验收。

4. 负责工程测量定位、沉降观测、技术交底,组织图纸会审,统一安排技术档案资料的收集整理及交工验收。

5. 按时提供图纸,及时交付材料、设备,提供施工机械设备、周转材料、安全设施,保证施工需要。

6. 按合同约定,向劳务分包人支付劳动报酬。

7. 负责与发包人、监理、设计及有关部门联系,协调现场工作关系。

(四)劳务分包人的主要义务

劳务分包合同条款中规定的劳务分包人的义务如下:

1. 对劳务分包范围内的工程质量向工程承包人负责,组织具有相应资格证书的熟练工人投入工作;未经工程承包人授权或允许,不得擅自与发包人及有关部门建立工作联系;自觉遵守法律法规及有关规章制度。

2. 严格按照设计图纸、施工验收规范、有关技术要求及施工组织设计精心组织施工,确保工程质量达到约定的标准;科学安排作业计划,投入足够的人力、物力,保证工期;加强安全教育,认真执行安全技术规范,严格遵守安全制度,落实安全措施,确保施工安全;加强现场管理,严格执行建设主管部门及环保、消防、环卫等有关部门对施工现场的管理规定,做到文明施工;承担由于自身责任造成的质量修改、返工、工期拖延、安全事故、现场脏乱造成的损失及各种罚款。

3. 自觉接受工程承包人及有关部门的管理、监督和检查;接受工程承包人随时检查其设备、材料保管、使用情况,及其操作人员的有效证件、持证上岗情况;与现场其他单位协调配合,照顾全局。

4. 劳务分包人须服从工程承包人转发的发包人及工程师的指令。

5. 除非合同另有约定,劳务分包人应对其作业内容的实施、完工负责,劳务分包人应承担并履行总(分)包合同约定的、与劳务作业有关的所有义务及工作程序。

(五)保险

1. 劳务分包人施工开始前,工程承包人应获得发包人为施工场地内的自有人员及第三人人员生命财产办理的保险,且不需劳务分包人支付保险费用。

2. 运至施工场地用于劳务施工的材料和待安装设备,由工程承包人办理或获得保险,且不需劳务分包人支付保险费用。

3. 工程承包人必须为租赁或提供给劳务分包人使用的施工机械设备办理保险,并支付保险费用。

4. 劳务分包人必须为从事危险作业的职工办理意外伤害保险,并为施工场地内自有人员生命财产和施工机械设备办理保险,支付保险费用。

5. 保险事故发生时,劳务分包人和工程承包人有责任采取必要的措施,防止或减少损失。

(六)劳务报酬

1. 劳务报酬可以采用以下方式中的任何一种:固定劳务报酬(含管理费);约定不同工种劳务的计时单价(含管理费),按确认的工时计算;约定不同工作成果的计件单价(含管理费),按确认的工程量计算。

2. 劳务报酬,可以采用固定价格或变动价格。采用固定价格,则除合同约定或法律政策变化导致劳务价格变化以外,均为一次包死,不再调整。

(七)工时及工程量的确认

1. 采用固定劳务报酬方式的,施工过程中不计算工时和工程量。

2. 采用按确定的工时计算劳务报酬的,由劳务分包人每日将提供劳务人数报工程承包人,由工程承包人确认。

3. 采用按确认的工程量计算劳务报酬的,由劳务分包人按月(或旬、日)将完成的工程量报工程承包人,由工程承包人确认。对劳务分包人未经工程承包人认可,超出设计图纸范围和因劳务分包人原因造成返工的工程量,工程承包人不预计量。

(八)劳务报酬最终支付

1. 全部工作完成,经工程承包人认可后14天内,劳务分包人向工程承包人递交完整的结算资料,双方按照本合同约定的计价方式,进行劳务报酬的最终支付。

2. 工程承包人收到劳务分包人递交的结算资料后14天内进行核实,给予确认或者提出修改意见。工程承包人确认结算资料后14天内向劳务分包人支付劳务报酬尾款。

3. 劳务分包人和工程承包人对劳务报酬结算价款发生争议时,按合同约定处理。

(九)禁止转包或再分包

劳务分包人不得将合同项下的劳务作业转包或再分包给他人。

【案例4-1】

违法转包分包工程,总包单位负担全责

1. 工程项目背景摘要:1999年4月2日,某大学根据学校合并规划,在某市开发区建设新校址,投资2亿元,建设4栋教学楼、6栋学生宿舍楼、2栋食堂、1栋浴室、3栋家属楼等一揽子工程。建设周期为两年。该项目进行了招标。其中某市建设工程总公司中标。关于工程施工，双方约定：鉴于该项目是国家投资项目，工程必须保证质量达到优良；其次，必须保证工期，确保工程建设不影响学校的扩大招生并及时投入使用。对于工程施工，承包方可以在自己的下属分公司中选择施工队伍，无须与发包人另行签订合同，但为了保证工程质量，双方应当严格按照《建筑法》和《合同法》的规定，不得将工程进行转包。

《某大学群楼建设工程承包合同》签订后，作为总包单位，某市建设工程总公司遂安排下属施工能力强、施工工艺水平高的二、三、五、六建设分公司参与工程建设，并分别与这些参建分公司签订了《安全施工责任书》和《某单体工程内部承包协议书》，对工程工期和施工质量做了约定。并对施工提前奖励和延期罚款做了说明。经过两年的建设，承包方完成了施工任务，经过建设方、投资方、承包方、设计方共同验收，该综合工程取得了备案验收。

但是，在工程投入使用不到三个月的时间内，某学生宿舍楼的女儿墙倒塌，造成了两名学生受到重伤。学生的受伤引起学校及其上级政府部门的高度重视，迅速成立了学生伤害事件调查领导小组，由学校基建部门、纪检部门、当地建设工程质量监督部门和承包方某市建设工程总承包单位派员共同组成。在调查中，发现二分公司，为了加快施工进度，无视法律的规定，将其中一栋单体工程转包给某具有三级施工资质的 A 施工公司，收取该单体工程预算造价的 20% 作为管理费，该施工公司在施工中有违章操作和偷工减料的情节存在，但该公司不是引起事故发生的责任公司；调查中还发现五分公司，为争取提前奖励，将自己负责的工程部分分包给临时组织的 B 农民施工队，由于该农民施工队没有从事过大型、复杂的工程建设，尽管五分公司为该农民施工队指派了技术员，但在施工中难免出现质量问题，引起学生伤害的主要责任单位就是 B 施工队。

对于调查的情况，建设单位和投资单位一致认为，作为该项目的总承包人没有认真履行合同的约定和法律的规定，构成了严重的违约，造成了严重的后果，决定对尚未支付的工程款予以扣留，作为赔偿学生受到伤害的医疗费等费用以及违约罚金，同时对工程质量保留继续追究的权利。上述决定通知了总承包方。

2.【处理结果】总承包方接到通知后，认为自己没有责任。首先，总公司下属的各个参加项目建设的分公司都具有法人资格，独立地承担民事责任，学校应当以二分公司和五分公司为被告，所发生的责任由他们完全承担。其次，总公司与各个分公司都签订了《安全施工责任书》和《某单体工程内部承包协议书》，上述合同文件明确规定了各个分公司都独立核算，施工责任自负。第三，发包方与承包方之间签订的《某大学群体建设工程承包合同》中，明确了总承包方可以安排自己的下属分公司参与建设，无须另行与发包方签订承包合同，这表明了发包方对承包方安排下属分公司参与项目建设是许可的，因此，也就意味着，上述两个责任分公司是与发包方有口头协议的，因此，分公司应直接与发包方进行交涉，并承担相应的责任。发包方不应扣留承包方的工程款。

发包方认为，尽管在《某大学群体建设工程承包合同》中约定了承包方可以安排下属分公司参与建设，但还明确约定，根据《建筑法》和《合同法》的规定，不得进行非法转包工程和分包工程，承包方安排下属公司参与建设没有过错，但是其下属公司在建设工程中进行非法转包、分包的行为，严重违反了合同约定，应当视为承包方的过错，特别是 B 工程队根本就不具备施工的资质，严重违反了《建筑法》中关于市场准入制度，属于严重违法的行为。

二分公司和五分公司认为，他们没有进行工程转包和分包行为，而是包清工，纯粹的属于劳务雇佣关系，因此，他们愿意承担工程质量不合格的责任，而不承担违约和违法的责任。

法院经过审理认为,承包单位安排其下属公司参与施工建设,属于双方合同的约定,且各个参建公司均具有施工资质,各分公司参与工程建设属于合法的行为。但是,在分公司建设工程中,雇请A和B参加建设,并具有转包工程和分包工程的行为,由于其转包、分包工程,导致工程出现质量问题并造成伤害事故,该责任应由总承包单位负责,故判决,总承包人承担全部质量责任和伤害事故责任。

3.【法理评析】本案是关于工程的分包转包后的责任问题。

法院对该案认定的事实、适用的法律和处理结果是正确的,因此,建设单位和施工单位应当按照国家的法律规定,依照国家规定的基本建设程序和国家批准的投资计划,签订建设工程承包合同,确立双方的权利义务关系。合同一经签订,即在双方当事人之间产生法律效力,双方当事人必须全面履行合同规定的义务,不履行或者不完全履行合同规定的义务,给对方造成损失,要依法追究法律责任。

承包方承包了工程,应当以自己的施工力量、施工设备和施工技术进行施工,如果自己力量不足,可以将承包的工程部分分包给其他分包单位,签订分包合同。法律规定,承包单位对发包单位负责,分包单位对承包单位负责,但承包单位不得将全部所承包的工程转包给其他单位,而从中渔利。如果雇佣乡镇建筑队的劳动力,只能作辅助工程,并严格监督管理。由于施工组织、管理不善,造成工程质量低劣或者延误竣工日期,造成损失,承包单位应当负责。《建筑法》对转包有明确的禁止性规定,禁止承包单位将其承包的全部建筑工程转包给他人,禁止承包单位将其承包的全部建筑工程肢解以后以分包的名义分别转包给他人。承包单位将承包的工程转包的,或者违反本法规定进行分包的,责令改正,没收违法所得,并处罚款,可以责令停业整顿,降低资质等级;情节严重的,吊销资质证书。承包单位有前款规定的违法行为的,对因转包工程或者违法分包的工程不符合规定的质量标准造成的损失,与接受转包或者分包的单位承担连带赔偿责任。

总承包人或者勘察、设计、施工承包人经发包人同意,可以将自己承包的部分工作交由第三人完成。第三人就其完成的工作成果与总承包人或者勘察、设计、施工承包人向发包人承担连带责任。承包人不得将其承包的全部建设工程转包给第三人或者将其承包的全部建设工程肢解以后以分包的名义分别转包给第三人。禁止承包人将工程分包给不具备资质条件的单位。禁止分包单位将其承包的工程再分包。建设工程主体结构的施工必须由承包人自行完成。因施工人的原因致使建设工程质量不符合约定的,发包人有权要求施工人在合理的期限内无偿修理或者返工、改建。经过修理或者返工、改建后,造成逾期交付的,施工人应当承担违约责任。因承包人的原因致使建设工程在合理使用期限内造成人身和财产损害的,承包人应当承担损害赔偿责任。

工程分包是指工程承包方按与发包方商定的方案将承包范围内的非主要部分及专业性较强的工程另行发包给具有相应资质的建筑安装单位承包的行为。转包则是指工程承包方未获得发包方的同意,以赢利为目的,将与承包范围相一致的工程转让给其他建筑安装单位并不对所承包工程的技术、管理、质量和经济承担责任的行为。不规范分包则是指工程承包方未获得发包方的同意或者虽获得发包方的同意但没有按规定将工程分包给具有相应资质的建筑安装单位造成越级分包的行为。层层转包、层层盘剥是建筑业具有长久历史渊源的行业通病,也是造成工程施工中不断发生的质量、安全和其他事故以及偷工减料、粗制滥造的根源。工程分包,乙方可按投标书和协议条款约定分包部分工程。乙方与分包单位签订分包合同后，将副本送甲方代表。分包合同与本合同发生抵触，以本合同为准。分包合同不能解除乙方任何义务与责任。乙方应在分包场地派驻相应监督管理人员，保证合同的履行。分包单位的任何违约或疏忽，均视为乙方的违约或疏忽。除协议条款另有约定，分包工程价款由乙方与分包单位结算。第一，工程分包必须在招投标时事先约定，并在协议条款中明确；第二，分包合同应分送发包方，如与承发包合同有矛盾，须以承包合同为准；第三，承包方须保证分包合同的履行，并派出相关的管理人员；第四，分包方的任何疏忽和违约，均视为是承包方的疏忽和违约，并由承包方承担责任；第五，分包合同由总、分包之间进行结算，另有约定的除外。非常显然，这样制定合同条款的目的就是加重发包方的权利，通过发包方对工程分包的监督、控制和管理。在工程招投标过程中，开发商将投标单位应独自完成承包工程、不得分包作为中标的重要条件，由于工程总承包合同中对承包方擅自分包工程有相应处理的明确规定，而本案的承包方分包工程未获得合同和法律规定的许可条件，以及影响工程质量的情况出现，构成违约是十分明显的。

从本案纠纷看，建设单位按照合同履行了自己的义务。但是，建设单位在工程承包出去以后，其委派在工地的监理工程师，不仅要对工程质量进行监督，而且还要对参与工程建设的施工人员的素质进行监督，以确保工程质量。另外，施工单位应当恪尽职守地完成工程建设，加强对施工人员和施工质量的安全生产，坚决杜绝在生产建设中偷工减料的行为，否则应承担法律责任。

第四节　建设工程施工合同的管理

当建设工程施工合同经双方签订生效后，即成为具有法律效力的正式文件，合同双方均需对自己履约的行为承担法律责任。工程承包人应加强合同管理，维护自身的合法利益。

一、合同管理组织的建立

施工项目经理作为承包人在施工项目上的委托代理人，在施工项目管理中处于核心地位。承包人应建立以施工项目经理为核心的合同管理组织，全面、适当地履行合同，及时处理合同实施过程中的各种事件，为施工顺利进行创造条件。建立合同管理组织应注意以下事项：

1. 组织结构形式应适应施工单位对施工项目管理的需要

建设工程施工合同管理组织结构可分为两个层次。一是施工单位经营层的合同管理组织（如经营部），主要负责对外签订与施工项目有关的合同；二是施工项目管理层的合同管理组织，具体负责执行建设工程施工合同及处理合同执行过程中的一般性事务。组织结构形式、合同管理权限及职责分工必须与施工单位对施工项目管理的规章制度相吻合；同时，施工项目合同管理人员，应按工程专业配备。合同管理人员除具备一定的法律知识和合同管理经验外，对本专业领域内的技术、经济应有较为全面、深刻的了解，并熟悉工程档案管理工作，还应与施工项目的特点相吻合（如建设条件、承包方式、项目构成、专业构成）。

2. 人员配备

施工项目经理应具备丰富的法律知识及合同管理经验，对合同实施中的意外事件具有较强的敏感性和准确的预见性，能制定出有效的措施计划并付诸实施。

3. 建立合同管理工作程序及工作标准

在合同管理中，施工项目经理的主要任务之一就是按照施工单位要求制定各项合同管理工作程序及工作标准，并监督执行，如合同交底、工程索赔、技术变更、记录文件格式等。只有通过工作程序的实施，才能使合同管理规范化、标准化。

4. 建立合同管理信息系统

在合同管理中，及时、全面、准确地收集、整理、处理施工项目实施过程中的各类信息，是进行有效合同管理的基本保障。建立以施工项目经理为核心的合同工管理信息系统，将有助于及时了解合同执行中的各种情况，采取有效措施，保护施工单位的合法利益。

二、合同文件的熟悉与交底

工程开工前，承包人应组织有关部门合同管理人员对合同中的各项条款认真学习、领会，明确双方承担的责任与义务，以及履约时间和有关事项；对合同中遗漏的、不利的内容，应制定补救的措施计划。

另外，承包人在工程开工前应对参与施工项目管理的人员进行合同交底，全面交代合同的主要内容，特别是谈判中双方有争议的问题是如何处理的，更应交代清楚。对于合同执行过程中可能出现的问题，也要事先交代清楚，以便采取相应的措施。合同交底的目的，是为了按照合同条款贯彻执行，以免发生违约而造成经济损失，也是为了使承包人得到应该得到的利益。

三、合同执行中的管理

施工合同在执行过程中，发现对方有违约行为，应以书面形式通知对方。这一点，在国际工程承包中非常重要。

承包人在合同执行中，应做好以下管理工作：

1. 要有专人研究标书、合同文件及图纸有无漏洞，如有漏洞，应及时通知对方，签证索赔。

2. 核对原标书、图纸与施工实际是否相符，如不相符，其增加范围必须迅速向业主工地代表报告，并签证索赔。

3. 设计变更，需按规定程序进行，并做好记录，由业主工地代表签字后进入结算。

4. 做好各种记录，包括材料、设备进场的记录，天气记录，停水、停电记录，施工活动记录，出工记录等反映施工过程实际状况的资料。

5. 影像资料的整理。合同执行中，应建立影像资料档案，反映工程进度、质量及其他情况。

6. 加强实施中单位间的协调，化解矛盾，开展施工合同管理工作。

四、施工合同纠纷的处理

合同执行过程中，双方经常发生各种纠纷。施工合同纠纷的处理方式有以下四种：

1. 和解。和解是合同双方依据有关的法律规定和合同约定，在互谅互让的基础上，经过谈判和磋商，自愿达成协议，以解决合同纠纷的一种方式。

2. 调解。调解是合同双方在第三方的主持下，通过其劝说引导，在互谅互让的基础上自愿达成协议，以解决合同纠纷的一种方式。

3. 仲裁。仲裁是合同双方根据在纠纷发生前或纠纷发生后达成的协议，将纠纷提交仲裁机构进行裁决的纠纷解决方式。

4. 诉讼。诉讼是指人民法院在当事人和其他诉讼参与人参加下，设立和解决民事案件的活动以及在这种活动中产生的各种民事关系的总和。

五、合同的解除

施工合同的解除，有以下情况：

1. 正常解除

在施工合同获得正常履行，当事人在合同的实施中未发生法律上的纠纷，双方都完成了本身的义务，经过交工验收，结算、支付事务已清理完毕，该施工合同就宣告解除。

2. 终止合同

由于多种原因造成合同在合同期限内无法履行或暂时无法履行。合同双方在具备合法的条件下，可以协商一致，中止或终止合同。终止合同关系，必须履行正当的法律手续；否则，视为继续有效。

【案例 4-2】

承包方不履行缺陷责任，发包方可自行组织施工

1. 工程项目背景摘要：1999 年 11 月 22 日，河西县第一建筑安装公司与赵文海签订了一份建设工程承包合同，由建筑公司为赵义海建造私人住宅。合同约定：建筑面积 280m²，每平方米造价 1000 元，总造价 28 万元，工程自 1999 年 12 月 1 日至 2000 年 6 月 1 日竣工，合同还就工程质量标准、付款方式、违约责任以及监督方法等作了约定。合同签订后，双方到县公证处进行了公证。工程开始后，双方对建筑材料和工程质量发生争议，因未能及时解决，致使工程未能按照合同约定的期限完成。双方于 2000 年 3 月 1 日协商，达成终止原合同的协议，并对已经完工的工程款和因逾期造成的损失作了解决，终止合同的协议经公证机关进行了公证。次日，双方又签订了新合同，约定每平方米造价为 1200 元，总造价为 33.6 万元，合同工期自 2000 年 3 月 2 日起至 2000 年 8 月 1 日止。合同其他事项仍参照原合同签订。建筑公司按照新合同施工，工程进行到屋顶封顶时，赵文海已向建筑公司支付工程款 28 万元。建筑公司在将屋面浇灌后，要求赵文海支付第三笔工程款，赵文海以楼板浇筑不符合合同规定的标准，以及按合同规定的付款方式已超出第三次应付款为理由，拒付第三次笔款。建筑公司即停工，致使到合同期满未能竣工验收。赵文海以建筑公司违约及工程质量不符合要求为理由向河西县人民法院提起诉讼，要求终止合同。法院以建筑工程质量纠纷立案，并认为建筑公司在履行合同期间没有认真履行自己的职责，使工程质量达不到设计图纸的要求。

2000 年 8 月 19 日，双方在法院的主持下开始调解，双方同意终止原合同，由建设银行审核工程完工部分，工程核算按原合同规定的标准，在建行审核出数据之日起的一个月内双方进行工程款项找补。但是最后赵文海没有在调解书上签字，而是采取了撤诉处理，表示愿意在庭下与建筑公司进行和解，法院遂按照撤诉办理了手续。赵文海撤诉后，并没有与建筑公司达成调解协议。建筑公司于 2000 年 8 月 26 日派人到赵文海的工地上，强行拆除了赵文海的一道窗框，并毁坏了门框、窗框各一道，后经赵文海举报，公安机关制止了建筑公司的行为。此后，赵文海又重新找人对建筑公司未完成的工程继续进行施工，并对已完工程中不符合质量要求的部分进行了返修，为此，赵文海又支付了 8 万元。加上其已经支付给建筑公司的部分共计 36 万元。

由于赵文海的建设支出已经远远超过了预算，2001 年 3 月 15 日再次向河西县人民法

院提起诉讼,要求建筑公司赔偿:1. 因工程质量造成的经济损失10000元;2. 因建筑公司中途停止施工造成的多付后期施工工程款24000元;3. 建筑公司违约应付的违约金;4. 建筑公司派人破坏工程造成的经济损失。建筑公司辩称:工程质量不符合要求,是由于所购买的水泥质量达不到标号所致;中途停工是因为赵文海延期支付工程款所致;本公司虽有过错,但并未给赵文海造成任何经济损失。

2.【处理结果】河西县人民法院以建筑工程承包合同质量纠纷立案后,认为双方签订的合同属于固定承包价性质,在单价中考虑到了差价因素。为使工程结算更加准确,委托建设银行中心支行对建筑公司所完成的工程量进行审核。河西县人民法院认为,双方当事人签订的建筑工程承包合同是双方当事人真实意思表示,合同主体、内容均符合法律规定,应视为有效合同。工程结算中的差价,应由赵文海进行必要的找补。建筑公司承担因工程质量给赵文海造成的经济损失的赔偿责任,以及不按期交付工程和单方终止合同的违约责任,根据《中华人民共和国合同法》以及《中华人民共和国建筑法》的规定,河西县法院判决如下:双方签订的建设工程承包合同有效;赵文海支付建筑公司工程差价款3000元;建筑公司应支付给赵文海屋面返工费、合同违约金、后期工程款超合同造价20000元,三项合计3.5万元;双方应承担的数额相抵后,建筑公司应支付赵文海3.2万元,于判决生效之日起10内执行。

3.【法理、评析】本案是关于承包单位中途撤场,发包单位自行组织施工,发生的工程结算纠纷的问题。建设工程承包合同属于《合同法》和《建筑法》所调整的合同关系之一,当事人为建筑工程承包合同发生纠纷的,应当根据上述法律的有关规定进行处理。建设工程质量责任应当由承包人负责。《中华人民共和国建筑法》第五十八条规定:“建筑施工企业对工程的施工质量负责。”第七十四条规定:“建筑施工企业在施工中偷工减料的,使用不合格的建筑材料、建筑构配件和设备的,或者有其他不按照工程设计图纸或者施工技术标准施工的行为的,责令改正,处以罚款;情节严重的,责令停业整顿,降低资质等级或者吊销资质证书;造成建筑工程质量不符合规定的质量标准的,负责返工、修理,并赔偿因此造成的损失;构成犯罪的,依法追究刑事责任。”《中华人民共和国合同法》第二百八十一条规定:“因施工人的原因致使建设工程质量不符合约定的,发包人有权要求施工人在合理期限内无偿修理或者返工、改建。经过修理或者返工、改建后,造成逾期交付的,施工人应当承担违约责任。”《建设工程质量管理条例》第三十二条规定:“施工单位对施工中出现的质量问题的建设工程或者竣工验收不合格的建设工程,应当负责返修。”所有的这些规定都是针对施工单位在施工建设中出现的质量问题的处理办法,其中在经济处罚上主要就是返修、改正、赔偿。但是,对于施工单位拒绝返修、或者擅自撤离场地、或者是业主作出决定要求施工单位撤离现场的情况下,后续工程建设费用如何处理并没有明确的说法。

参考《FIDIC土木工程施工合同条件》对后续工程建设的费用处理。根据该条件第四十九条规定:“承包商未执行指示。当承包商未能在合理的时间内执行这些指示时,雇主有权雇佣他人从事该项工作,并付给报酬。如果工程师认为该项工作按合同规定应由承包商自费进行,则在与雇主和承包商适当协商一致,工程师应确定所有由此造成或伴随产生的费用,此费用应由雇主向承包商索取,并可由雇主从其应支付或将支付给承包商的款项中扣除,工程师应相应地通知承包商,同时将一份副本呈交雇主。”该条件十分明确地阐述了当承包商没有按照工程师的指令进行缺陷工程修复并使之达到令工程师满意的状态情况下,则工程师有权经业主同意寻找第三人进行修复或继续施工,该费用由承包商承担或从承包商应得的收益中扣除。

本案中,原告安排第三人进场施工并请求法院支持其向承包商主张权利的做法得到法院的支持,就是这种道理的体现。

第五节　施工合同的变更管理

一、工程变更的分类及原因

(一)工程变更的分类

施工合同在实施中,常常会因为各种原因而发生合同的变更。按变更的责任人划分:业主的原因,如建筑功能改变、装修标准提高、工程款支付延期等;承包商的原因,如施工工艺、施工机械、进度计划等发生改变;勘察、设计单位的原因,如地质勘察报告失真、设计依据错误、图纸不详、设计进度延误、设计后期服务不及时等;监理单位的原因,如工程师指令;不可抗力因素,如自然灾害、战争、动乱、国家政策变化等。

按变更原因的性质划分:社会、政治因素,如爆动、战争、政权更迭等;经济因素,如价格风险、汇率风险、资源采购供应风险、资金供应等;法律、商务因素,如法律修改、经济政策改变等;人文、风俗因素,如项目所在地人民的文化习俗、风土人情等;自然灾害因素,如地震、风暴等。无论是何种原因导致合同的变更,都应按照程序进行变更,并做好变更记录,双方确认。

工程变更是一种特殊的合同变更。合同变更指合同成立以后,履行完毕以前由双方当事人依法对原合同的内容所进行的修改。通常认为工程变更是一种合同变更,但不可忽视工程变更和一般合同变更所存在的差异。一般合同变更的协商,发生在履约过程中合同内容变更之时,而工程变更则较为特殊:双方在合同中已经授予工程师进行工程变更的权力,但此时对变更工程的价款最多只能作原则性的约定;在施工过程中,工程师直接行使合同赋予的权力发出工程变更指令,根据合同约定承包商应该先行实施该指令,此后,双方可对变更工程的价款进行协商。这种标的变更在前,价款变更协商在后的特点容易导致合同处于不确定的状态。

(二)工程变更的原因

合同内容频繁的变更是工程合同的特点之一。一个工程,合同变更的次数、范围和影响的大小与该工程招标文件(特别是合同条件)的完备性、技术设计的正确性,以及实施方案和实施计划的科学性直接相关。合同变更一般主要有以下几方面的原因:①业主有新的意图,业主修改项目总计划,削减预算,业主要求变化。②由于是设计人员、工程师、承包商事先没能很好地理解业主的意图,或设计的错误,导致的图纸修改。③工程环境的变化,预定的工程条件改变原设计、实施方案或实施计划,或由于业主指令及业主责任的原因造成承包商施工方案的变更。④由于产生新的技术和知识,有必要改变原设计、实施方案或实施计划,或由于业主指令及业主责任的原因造成承包商施工方案的变更。⑤国家计划变化、环境保护要求、城市规划变动等政府部门对建筑项目有新的要求。

(三)工程变更的范围

按照国际土木工程合同管理的惯例,一般合同中都有一条专门的变更条款,对有关工程变更的问题作出具体规定。依据FIDIC合同条件第51条规定，根据工程师的判断，如果他认为有必要对工程或其中任何部分的形式、质量或数量做出任何变更，为此目的或出于任何其他理由，他应有权指示承包商进行而承包商也应进行下述任何工作：合同中所列出的工程项目中任何工程量的增加或减少。取消合同中任何部分的工程细目的工作，被取消的工作是由业主或其他承包方实施者除外，例如工程师可以指示取消钢管扶手的建造工作。改变合同中任何工作的性质、质量及种类，如工程师可以根据业主要求，将原定的水泥混凝土路面改为沥青混凝土路面。改变工程任何部分的标高、线形、位置和尺寸，如公路工程中要修建的路基工程，工程师可以指示将原设计图纸上原定的边坡坡度，根据实际的土壤情况改建成比较平缓的边坡角度。为完成本工程所必须的任何种类的附加工作，改变本工程任何部分的任何规定的施工时间安排等，有关施工顺序和时间安排，也一定是在规范里有所规定。若某一工段因业主的征地拆迁延误，使承包方无法开工，因而业主对此事是负有责任的。工程师应和业主及承包商协商，变更一下工程施工顺序，让承包商的施工队伍不要停工，以免对工程进展造成不利影响。但是，工程师不可以改变承包商既定施工方法，除非工程师可以提出更有效的施工方法予以替代。

根据我国新版示范文本的约定，工程变更包括设计变更和工程质量标准等其他实质性内容的变更。其中设计变更包括：更改工程有关部分的标高、基线、位置和尺寸；增减合同中约定的工程量；改变有关工程的施工时间和顺序；其他有关工程变更需要的附加工作。

工程变更只能是在原合同规定的工程范围内的变动，业主和工程师应注意不能使工程变更引起工程性质方面有很大的变动，否则应重新订立合同。从法律角度讲，工程变更也是一种合同变更，合同变更应经合同双方协商一致。根据诚实信用的原则，业主显然不能通过合同的约定而单方面的对合同做出实质性的变更。从工程角度讲，工程性质若发生重大的变更而要求承包商无条件继续施工并不恰当。承包商在投标时并未准备这些工程的施工机械设备，需另行购置或运进机具设备，使承包商有理由要求另签合同，而不能作为原合同的变更，除非合同双方都同意将其作为原合同的变更。承包商认为某项变更指示已超出本合同的范围，或工程师的变更指示的发布没有得到有效的授权时，可以拒绝进行变更工作。

二、工程变更的程序

（一）工程变更的提出

承包商提出工程变更。承包商在提出工程变更时，一般情况是工程遇到不能预见的地质条件或地下障碍。如原设计的某大厦基础为钻孔灌注桩，承包商根据开工后钻探的地质条件和施工经验，认为改成沉井基础较好。另一种情况是承包商为了节约工程成本或加快工程施工进度，提出工程变更。

业主一般可通过工程师提出工程变更。但如业主方提出的工程变更内容超出合同限定的范围，则属于新增工程，只能另行签订合同处理，除非承包方同意作为变更。请看如下案例：

【案例分析4-3】

工程项目背景摘要：某施工企业承包了某项住房工程，共三百多户，合同规定工程量变更增减不超过承包商工程总量的25%。在投标时，业主和承包商都清楚这只是第一期工程，按区域规划来说，就在同一区域内还有第二期甚至第三期工程。承包商十分希望获得第一期工程,创造有利条件,连续获得后续的工程,以节省临时工程,利用已有机械设备和砂石料场。因此,第一期的投标价和合同价都低一些,工程实施进度和质量控制很好。第一期合同工期为两年,在工程进展到18个月时,业主提出工程变更要求,交与工程师处理,即要求将第二期工程中的一部分住房作为第一期的工程变更。增加的工程量交给该工程公司施工。从原合同条款分析,只要增加的工程数量不超过原合同的25%,该承包商似乎无法拒绝。但是,承包商当然不同意将新增加工程当作工程变更来处理。在工程师与承包商协商该项工程变更时,工程承包公司经分析讨论,直接发给业主一份措词强硬、论理有据的拒绝信,并给工程师一份复制件。该信函中指出:在工程执行过程中,业主和工程师提出许多变更令和额外工作,承包商都较好地执行了。但是,这次是新增加数十个住房单元,则不能作为工程变更增加工程量来处理。其原因是;这些工程不属于原合同的工程范围。假如能够协商一个新的合适的调整价格,公司则愿意接受这一项新的任务,或者提请业主仍将它们放在第二期工程中通过招标处理。业主和工程师在接到承包商致函后,认为承包商讲的有道理,则没有硬性指令为工程变更,便将其仍放在第二期工程中招标后再实施该部分工程。

工程师提出工程变更。工程师往往根据工地现场的工程进展的具体情况,认为确有必要时,可提出工程变更。工程承包合同施工中,因设计考虑不周,或施工时环境发生变化,工程师本着节约工程成本和加快工程与保证工程质量的原则,提出工程变更。只要提出的工程变更在原合同规定的范围内,一般是切实可行的。若超出原合同,新增了很多工程内容和项目,则属于不合理的工程变更请求,工程师应和承包商协商后酌情处理。

(二)工程变更的批准

承包商提出的工程变更,应交与工程师审查并批准。业主提出的工程变更,为便于工程的统一管理,一般由工程师代为发出。工程师发出工程变更通知的权力,一般由工程施工合同明确约定。当然该权力也可约定为业主所有,然后,业主通过书面授权的方式使工程师拥有该权力。如果合同对工程师提出工程变更的权力作了具体限制,而约定其余均应由业主批准,则工程师就超出其权限范围的工程变更发出指令时,应附上业主的书面批准文件,否则承包商可拒绝执行。但在紧急情况下,不应限制工程师向承包商发布他认为必要的此类变更指示。如果在上述紧急情况下采取行动,他应将情况尽快通知业主。例如,当工程师在工程现场认为出现了危及生命、工程或相邻第三方财产安全的紧急事件时,在不解除合同规定的承包商的任何义务和职责的情况下,工程师可以指示承包商实施他认为解除或减少这种危险而必须进行的所有这类工作。尽管没有业主的批准,承包商也应立即遵照工程师的任何此类变更指示。

工程变更审批的一般原则应为:首先考虑工程变更对工程进展是否有利;第二要考虑工程变更可以节约工程成本;第三应考虑工程变更是兼顾业主、承包商或工程项目之外其他第三方的利益,不能因工程变更而损害任何一方的正当权益;第四必须保证变更工程符合本工程的技术标准;最后一种情况为工程受阻,如遇到特殊风险、人为阻碍、合同一方当事人违约等不得不变更工程。

(三)工程变更指令的执行

为了避免耽误工作,工程师在和承包商就变更价格达成一致意见之前,有必要先行发布变更指示,即分两个阶段发布变更指示:第一阶段是在没有规定价格和费率的情况下直接指示承包商继续工作;第二阶段是在通过进一步的协商之后,发布确定变更工程费率和价格的指示。工程变更指示的发出有两种形式:书面形式和口头形式。一般情况要求工程师签发书面变更通知令。当工程师书面通知承包商工程变更,承包商才执行变更的工程。当工程师发出口头指令要求工程变更时,例如增加框架梁的配筋及数量时,这种口头指示在事后一定要补签一份书面的工程变更指示。如果工程师口头指示后忘了补书面指示,承包商(须7天内)以书面形式证实此项指示,交与工程师签字,工程师若在14天之内没有提出反对意见,应视为认可。所有工程变更必须用书面或一定规格写明。对于要取消的任何一项分部工程,工程变更应在该部分工程还未施工之前进行,以免造成人力、物力、财力的浪费,避免造成业主多支付工程款项。根据通常的工程惯例,除非工程师明显超越合同赋予其的权限,承包商应该无条件的执行其工程变更的指示。如果工程师根据合同约定发布了进行工程变更的书面指令,则不论承包商对此是否有异议,不论工程变更的价款是否已经确定,也不论监理方或业主答应给予付款的金额是否令承包商满意,承包商都必须无条件地执行此种指令。即使承包商有意见,也只能是一边进行变更工作,一边根据合同规定寻求索赔或仲裁解决。在争议处理期间,承包商有义务继续进行正常的工程施工和有争议的变更工程施工,否则可能会构成承包商违约。

(四)工程变更价款的确定

我国示范文本所确定的工程变更估价的原则为:①合同中已有适用于变更工程的价格,按合同已有的价格变更合同价款;②合同中只有类似于变更工程的价格,可以参照类似价格变更合同价款;③合同中没有适用或类似于变更工程的价格,由承包人提出适当的变更价格,经工程师确认后执行。建设部1999年颁发的《建设工程施工发包与承包价格管理暂行规定》第17条规定变更价款的估价原则为:1)中标价或审定的施工图预算中已有与变更工程相同的单价,应按已有的单价计算。2)中标价或审定的施工图预算中没有与变更工程相同的单价时,应按定额相类似项目确定变更价格。3)中标价或审定的施工图预算或定额分项没有适用和类似的单价时,应由乙方编制一次性补充定额单价送甲方代表审定并报当地工程造价管理机构备案。乙方提出和甲方确认变更价款的时间按合同条款约定,如双方对变更价款不能达成协议则按合同条款约定的办法处理。

(五)现行工程变更程序的评价

在实际工程中,如果与变更相关的分项工程尚未开始,只需对工程设计作修改或补充,如发现图纸错误,业主对工程有新的要求,这种情况下的工程变更时间比较充裕,变更的落实可有条不紊进行;如在施工中设计错误或业主有新的要求,这种变更时间紧,甚至可发生停工等待变更指令;对已经完工的工程进行变更,须作返工处理,这种情况对合同履行将产生影响,双方应认真对待,尽量避免这种情况发生;现行的工程变更的程序一般由合同做出约定,在变更执行前,合同双方已就工程变更中涉及到的费用增加和工期延误的补偿协商达成一致,业主对变更申请中的内容已经认可,争执较少。

三、工程变更的管理

(一)分析工程变更条款

对工程变更条款分析应注意:工程变更不能超过合同规定的范围,如果超过范围,承包商有权不执行变更或坚持先商定价格后进行变更。

业主和工程师的认可权必须限制。如果这种认可权超过合同规定的范围和标准,承包商应争取业主或工程师的书面确认，进而提出工期和费用索赔。因为业主常常通过工程师对材料的认可权提高材料的质量标准、对设计的认可权提高设计质量标准、对施工工艺的认可权提高施工质量标准。因此，合同条文规定应明确，设计要详细。

此外，与业主、与总(分)包之间的任何书面信件、报告、指令等都应经合同管理人员技术和法律审查，保证任何变更都在控制中，不出现合同争议。

(二)工程师及时提出工程变更

在实际工作中，变更决策时间长和程序太慢会造成损失。一种是施工停止，承包商等待变更指令或变更会谈决议；另一种是变更指令不能迅速做出，继续施工，造成返工损失。这就要求变更程序尽量快捷，故承包商也应尽早发现可导致工程变更的迹象，促使工程师提前做出工程变更。施工中发现图纸错误或其他问题，需进行变更，应通知工程师，经工程师同意或通过变更程序进行变更。否则，承包商不仅得不到补偿，而且会带来麻烦。

(三)核实工程师变更指令

承包商对收到的变更指令，特别对重大的变更指令或在图纸上做出的修改意见，应核实。对超出工程师权限范围的变更，应要求工程师出具业主的书面批准文件。对涉及双方责权利的重大变更，必须有业主的书面指令认可或双方签署的变更协议。

(四)落实变更指令

变更指令做出后，承包商应迅速、全面、系统地落实变更指令。承包商应修改相关的文件，例如有关图纸、规范、施工计划、采购计划等，使它们反映变更。承包商应在相关工序和分包商的工作中落实指令，并提出相应的措施，对新出现的问题作解释和对策，同时又要协调好各方面工作。合同变更指令应在工程实施中贯彻。由于合同变更与合同签订不同，没有合理的计划期，变更时间紧，难以详细计划，容易造成计划、安排、协调的漏洞，导致损失。而这个损失往往被认为是承包商管理失误造成的，难以得到补偿。因此，承包商应特别注意工程变更的组织。

(五)分析工程变更影响

合同变更是索赔机会，应在合同规定的索赔有效期内完成对它的索赔处理。在合同变更过程中就应记录、收集、整理所涉及到的各种文件，如图纸、各种计划、技术说明、规范和业主或工程师的变更指令，以作为进一步分析的依据和索赔的证据。

在实际工作中，合同变更前最好事先能就价款及工程的谈判达成一致后再进行合同变更。在商讨变更、签订变更协议过程中，承包商最好提出变更补偿问题，在变更执行前就应明确补偿范围、补偿方法、索赔值的计算方法、补偿款的支付时间等。

但事实上，工程变更的实施、价格谈判和业主批准三者之间存在时间上的矛盾性。所以，应特别注意这样的情况，工程师先发出变更指令要求承包商执行，但价格谈判及工期谈判迟迟达不成协议，或业主对承包商的补偿要求不批准，此时承包商应采取适当的措施来保护自身的利益。对此可采取如下措施：控制(即拖延)施工进度，等待变更谈判结果，这样不仅损失较小，而且谈判回旋余地较大；争取以点工或按承包商的实际费用支出计算费用补偿，如采取成本加酬金方法，这样避免价格谈判中的争执；应有完整的变更实施记录和照片，请业主、工程师签字，为索赔作准备；在工程变更中，特别应注意因变更造成返工、停工、窝工、修改计划等引起的损失，注意这方面证据的收集，在变更谈判中应对此进行商谈，保留索赔权。

复习思考题

1. 在建设工程项目实施中有哪几类施工合同示范文本?

2. 简述施工合同订立的程序。

3. 简述施工合同文件的组成和解释顺序。

4. 施工项目部应该组建什么样的合同管理机构?

5. 以承包商的角度说明变更管理的核心是什么? 变更管理和项目成本之间有什么关系?

6. 为什么必须限制业主和工程师的认可权?

7. 简要说明如何应用你所熟悉的工程项目预算软件(如鲁班算量与钢筋2006等)进行施工项目成本控制和变更管理。

第五章　建设工程相关合同管理

【本章提要】 在合同管理的实践中，多个相关合同协调管理是对工程项目控制过程必不可少的环节。本章主要通过对工程监理、勘察设计、材料与设备采购、加工合同、借款合同管理的系统阐述，剖析相关合同订立的条件、依据、程序和内容，目的是使读者掌握全面的合同管理的方法和技能，以提高合同管理效能和学生实际进行合同管理的能力。

第一节　建设工程监理合同

建设监理制度，是我国进行工程建设管理体制改革的重要措施之一。随着建设监理在工程建设领域的不断深入和发展，将逐步形成以建设监理为核心的工程建设管理框架。加强建设工程监理合同管理，是适应现代工程建设，完善工程建设管理体制，不断提高工程建设管理水平的需要。

一、建设工程监理合同的概念

建设工程监理合同是业主与监理单位签订的，为了委托监理单位承担监理业务而明确双方权利、义务关系的协议。

1. 建设工程监理合同的主体

建设监理合同的主体是组织工程建设的业主和参与工程建设管理的监理单位。业主是由投资方代表组成，全面负责项目投资、项目建设、生产经营的管理班子。监理单位承应具有符合国家规定的法人资格和监理资质条件，并在国家核定的营业范围内进行合法经营。

2. 建设工程监理合同的客体

建设工程监理合同的客体是监理单位提供的工程管理服务。监理单位应遵循独立、公正、科学和诚实信用的原则，在业主委托授权的范围内，对建设工程及其实施过程进行管理，为业主服务。

3. 建设工程监理合同的内容

建设工程监理合同的内容是监理单位在业主委托授权范围内，依据法律、行政法规及有关技术标准、设计文件和建设工程合同，对承包单位在工程质量、建设工期和建设资金使用等方面，代表业主实施监督，并获取相应的利益。建设工程监理可以是对工程建设全过程进行监理，也可以分阶段进行设计监理、施工监理。

二、建设工程监理合同当事人的权利与义务

（一）业主的义务

1. 应当负责工程建设的所有外部关系的协调，为监理工程提供外部条件。

2. 业主应在双方约定的时间内免费向监理机构提供与工程有关的、监理单位需要的工程资料。

3. 业主应当在约定的时间内就监理单位书面提交并要求作出决定的一切事宜作出书面决定。

4. 业主应当授权一名熟悉本工程情况、能迅速作出决定的常驻代表，负责与监理单位联系。更换常驻代表，要提前通知监理单位。

5. 业主应当将授予监理单位的监理权利，以及该监理组织主要成员的职能分工，及时以书面通知第三方。

6. 业主应当为监理单位提供以下协助：①获得本工程使用的原材料、构配件、机械设备等生产厂家目录。②提供与本工程有关的协作、配合单位的目录。

7. 业主免费向监理机构提供合同专用条件约定的设施，对监理单位自备的设施给予合理的经济补偿。

8. 如果双方约定，由业主免费向监理机构提供职员和服务员，则应在合同专用条件中明确。

9. 支付监理酬金。

（二）业主的权利

1. 业主有选定工程总设计单位和总承包单位，以及与其签订合同的权利。

2. 业主有对工程规模、设计标准、规划设计、生产工艺设计和设计使用功能要求的认定权，以及对工程设计变更的审批权。

3. 监理单位调换总监理工程师须经业主同意。

4. 业主有权要求监理机构提交监理工作月度报告及监理业务范围内的专项报告。

5. 业主有权要求监理单位更换不称职的监理人员，直到监理合同终止，并以书面形式向业主报告。

（三）监理单位的义务

1. 遵守国家法律、法规和政策。

2. 委派总监理工程师，建立项目监理组织，配备称职的监理人员，并以书面形式向业主报告。

3. 制定监理规划、监理实施细则，并报告业主。

4. 全面履行监理职责，积极进行组织协调，加强建设目标控制，努力实现项目建设意图。

5. 独立、公正地开展监理工作，监督建设各方的行为，维护建设各方的合法利益。

6. 加强安全监督，实现安全生产。

7. 建设监理合同中规定的其他义务。

（四）监理单位的权利

监理单位的权利，应根据监理合同确定。一般包括：

1. 选择工程总设计单位和总承包单位的建议权。

2. 选择工程设计分包单位和施工分包单位的确认权和否定权。

3. 工程建设有关事项包括工程规模、设计标准、规划设计、生产工艺设计和使用功能要求，向业主的建议权。

4. 工程结构设计和其他专业设计中的技术问题，按照安全和优化的原则，自主向设计单位提出建议，并向业主提出书面报告；如果拟提出的建议会提高工程造价，或延长工期，应事先取得业主的同意。

5. 工程施工组织设计和技术方案的审批权。

6. 工程用材料质量及施工质量的检验权与确认权。凡不合格材料及不合格工程，均可要求施工单位整改直至合格。

7. 工程施工进度的检查、监督权，以及工程竣工日期、工期索赔的签认权。

8. 工程建设有关协作单位组织协调的主持权，重要协调事项应事先向业主汇报。

9. 工程款支付的审核与签认权。未经总监理工程师签字确认，业主不得支付工程款。

10. 由于第三方原因，可能使工程在投资、进度、质量、安全等方面受到严重影响时，有权对合同中规定的第三方义务提出变更；但应事先取得业主的认可。紧急情况下，可先处理事故，后报告业主。

11. 有权对工程建设各责任主体行为的合法性进行监督。

12. 有权要求业主支付监理酬金。

三、《建设工程委托监理合同》示范文本简介

根据《中华人民共和国建筑法》、《中华人民共和国合同法》，建设部、国家工商行政管理局联合颁布《建设工程委托监理合同（示范文本）》（FG—2000　0202）。原《工程建设监理》示范文本（GF—95—0202）同时废止。《建设工程委托监理合同》共分四个部分：第一部分，建设工程委托监理合同。他是监理合同的总纲，规定了监理合同的一些原则、合同文件的组成，表示业主与监理单位对双方商定的监理业务、监理内容的承认和确认。第二部分，标准条件。标准条件适用于所有工程项目建设监理委托。标准条件是监理委托合同的主要部分，它明确而详细地规定了双方的权利、义务关系。标准条件共49条。第三部分，专用条件。它是业主和监理单位在标准条件的基础上，结合工程项目的具体特点和双方的具体情况，协商一致后签订的合同内容。它对监理工作起具体的指导、约束作用。第四部分，附加协议条款。该条款为标准条件和专用条件都不包括，而由业主和监理单位另行商定的合同内容。在监理合同管理中也要依据监理合同文件，要注意约定其解释顺序，一般监理合同由以下四部分组成：监理投标书或中标通知书；本合同标准条件；本合同专用条件；在实施过程中双方共同签署的补充与修正文件。

四、建设监理合同的履行

建设监理合同的当事人应当按照合同的约定履行各自的义务。其中，最主要的是监理单位应当完成监理工作，业主应当支付酬金。

（一）监理单位完成监理工作

工程建设监理工作包括正常的监理工作、附加的工作和额外的工作。正常的监理工作是合同约定的投资、质量（安全）、工期的三大控制，以及合同、信息管理与组织协调。附加的工作是指委托人委托监理范围以外，通过双方书面协议另外增加的工作内容。由于委托人或承包人原因，使监理工作受到阻碍或延误，因增加工作量或持续时间而增加的工作。工程监理的额外工作是指正常工作和附加工作以外，根据规定监理人必须完成的工作，或非监理人自己的原因而暂停或终止监理业务，其善后工作及恢复监理业务的工作。

（二）监理酬金的支付

监理合同双方当事人可以在专用条件中约定以下内容：①监理酬金的计取方法；②支付

监理酬金的时间和金额；③支付监理酬金的货币币种、汇率。如果业主未按合同约定及时支付监理酬金，自规定支付之日起，应当向监理单位支付应付酬金利息。如果业主对监理单位提交的支付通知书中酬金或部分酬金项目提出异议，应当在收到支付通知书24小时内向监理单位发出异议通知，但业主不得拖延其他无异议酬金项目的支付。

（三）违约责任

1. 监理合同履行过程中，任何一方因自身过错给对方造成损失时，应承担赔偿责任。监理单位的赔偿金额最高不超过监理酬金总额（除去税金）。

2. 监理工作的责任期即监理合同有效期。监理单位在责任期内，如果因过失而造成了经济损失，要承担监理失职责任。在监理过程中，如果全部议定监理任务因工程进展的推迟或延误而超过议定的完成日期，双方应进一步商定相应延长的责任期，监理单位不对责任期以外发生的任何事件所引起的损失或损害负责，也不对第三方违反合同规定的质量要求和交工时限承担责任。

第二节　建设工程勘察设计合同

建设工程勘察设计合同，是委托人与承包人为完成特定工程的勘察、设计任务，明确双方权利、义务关系的协议。

建设工程勘察设计合同的委托人一般是项目业主（即建设单位，可以是企事业单位、社会团体、自然人）或建设项目总承包单位；承包人是持有国家认可的勘察、设计证书，具有经过有关部门核准的资质等级的勘察、设计单位。承包人应当完成委托人委托的勘察、设计任务，并对其勘察、设计成果性文件负责；委托人则应协助承包人完成勘察、设计任务，接受其符合约定要求的勘察、设计成果，并支付报酬。

一、工程勘察设计合同的主要内容

（一）工程勘察、设计合同的主要内容

1. 建设条件；

2. 合同文件组成；

3. 合同价款与支付；

4. 双方提供资料、文件的内容、数量及时间；

5. 双方责任；

6. 纠纷处理；

7. 其他。

（二）工程勘察设计合同示范文本构成

1.《建设工程勘察合同》（一）GF—2000—0203 本合同适用于岩土工程勘察、水文地质勘察（含凿井）工程测量、工程物探。

2.《建设工程勘察合同》（二）GF—2000—0204 本合同适用于岩土工程设计、治理、监测。

3.《建设工程设计合同》（一）GF—2000—0209 本合同适用于民用建设工程设计。

4.《建设工程设计合同》（二）GF—2000—0210 本合同适用于专业建设工程设计。

（三）勘察、设计合同的定金

勘察、设计合同生效后，委托方应向承包方支付定金。设计任务的定金为估算设计费的20%。委托方不履行合同，无权请求返还定金；承包方不履行合同，应当双倍返还定金。勘察、设计合同履行后，定金可以抵作勘察、设计费。

二、工程勘察合同的内容

《建设工程勘察合同》示范文本适用于岩土工程勘察、水文地质勘察（含凿井）、工程测量、工程物探等。合同条款的主要内容包括：

1. 工程概况

①工程名称、工程建设地点、工程规模和特征。②工程勘察任务（内容）：可包括自然条件观测、地形图测绘、资源探测、岩土工程勘察、地震安全性评价、工程水文地质勘察、环境评价、模型试验等。③技术要求。

2. 发包人应提供的资料

在工程勘察开展前，发包人向勘察人提供文件资料，并对其负责：工程勘察任务书、技术要求和工作范围的地图、建筑总平面图；勘察工作范围已有的技术资料及工程所需的坐标与标高资料；勘察工作范围地下已有埋藏物的资料（如电力、电讯电缆、各种道、人防设施、洞室等）及位置分布图等。若发包人不能及时提供，由勘察人收集的，发包人需支付费用。同时，发包人还应负责勘察现场的水电供应、道路平整、现场清理等工作，以保证勘察工作的顺利进行。

3. 开工提交勘察成果资料的时间

双方在签订合同时应约定勘察开始时间和提交成果时间。有效期限以发包人的开工通知书或合同规定时间为准，如遇特殊情况（如设计变更、工作量变化、不可抗力影响以及非勘察人原因造成的停工、窝工等）时，工期顺延。

勘察人编制建设工程勘察文件的依据：①项目批准文件。②城市规划。③工程建设强制性标准。④国家规定的建设工程勘察深度要求。编制建设工程勘察文件，应当真实、准确地满足建设工程规划、选址、设计、岩土治理和施工的需要。

4. 勘察费用的支付

建设工程勘察合同中勘察费用的计价方式，由双方协商一致，可以采用以下方式中的一种进行：①按国家规定的现行收费标准取费。②预算包干。③中标价加签证。④按实际完成工作量结算等。

勘察费用的支付，由双方协商一致后约定。《建设工程勘察合同》示范文本中对勘察费用的支付有如下条款：合同生效后3天内，发包人应向勘察人支付预算勘察费的20%作为定金；勘察规模大、工期长的大型勘察工程，发包人还应按实际完成工程进度情况，向勘察人支付占预算勘察费用的一定百分比的工程进度款；勘察工作外业结束后一定时间内，发包人向勘察人支付约定勘察费的某一百分比；提交勘察成果资料后10天内，发包人应一次性付清全部工程费用。现行的工程勘察取费，应按国家物价局会同勘察设计主管部门批准颁发的《工程勘察收费标准》执行。

5. 发包人的责任

发包人委托任务必须以书面形式向勘察人明确任务及要求，并提供相关的文件资料。在勘察工作范围内，没有资料、图纸的地区（段），发包人应负责查清地下埋藏物，若因未提供上述资料、图纸，或提供的资料图纸不可靠、地下埋藏物不清，致使勘察人在勘察工作过程中发生人身伤害或造成经济损失时，由发包人承担民事责任。发包人应及时为勘察人提供并解决勘察现场的工作条件和出现的问题（如：落实土地征用、青苗树木赔偿、拆除地上地下障碍物、处理施工扰民等影响施工正常进行的有关问题、平整施工现场、修好通行道路、接通电源水源、挖好排水沟渠以及水上作业用船等），并承担其费用。若勘察现场需要看守，特别是在有毒、有害等危险现场作业时，发包人应派人负责安全保卫工作，按国家规定，对危险作业现场人员进行保健防护，并承担费用。工程勘察前，若发包人提供材料的，应根据勘察人提出的用料计划，按时提供材料及合格证书，并承担费用和运到现场，共同验收。勘察工程变更，办理手续后，发包人应按实际支付勘察费。为勘察人提供必要的生产和生活条件；不能提供的付给勘察人约定的临时设施费。发包人原因造成停窝工，工期顺延，支付约定的停窝工费；发包人要求提前完工时，应按支付加班费。发包人对勘察人的投标书、勘察方案、报告书、文件、资料图纸、数据、特殊工艺（方法）、专利技术和合理化建议负有保密义务。

6. 勘察人的责任

勘察人应按国家技术标准和任务委托书的技术要求进行勘察，按约定时间提交成果，勘察人应负责无偿补充完善不合格技术成果，否则，需另委托其他单位，勘察人承担费用；因勘察质量造成损失或事故时，勘察人除应负法律责任和免收受损部分的勘察费，并支付赔偿金。在工程勘察前提供勘察组织设计。勘察过程中，根据工程条件，提出修改勘察工作意见，办理变更手续。在现场工作的勘察人员，应遵守发包人的安全保卫及规章制度，承担保密义务。

7. 违约责任

发包人未提供必要的工作生活条件而造成停窝工进出场地，发包人应付给勘察人停窝工费（金额按预算的平均工日产值计算），工日顺延，付给勘察人进出场和调遣费；发包人未按规定拨付勘察费，超期应偿付未支付1‰逾期违约金。发包人原因终止合同，未勘察的，不退还发包人定金；已进行勘察的，完成的工作量在50%以内时，发包人应向勘察人支付预算额50%的勘察费；完成的工作量超过50%时，则应向勘察人支付预算额100%的勘察费。

勘察人原因造成勘察成果不能满足技术要求时，其返工费用由勘察人承担。承包人按发包人要求的时间返工，直到符合约定条件。返工后仍不能达到约定条件的，勘察人应承担违约责任，并根据因此造成的损失程度向发包人支付赔偿金，赔偿金额最高不超过返工项目的收费。勘察人未按时提交勘察成果，每超过1日，应当减收勘察费1‰。勘察人不履行合同双倍返还定金。

对于合同中的未尽事宜，经发包人和勘察人协商一致，应签订补充协议，补充协议与原合同具有同等效力。根据工程的具体情况，合同双方有其他特殊约定时，以书面的方式在工程勘察合同中予以明确。

双方约定在合同发生争议时，解决争议的程序、方式，约定仲裁委员会的名称。如遇以下特殊情况时，可以相应延长合同工期：①勘察工作量发生变化导致勘察工作时间延长。②不可抗力的影响导致勘察工作时间延长。③非勘察人的原因造成的停工、窝工导致勘察工作时间延长。若由于勘察人原因未按合同规定时间（日期）提交勘察成果资料，应按合同的约定减收勘察费。

勘察人可提出索赔要求的情况:发包人不能按合同要求及时提供满足勘察要求的资料,致使勘察人的勘察人员无法正常开展勘察工作,勘察人可提出延长合同工期的索赔。因发包人未能履行其合同规定的义务,而造成勘察工作的停工、窝工,勘察人可向发包人提出索赔。发包人不按合同规定按时支付勘察费,勘察人可提出索赔。由于其他原因属于发包人责任造成勘察人利益损害时,勘察人可提出索赔。勘察人未能按时提交勘察成果资料或成果资料有遗漏,使发包人损失,发包人可提出索赔。

三、工程设计合同的内容

签订设计合同,除双方协商同意外,还必须具有上级机关批准的设计任务书。如单独委托施工图设计任务,应同时具有经有关部门批准的初步设计文件方能签订。

1. 发包人基础资料提交期限

这是对发包人提交有关基础资料在时间上的要求。设计的基础资料是指设计单位进行设计工作所依据的基础文件和情况。设计基础资料包括工程的选址报告、勘察资料以及原料(或者经过批准的资源报告)、燃料、水、电、运输等方面的协议文件,需要经过科研取得的技术资料等。

2. 设计单位提交设计文件的期限

这是指设计单位交付设计文件的期限。设计文件主要包括设计施工图及说明,材料设备清单和工程概预算等。设计文件是工程建设的依据,建设工程必须按照设计文件进行施工,因此,设计文件的交付期限直接影响工程建设的期限,所以当事人在设计合同中应当明确设计文件的交付期限。

3. 设计的质量要求

发包人对设计工作的标准和要求。明确了设计成果的质量,也是确定设计单位工作责任的重要依据。

4. 设计费用

设计费用是发包人对设计单位完成设计工作的报酬。支付设计费是发包人在设计合同中的主要义务。双方应当明确设计费用的数额和计算方法,设计费用支付方式、地点、期限等内容。

5. 双方的其他协作条件

其他协作条件,是指双方当事人为了保证设计工作顺利完成,应当履行的相互协作的义务。发包人的主要协作义务是在设计人员进入现场工作时,为设计人员提供必要的工作条件和生活条件,以保证其正常开展工作。设计单位的主要协作义务是配合工程建设的施工,进行设计交底,解决施工中的有关设计问题,负责设计变更和修改预算,参加试车考核和工程验收等。

6. 违约责任

合同当事人双方应当根据国家的有关规定约定双方的违约责任,合同纠纷的处理和设计合同的索赔等,具体要求参照工程勘察合同的规定。

四、勘察设计合同的变更和解除

设计文件批准后,不得任意修改和变更。如果必须修改,也需要经有关部门批准;其批准权限,根据修改内容所涉及的范围而定。如果修改部分属于初步设计的内容,必须经设计的原批准单位批准;如果修改的部分属于可行性研究报告的内容,则必须经可行性研究报告的原批准单位批准;施工图设计的修改,必须经设计单位批准。委托方因故修改工程设计,经承包方同意后,除设计文件的提交时间另定外,委托方还应根据承包方实际返工修改的工作量增付设计费。原定可行性研究报告或初步设计如有重大变更而需要重作或修改设计时,须经原批准机关同意,并经双方当事人协商一致后另外签订合同。委托方应支付承包方已进行了的设计的费用。

勘察设计合同的解除是指勘察设计合同履行过程中,由于合同约定或法定事由,对原设计提前终止合同的效力。如果是发包人因故要求中途停止设计时;应及时书面通知承包人,已付的设计费不退,并按该阶段实际所耗工时,增付和结清设计费,同时终止合同关系。

第三节　材料与设备采购合同

一、材料采购合同

材料采购合同,指为完成特定建设工程建筑材料的采购与供应活动,明确买、卖双方权利、义务关系的协议。材料合同的买方,可以是自然人、法人及其他组织;卖方可以是建筑材料生产厂家以及物资流通企业。

(一)建筑工程材料采购合同的订立方式

1. 公开招标。需方提出采购招标文件,详细规定建筑材料供应条件、品种、数量、质量要求、供应地点等,由供货方投标报价,通过竞争确定供应单位,签订建筑材料采购合同。这种方式适用于大批量的采购。

2. 询价—报价方式。需方根据自身的需要,邀请几家供应商进行建筑材料采购询价,通过对比分析,选择一个符合要求、资信好、价格合理的供应商签订合同。

3. 直接采购方式。需方直接向供方采购,双方商谈价格,签订采购合同。零星材料的采购,可以采用这种方式,而且不需要签订书面合同,价款结算采用即时结清的方式。

(二)材料采购合同的主要内容

按照《合同法》的分类,材料采购合同属于买卖合同。国内物资购销合同的示范文本规定,合同条款应包括以下几方面内容:

1. 标的。标的是材料采购合同的主要条款之一。包括建筑材料的名称(注明牌号、商标)、品种、型号、规格、等级、花色、技术标准或质量要求等主要内容。

2. 数量。采购合同标的数量的计量方法应按照国家或主管部门的规定执行。

3. 包装。包括包装的标准及包装物的供应与回收。

4. 运输方式。运输方式可分铁路、公路、水路、航空、管道运输等方式。合同中在规定运输方式时,还应明确由谁组织运输,由谁承担运费及运输保险费。

5. 价格。国家作出价格规定的,应执行国家定价;国家未作出价格规定的,由供需双方协商定价。大多数情况下,应列出价格的组成。

6. 结算。我国现行结算方式分为现金结算和转账结算两种。转账结算在异地之间进行,可分为托收承付、委托收款、信用证、汇兑或限额结算等方法;转账在同城进行,有支票、付款委托书、托书无承付和同城托收承付等。

7. 违约责任。

8. 特殊条款。如果供需双方有一些特殊要求或条件,经双方协商一致后,可在合同中明确规定。

（三）建筑工程材料采购合同的履行

1. 计量方法

建筑材料数量的计量方法一般有理论换算计量、检斤计量和计件三种方法。合同中应注明所采用的计量方法，并明确规定计量单位。供方发货时所采用的计量方法和计量单位，应与合同中规定的计量方法和计量单位相一致，并在发货明细表或质量证明书上注明，以便需方检验。运输中转单位也应按供方发货时采用的计量方法及计量单位进行验收和发货。

2. 验收的依据

（1）采购合同中的具体规定；

（2）供方提供的发货单、订量单、装箱单及其他凭证；

（3）国家标准或专业标准；

（4）产品合格证、化验单；

（5）图纸及其他技术文件；

（6）双方当事人共同封存的样品；

（7）产品复检报告。

3. 验收内容

（1）查明产品的名称、规格、型号、数量、质量是否与采购合同及其他技术文件相符；

（2）包装是否完整，外表有无损坏；

（3）需要进行现场抽样检验的材料进行必要的物理化学检验；

（4）采购合同中规定的其他检验事项。

4. 验收方式

（1）住厂验收。即在制造时期，由需方派人在供应的生产厂家进行材料质量检验；

（2）提运验收。对于加工订制、市场采购和自提自运的材料，由提货人在提取产品时检验；

（3）接运验收。由接运人员对到达的材料进行检查，发现问题，当场作出记录；

（4）入库验收。由仓库管理人员负责数量及外观检验。

5. 验收中发现数量不符的处理

（1）供方交付的建筑材料多余合同规定的数量，需方不同意接受，则在托收承付期内可以拒付超量部分的货款和运杂费。

（2）供方交付的建筑材料少于合同规定的数量，需方可凭有关合法证明，在到货后 10 天内将详细情况和处理意见通知供方；否则，视为数量验收合格。供方在接到通知 10 天内做出答复；否则，视为认可需方处理意见。

（3）发货数量和实际验收数量之差如超过有关部门规定的正、负误差，合理磅差，自然减量的范围，则不按多交或少交论处，双方互不退补。

6. 验收中发现质量不符的处理

如果在验收中发现建筑材料不符合合同规定的质量要求，需方应妥善保管，并书面通知供方进行处理。一般按如下规定进行：

（1）建筑材料的外观、品种、型号、规格不符合合同规定的，需方在合同规定的条件和期限内检验，提出书面异议。

(2)建筑材料的内在质量不符合合同规定的,需方应在合同规定的条件和期限内检验,提出书面异议。

(3)对某些只有在投入生产使用后才能发现内在质量缺陷的产品,除另有规定或当事人双方另有商定的期限外,一般应在运转之日起6个月以内提出书面异议。

(4)在书面异议中,应说明合同号和检验情况,提出检验证明,对质量不符合合同规定的产品提出具体的处理意见。

7. 验收中供需双方责任的确定

(1)凡所交货物的原包装、原封记、原标志完好无异状,而产品数量短少,应有生产厂家或包装单位负责。

(2)凡由供货方组织装车或装船,凭封印交接的产品,需方在卸货时车、船封印完整,无其他异状,但数量短少,应由供方负责。这时需方应向运输部门取得证明,凭运输部门提供的记录证明,在托收承付期内可以拒付短缺部分的货款,并在到货后10天内通知供方;否则,视为验收无误。供方在接到通知后10天内答复,提出处理意见;否则,按少交论处。

(3)凡由供货方组织装车或装船,凭件数等交接的产品,而需方在卸货时无法从外部发现产品丢失、短缺、损坏的情况,需方可凭运输单位的交接证明和本单位的验收书面证明,在托收承付期内拒付丢失、短缺、损坏部分的货款,并在到货10天内通知供方;否则,视为验收无误。供方在接到通知后10天内答复,提出处理意见;否则,按少交论处。

8. 验收后提出异议的期限

需方提出异议的期限和供方答复的期限,应当按有关部门规定或当事人双方在合同中商定的期限执行。这就需要特别重视交(提)货日期的确定标准。

(1)供方自备运输工具送货的,以需方实际收货日期为准。

(2)凡委托运输部门运邮戳输、送货或代运的产品的交货日期,以供方发运产品时运输部门签发戳记的日期为准。

(3)合同规定需方自提的货物,以供方按合同规定通知的提货日期为准。

二、设备采购合同

设备采购合同,是设备供需双方就设备买卖事项明确双方权利义务关系的协议。

(一)设备采购方式

1. 委托承包

由设备成套公司根据发包单位提供的成套设备清单进行承包供应,并收取设备价格一定百分比的成套业务费。

2. 按设备包干

根据发包单位提出的设备清单及双方核定的设备预算总价,由设备成套公司承包供应。

3. 招标采购

发包单位对需要的成套设备进行招标,设备成套公司参加投标,按照招标结果承包供应。

除了上述三种方式外,设备成套公司还可以根据项目建设单位的要求以及自身能力,联合科研单位、设计单位、制造厂家和设备安装企业等,对设备进行从工艺、产品设计到现场设备安装、调试总承包。

(二)设备采购合同的主要内容

设备采购合同一般包括以下内容:产品(设备)的名称、品种、型号、规格、等级、技术标准、或技术性能指标;数量和计量单位;包装标准及包装物的供应与回收;交货单位、交货方式、运输方式、到货地点、接(提)货单位;交(提)货期限;验收方法;产品价格;结算方式;违约责任;争议解决方式;其他。在签订设备采购合同时,应特别注意如下问题:

1. 设备价格

设备价格应根据供应承包方式确定。设备价格一般由设备原价、包装费、运费(含运输保险费)、手续费、装卸费等组成。进口设备价格一般以装运港船上交货价(FOB)为基础计算,其构成见表4-1。

进口设备价格的构成 **表4-1**

序号	费用名称	计算公式
(1)	货价	货价=设备离岸价×外汇牌价
(2)	国外运输费	国外运输费=货价×国外运输费率
(3)	国外运输保险费	国外运输保险费=(货价+国外运输费)×运输保险费率÷(1-运输保险费率)
(4)	到岸价	(1)+(2)+(3)
(5)	关税	(4)×关税税率
(6)	增值税	【(4)+(5)】×增值税税率
(7)	消费税	【(4)+(5)】×消费税税率÷(1-消费税税率)(进口车辆才有此税)
(8)	银行财务费	(1)×银行财务费费率
(9)	外贸手续费	(4)×外贸手续费费率
(10)	海关监管手续费	(4)×海关监管手续费费率
(11)	国内运杂费	国内运杂费=【(4)+…+(10)】×国内运杂费费率
(12)	进口设备价格	进口设备价格=(4)+…(11)

2. 设备数量

除列出成套设备名称、套数外,还应明确规定随主机的辅机、附件、易损耗备用品、配件和安装修理工具等,并于合同后附详细清单。

3. 技术标准

除应注明成套设备的主要技术性能外,还要在合同后附有关部分设备的主要技术标准和技术性能文件。

4. 现场服务

供方应派技术人员进行现场服务,并要对现场服务的内容明确规定(如技术培训)。合同中还要对供方技术人员在服务期间的工作条件、生活待遇及费用出处作出明确规定。

5. 验收和保修

成套设备的安装是一项复杂的系统工程。安装成功后,试车是关键,需方应在项目成套设备安装后才能验收。合同中应详细注明成套设备验收办法。

成套设备保修内容、保修期、费用出处也应在合同中明确规定。不管供应方是谁,保修都应该由设备供应方负责。

(三)设备采购合同供方的责任

1. 组织有关生产企业到现场进行技术服务,处理有关设备技术方面的问题。

2. 掌握工程进度,保证供应。供方应了解、掌握工程建设进度和设备到货、安装进度,协调联系设备的交、到货等工作,按施工现场设备安装的需要保证供应。

3. 参与验收。参与大型、专用、关键设备的开箱验收工作,配合建设单位或安装单位处理在接运、检验过程中发现的设备质量和缺损件问题,以明确设备质量问题的责任人。

4. 处理事故。及时向有关主管单位报告重大设备质量问题,以及项目现场不能解决的其他问题。当出现重大意见分歧或争执时,应及时做好备忘录。

5. 参加工程的竣工验收,处理在工程验收中发现的有关设备质量的问题。

6. 监督和了解设备生产企业派驻现场的技术服务人员的工作情况,现场发生的设备质量问题及处理结果,并向有关单位报告。

7. 成套设备生产企业的责任:

(1)对本厂供应的产品的技术、质量、数量、交货期、价格等全面负责。配套设备的技术、质量问题应由主机生产厂家统一负责联系和处理解决。

(2)按照现场服务组的要求,及时派出技术人员到现场,并在现场服务组的统一领导下开展技术服务工作。

(3)及时答复或解决现场服务中提出的有关设备的质量、技术、缺损问题。

(四)设备采购合同需方的责任

1. 建设单位应向供方提供设备的详细技术设计资料和施工要求。

2. 应配合供方设备的计划接运(收)工作,协助住现场的技术服务组展开工作。

3. 按合同要求参与并监督现场的设备供应、验收、安装、试车等工作。

4. 组织有关各方进行工程设备验收,提出验收报告。

5. 按合同约定支付合同价款。

第四节　加工合同管理

一、加工合同概述

在建设工程中加工合同是很常见的。加工合同的标的,通常被称为定作物,包括建筑构件或建筑施工用的物品。加工合同的委托方,通常被称为定作方,该方需要定作物;另一方被称为承揽方,该方完成定作物的加工。

1. 加工合同的材料供应方式

加工定作物所需的材料,主要有两种供应方式。①由定作方提供原材料,即来料加工。承揽方仅完成加工工作。②由承揽方提供材料。定作方仅需提出所需定作物的数量、质量要求,双方商定价格,由承揽方全面负责材料供应和加工工作。在实际工作中通常对不同的材料采用不同的供应方式。

2. 加工合同的主要内容

①定作物的名称或项目。②定作物数量、质量、包装和加工方法。③检查监督方式。④原材料的提供以及规格、质量和数量。⑤加工价款或酬金。⑥履行的期限、地点和方式。⑦成品的验收标准和方法。⑧结算方式、开户银行、账号。⑨违约负责。⑩双方商定的其他条款,如交货地点和方式等。

二、合同双方的责任

1. 定作方的原材料加工合同

合同中应当明确规定原材料的消耗定额，定作方应按合同规定的时间、数量、质量和规格提供原材料；承揽方按合同规定及时检验，对不符合要求的材料，应立即通知定作方调换或补充。承揽方对定作方提供的材料不得擅自更换。

2. 承揽方的原材料加工合同

承揽方必须依照合同规定选用原材料，并接受定作方的检验。承揽方如隐瞒原材料缺陷，或使用不符合合同规定的原材料而影响定作物的质量，定作方有权要求重做、修理、减少价款或退货。

3. 定作方必须提供合理的技术资料

承揽方按照定作方要求工作期间，如发现定作方的图样技术要求不合理，应通知定作方。定作方应在规定时间内答复，提出修改意见。承揽方未得到答复，有权停止工作，并通知定作方，由此造成的损失，由定作方负责。

4. 质量标准和技术要求

承揽方依据合同规定的质量标准和技术要求完成工作。未经定作方同意，不得擅自变更，更不得转让给第三方承揽。

5. 检验与验收

在加工期间，定作方可以进行必要的检查，但不得妨碍承揽方的正常工作。双方对质量问题发生争执时，可由法定质量监督机关检验并提供质量检验证明。定作方应按合同规定的期限验收。验收前，承揽方应向定作方提交必需的技术资料和有关质量证明，在合同中应明确规定质量保证期限。在保证期限内发生的非定作方使用，保管不当等原因造成的质量问题，应由承揽方负责修复、退换。

6. 预付款与定金

凡是国家或主管部门有规定的，按规定执行；没有规定的，可由当事人双方协商确定。定作方可向承揽方交付定金，定金数额由双方协商确定。定作方不履行合同，则无权要求返还定金；承揽方不履行合同，应当双倍返还定金。定作方也可以向承揽方预付加工价款。承揽方如不履行合同除承担违约责任外，还必须如数退还预付款；定作方不履行合同，可以将预付款抵作赔偿金，若抵偿后有余额，定作方可以要求返还。

三、违约责任的承担

1. 定作方中途变更和废止合同

定作方中途变更定作物的数量、规格、质量或设计，应赔偿承揽方因此造成的损失。针对两种不同的原材料供应方式，中途废止合同的赔偿，有如下两种情况。(1)由承揽方提供原材料的，定作方应偿付承揽方未履行部分价款总值的10% ~30%的违约金。(2)不用承揽方原材料加工的，定作方应偿付承揽方未履行部分酬金总额的20% ~60%的违约金。违约金的百分比应在合同中具体规定。

2. 定作方供资源及提货

定作方未按合同规定的时间和要求向承揽方提供原材料、技术资料等，或未完成必要的准备工作，承揽方有权解除合同，定作方应赔偿由此造成的损失。定作方超期领取定作物，应偿付违约金、保管费、保养费等。超期6个月不领取，承揽方有权变卖定作物。所得价款在扣除报酬、保管费、保养费后，如有结余，应退还给定作方；如果不足，定作方还应补偿不足部分。

3. 定作方拒收定作物及超期付款

定作方无故拒绝接收定作物，应当赔偿承揽方由此造成的损失；变更交付定作物地点或接受单位，要承担承揽方由此多支付的费用；超过合同规定的日期付款，应偿付违约金。

4. 承揽方交货

承揽方交付的定作物的数量少于合同规定，应当照数补齐，补交部分按逾期交付处理。如果由于推迟交付，定作方不再需要少交部分的定作物，定作方有权解除合同。因此造成的损失，由承揽方赔偿。交付的定作物不符合合同规定的质量，而定作方同意接受，应对定作物按质论价。若定作方不同意接收，承揽方应当负责修整或调换，并承担逾期交付的责任。经过修整或调换后仍不符合合同规定，定作方有权拒收，由此造成的损失由承揽方负责。承揽方逾期交付定作物，应按合同规定，向定作方支付违约金。未经定作方同意，提前交付定作物，定作方有权拒收。

承揽方不能交付定作物或不能完成工作，应向定作方偿付违约金。违约金数量如下。①对承揽方提供原材料的合同，违约金为不能交付的定作物或不能完成的工作部分价款总额的10%～30%。②对定作方提供原材料的合同，违约金为不能交付的定作物或不能完成的工作部分酬金总额的20%～60%。

5. 包装和异地交货

未按合同规定包装定作物，承揽方应当负责返修或重新包装，并承担因此而支付的费用；如果定作方不要求返修或重新包装，而要求赔偿损失，承揽方应当赔偿低于合格包装物价格的部分。因包装不符合合同规定造成定作物毁损、灭失，由承揽方赔偿损失。异地交付的定作物不符合合同规定，暂由定作方代保管，承揽方应偿付定作方实际支付的保管费和保养费。

6. 运送和保管

由合同规定代运或送货的定作物，错发到达地点或接收单位，承揽方除按合同规定负责改运到指定地点或接收单位外，还须承担因此多付的运杂费和逾期交付定作物的合同责任。承揽方由于保管不善致使定作方提供的原材料、设备、包装物及其他物品毁损、灭失，应当偿付定作方因此而造成的损失。

7. 材料检验

对定作方提供的原材料，未按合同规定的办法和期限进行检验，或经检验发现不符合要求，但未按合同规定的期限通知定作方调换、补充，由承揽方承担责任。擅自调换定作方提供的原材料或修理物的零部件，定作方有权拒收，承揽方应赔偿定作方由此造成的损失。

8. 不可抗力因素

在合同履行期间，由于不可抗力致使定作物或原材料毁损、灭失，承揽方在取得合法证明后，可免予承担违约责任。但承揽方应采取积极措施减少损失。如在合同规定的履约期限以外发生不可抗力事件，则不得免责。在定作方迟缓接受或无故拒收期间发生不可抗力事件，定作方应当承担责任，并赔偿承揽方由此造成的损失。

第五节　借 款 合 同

借款合同是贷款方将货币交付借款方使用,借款方应按期归还同等数额的货币,并给付利息的协议。在借款合同中,应明确规定贷款的数额、用途、期限、利率、结算办法和违约责任等条款。借款合同必须根据国家批准的信贷计划和有关的规定以书面形式签订。贷款方必须是人民银行、专业银行和信用合作社;借款合同的标的只限于人民币;借款利率由国家规定,中国人民银行统一管理。按贷款资金使用性质,可把贷款划分为六类:基本建设贷款;更新改造措施贷款;建筑企业流动资金贷款;临时周转贷款;委托贷款;信托贷款。

一、贷款的种类

(一)基本建设贷款

贷款对象包括两个方面的含义,一是确定借款人的问题;二是指确定做什么用途的问题。对贷款对象的要求是借款单位与还款单位要尽可能一致;建设银行对符合规定的贷款对象发放贷款时,应按有关规定对贷款项目进行严格的审查,符合条件的给予贷款,不符合条件的可以拒绝贷款。

1. 贷款的依据

凡向建设银行申请贷款的单位,需要有下列条件作为贷款的依据:①申请投资性贷款必须纳入国家计划,建设银行总、分行应根据同级计划部门的通知,参与编制中长期计划和年度基本建设计划,确定贷款项目,分配贷款指标。大中型项目按隶属关系,分别由国务院各部门和地区提出意见,国家计委综合平衡,列入国家基建大中型项目计划;小型项目按隶属关系由国务院各部门和地区确定。②贷款项目必须具有批准的计划任务书,初步设计文件和概算。建设银行应根据各级计划部门关于审批项目建议书和设计任务书的通知,参与审查。国务院各部安排投资的建设项目,由省、自治区、直辖市或由分行指定经办行参加。贷款项目的设计任务书和初步设计文件经有审批权的机关批准后,才能纳入年度基建计划。借款单位应将批准的年度基建计划、设计概算及投资包干合同(协议)等提交贷款银行,据以审定贷款。建设银行要参与贷款项目的可行性研究,并对贷款项目的经济效益、投资回收年限、偿还能力进行评估。对于用国家信贷资金安排的小型项目(限于建成投产后有偿还能力的建设项目),要会同主管部门进行审查共同商定。

2. 贷款的范围

①财政预算基建贷款指贷款资金来自财政,包括中央财政预算基建贷款、地方财政预算基建贷款。②地方机动财力基建贷款指地方机动财力安排的基建贷款。③提前完成基建计划临时贷款包括中央级和地方级,包括基建包干项目年度工程加快进度需要增加用款(经批准发放的贷款)和重点项目临时资金不足贷款。另外,经办银行需要贷款资金,向上级请领。由于这类贷款是在计划执行中发生的,因此编制计划时不必考虑此项贷款的发放数。④建设银行基建贷款指建设银行根据国家计划组织信贷资金和自有资金发放的基建资金,即原来的基建投资贷款加上财政贴息贷款。其中财政贴息贷款是国家要求建设银行贷款而贷款单位拿不出利息,由财政出利息的贷款。⑤基建储备贷款指中央、地方建设单位为以后年度工程储备设备的国内储备贷款。

3. 贷款的申请签订

(1)贷款的申请:对于列入国家年度固定资金投资计划和建设银行年度贷款计划的项目,建设银行要根据借款单位提送经批准的《项目建议书》、《项目可行性研究报告》、《设计任务书》以及有关生产、建设协作配套等协议和文件,进行贷前审查,查核原项目评估报告中有关的财务、经济、技术条件是否发生了变化,建设前期工作是否落实,自筹资金是否落实,按规定交存建设银行等。对已具备贷款条件的项目,建设银行可批准单位的《借款申请书》。

(2)贷款合同的签订:《借款申请书》审查批准后,经办的建设银行可与借款单位签订借款总合同或年度借款合同。借款合同要按照核定的项目贷款总额、有关规定和合同表式签订,必要时可办理公证手续。

4. 借款的担保

为确保借贷资金不受损失,发放固定资产投资贷款应要求借款单位以产权属已的财产设置抵押或提供符合法定条件的第三方保证人担保,并办理公证手续,采用担保方式建设银行要对担保单位的资格和担保能力进行审查,由符合法定条件、具有偿还能力的第三方提供担保,并签订不可撤销贷款担保协议,作为借款合同的附件。两个借款单位之间不能互为担保。采用抵押方式建设银行应与借款单位协商,选择合法的物资和财产设置抵押,签订抵押贷款合同,借款单位未经建设银行同意,不得擅自将抵押物出租,出售、转让或再抵押。

5. 贷款的支付监督

贷款单位应按照借款合同规定的用途及在贷款指标额的限度内借用贷款。借款单位应将使用贷款的有关的经济合同、协议以及年度用款计划提交贷款银行,建设银行对贷款的支付要执行国家的有关政策和规定。设备贷款应控制在设计和概算范围内;建筑安装公司工程款,应执行结算办法;其他费用应执行有关定额标准。没有贷款指标的,不得支付贷款,也不得超过贷款指标支付贷款。对于实行投资包干责任制的借款单位由于建设进度提前、年度投资贷款指标不足时可以向贷款银行申请临时周转贷款。贷款项目全部竣工投产,不再需要用款时,应将多余的贷款指标退还原下达银行。建设银行应深入到借款单位调查研究,对贷款的使用、经营管理、计划执行、财务活动,及物资库存情况进行检查与监督,促进提高贷款的经济效益。

(二)更新改造措施贷款

1. 贷款的条件和程序

凡是列入国家计划的大型技术改造项目、建筑安装企业、工程承包公司、城市综合开发公司、勘察设计单位和地质勘探单位的更新换代改造项目,以及出口工业品生产、引进国外技术设备国内配套、地方建筑材料等专项措施项目(包括中央直属企业和地方企业)均可向建设银行申请更新改造措施贷款。申请贷款的单位,应当是实行独立核算,能够承担经济责任并有偿还能力的全民所有制和集体所有制企业单位、私营企业的法人组织。借款项目必须具备以下条件:要符合国家的投资政策和投资方向,并且具备经过批准的项目建议书或设计任务书、设计文件(或相当于设计文件的措施方案、实施方案)。按照批准计划所列的自有资金已经落实,并能按期存入贷款银行。建设所需设备、材料、施工力量已安排,能够保证按期竣工投产。生产工艺成熟,技术过关,所需材料、动力有可靠来源,"三废"治理环境已同时安排,项目竣工后能正常生产。更新改造措施项目的贷款,应按贷款条件,逐项进行审查和评估,对符合条件的项目,按照国家关于更新改造投资计划审批权限的规定,经建设银行审查并纳入国家或地方计划后，即视同批准贷款。贷款申请书经批准后，贷款银行应及时通知贷款单位，并按照规定签订贷款合同。

2. 贷款的发放与审查

借款合同生效后，借款单位向贷款银行办理开户用款手续。借款单位应呈送年度分季用款计划。贷款银行按照借款合同规定，供应资金，检查监督贷款的使用情况。借款单位不按合同规定用途使用贷款，或任意扩大规模、管理不善、损失浪费严重、致使项目在批准期限不能竣工投产，经制止无效，建设银行有权停止贷款或提前收回贷款，按合同规定加收利息。

（三）建筑业流动资金贷款

1. 贷款的要求条件

实行独立经济核算、具有法人地位、并在建设银行开立账户的企业单位，都可以申请流动资金贷款。种类包括建筑企业流动资金贷款、工程结算贷款、工地开发和商品房贷款、基建材料供销企业贷款、其他流动资金贷款等。

贷款条件是：①必须持有工商行政管理部门发给的营业执照。②必须有一定的自有资金。③必须有健全的财务管理和经济核算制度。④贷款用途符合国家有关部门方针政策。⑤确有还贷能力，必要时应担保。

2. 贷款程序

建筑企业应根据施工生产的需要，在年度开始前编造年度贷款计划，由建设银行核定年度计划贷款额。企业和开立账户的建设银行要签订借款合同。在合同规定的贷款额内，企业可以根据需要一次或分次（按季、月）将贷款转入存款户。企业也可以随时办理归还贷款手续。

3. 对贷款使用的监督与检查

建设银行要协助企业单位建立健全流动资金管理责任制，帮助其对贷款资金的管理。施工企业要按期向银行呈送财务计划、会计报表和有关统计资料。

（四）临时周转、信托、委托贷款

临时周转贷款是指对施工企业大修理贷款以及5万元以下不计规模的小额贷款。生产企业引进技术贷款和对集体企业发放的投资性贷款等。

信托贷款是指建设银行利用吸收的信托存款和自有资金，按照择优贷款原则，自行发放符合国家投资方向，花钱少见效快的各种措施项目的贷款。

委托贷款包括中央财政委托贷款，地方财政委托贷款和部门、企业委托贷款。贷款前两种是指中央或地方财政拿钱交由建设银行办理的除基建“拨改贷”以外的各种贷款，后一种包括中央部门、企业委托贷款和地方部门、企业委托信贷、各种委托贷款，必须控制在委托信贷款基金之内。

二、借款合同签订

（一）借款合同订立的程序

借款合同采用书面形式，但自然人之间借款另有约定的除外。订立借款合同通常需要经过要约和承诺方式。

要约是借款人向贷款人提出合同的主要条款，期望贷款人接受并且与借款人订立借款合同的意思表示。贷款通则规定，借款人的要约应当具备借款用途、偿还能力、还款方式等主要内容。并应提供下列资料：①借款人及保证人基本情况。②财政部门或会计（审计）事务所核准的上年度财会报告，以及申请借款前一期的财会报告。③原有不合理占用的贷款的纠正情况。④抵押物、质押物清单和有处分权人的同意抵押、质押的证明及保证人拟同意保证的有关证明文件。

承诺是指受要约人（贷款人）接受要约人（借款人）的订约提议，同意与之订立合同的意思表示。贷款人收到借款人的借款申请后，应当对借款人的信用等级以及借款的合法性、安全性、营利性等情况进行调查。核实抵押物、质物、保证人情况，测定贷款的风险度。对于信用等级高的借款人，贷款人可优先与其签订借款合同，发放贷款。贷款人经过对借款人审查和按照审贷分离、分组审批的贷款管理制度进行贷款的审批后，认为符合贷款条件，就对借款人的要约予以承诺。贷款人的承诺标志，表现为与借款人签订借款合同，保证贷款应当由保证人与贷款人签订保证合同或保证人在借款合同上写明，并签名盖章后，借款合同即成立。抵押贷款、质押贷款应当由抵押人、出质人与贷款人签订抵押合同、质押合同，并依法办理登记后，借款合同成立。

（二）借款合同的主要条款

根据《合同法》、《商业银行法》、《借款合同条例》、《贷款通则》等的规定，借款合同的主要条款如下。

借款种类：借款种类是根据借款人的产业属性、借款的用途以及资金的来源与运用、贷款期限、有无担保进行填写，以便适用不同的信贷政策。

借款用途：借款用途是指借款人借款使用的范围和内容。借款人必须按照借款用途合理使用，不得挪作他用。如需要改变借款用途，须征得贷款方的同意。规定借款用途是为保证信贷资金的安全。借款金额、币种：借款金额即借款的数量，它是根据借款人的需要，经贷款人核准的数量指标，并应说明货币币种。依据借款合同中规定的借款金额，借款方可以按照合同规定的时间提用，以合同中规定的数额为限。

借款利率：借款合同是有偿合同，借款人借款不仅要按期归还本金，还要支付利息。办理贷款业务的金融机构贷款的利率，应当按照中国人民银行规定的贷款利率的上下限确定。

还款期限：还款期限是根据借款人的生产经营周期，还款能力和贷款人的资金供给能力，由借贷双方共同商定。借款人可在还款日届满前申请延期。贷款人同意的可延期。

还款方式：是一次结清还是分期，应说明具体时间、归还数量等。是信汇、电汇、还是贷款方从借款方账户存款中直接扣划，应当在合同中写清楚。

担保条款：贷款人可以要求借款人提供担保。担保按照《中华人民共和国担保法》的规定，贷款人借据有担保的借款合同，才能确保发放的贷款及时收回。

违约责任和争议解决的方式、双方认为需要约定的其他事项是借款合同必不可少的内容。

（三）合同的履行

借款的利息不得预先在本金中扣除。利息预先在本金中扣除的，应当按照实际借款数额返还借款并计算利息。对支付利息的期限没有约定或者约定不明确，当事人可以协议补充；不能达成协议的，按照合同有关条款或交易习惯确定；如仍不能确定的，借款期间不满1年的，应当在返还借款时一并支付。但借款期间1年以上的，应当在每届满1年时支付，剩余期间不满1年的，应当在返还借款时一并支付利息；对借款期限没有约定或者约定不明确，当事人可以协议补充；不能达成协议的，按照合同有关条款或交易习惯确定；如仍不能确定的，借款人可以随时返还；贷款人可以催告借款人在合理期限内返还；借款人提前偿还借款的，除当事人另有约定的以外，应当按照实际借款的期间计算利息。自然人之间的借款合同对支付利息没有约定或约定不明确的，视为不支付利息。

（四）贷款人和借款人的义务

贷款人必须按照合同的规定的期限、数额向借款方提供贷款。贷款人可以按照约定检查、监督借款方对贷款的使用情况。但是，贷款人不得将借款人的商业秘密泄露于第三人，否则应当承担相应的法律责任。

借款人必须按照借款合同规定的用途使用借款，不得挪用，不得进行违法活动。借款人应当按合同约定接受贷款人对借款的使用情况的检查、监督，并按照约定向贷款人定期提供有关财务会计报表等资料。借款人应按期归还借款并支付利息。

（五）贷款人和借款人的违约责任

借款人未按照约定的借款用途使用借款的，贷款人可以停止发放借款，提前收回借款或者解除合同。其中借款人不按规定使用政策性借款时，应当加收罚息。借款人未按照约定的期限返还借款的，应当支付预期利息。借款人未按照约定的日期、数额收取借款的，应当按照约定的日期、数额支付利息。

贷款人未按照约定的日期、数额提供借款，造成借款人损失的，应当赔偿损失。贷款方的工作人员，因失职、渎职造成贷款损失或利用借款合同进行违法活动的，应追究其行政责任、经济责任，直至刑事责任。

复习思考题

1. 建设工程监理合同的主体是什么？
2. 勘察、设计合同委托方的责任和义务有哪些？
3. 建设工程材料采购合同如何签订？
4. 设备采购方式有哪些？
5. 加工合同所需的材料如何供应？定作方如何承担违约责任？
6. 简述贷款人和借款人的违约责任。

第六章　FIDIC 合同简介

【本章提要】 本章介绍 FIDIC 合同的特点及发展,重点阐述 FIDIC 土木工程施工合同的基本内容。力求使学生通过本章的学习对 FIDIC 合同有初步的认识,并借助其他媒介收集相关的资料,达到更好的效果。

第一节　FIDIC 合同简介

一、FIDIC 合同的特点

"FIDIC"是国际咨询工程师联合会(Federation Internationale des Ingenieurs Conseils)的缩写,有人称 FIDIC 是国际承包工程的"圣经"。在国际上它具有很高的权威性,其成员为各国的和地区的咨询工程师协会。

FIDIC 专业委员会编制了许多规范性的文件,其中应用较广的就包括《土木工程施工合同条件》。FIDIC 合同条件是世界各国土木工程建设、管理百余年经验的总结,科学的把土建工程权益、技术、管理、经济、法律有机的结合在一起,用合同的形式固定下来。详细的规定了业主、监理工程师和承包商的责任、义务和权利。

从国内普遍熟悉的概念来看,FIDIC 合同所独有的特点是:

1. 引入介于业主与承包商之间的咨询工程师管理合同,从而加强了项目实施过程中的控制,同时咨询工程师还负责核批验工计价,指令工程变更及发出点工等,其工作原则是独立、公正和不偏不倚,其工作内容和地位与我们国家的监理工程师有所区别。

2. FIDIC 合同是由英国 ICE 合同演变派生出来的,因而带有很浓的英国色彩。最大的特点是工程量表(B. Q. 单),而且 B. Q. 单中所填报的单价在整个合同的执行过程中并不发生变化。项目是采用核验完工工程数量后,再乘以这些单价的方式,向承包商支付应得款项。

3. 投标报价时,承包商按 B. Q. 单计算得出的合同总价仅仅是一个参考数值。项目实施时,业主是按照据实测量得出的数额进行支付,这也就是为什么称 FIDIC 合同是"复测合同"(Remeasurement Contract)的原因了。

4. 业主在承包商选择其分包商的问题上有着很大的发言权,包括可以在投标前或签约后指定分包商,并有权在特殊情况下直接付款给分包商。

5. 对于可能出现的意外风险问题,原则上是由业主承担,其指导思想是承包商的报价中不应该也不可能把所有无法预见的风险全部考虑到报价中去。

还有就是 FIDIC 合同的工作语言是英文,所以使用 FIDIC 合同最好是懂得英文。

二、FIDIC 合同的简介

FIDIC《土木工程施工合同条件》是单价合同,通过验工计价的方式来支付工程款。

国际承包工程行业涉及到的FIDIC合同,主要是土木工程方面的,封皮是红色的,通常称作"红皮书",正式名称为《土木工程施工合同条件》(Conditions of Contract for Works of Civil Engineering construction);机电工程方面的,常称"黄皮书",正式名称为《机电工程合同条件》(Conditions of Contract for Electrical and Mechanical Works);再有就是白色封皮的,是设计咨询方面的,也叫"白皮书",正式名称为《业主与咨询工程师服务协议模式》(Client/Consultant Model Service Agreement);交钥匙工程专有一个《设计、施工及交钥匙合同条件》(Conditions of Contract for Design - Build and Turnkey)通常称为"橙皮书"。

承包项目一般用到的都是红色封皮的FIDIC《土木工程施工合同条件》,是土建工程的;但是如果是机电设备供货,使用信用证付款方式的,一般用的都是黄皮FIDIC。例如有一个输电线项目,用的就是黄皮FIDIC,因为这个项目供货成分大,若土建部分比重大,就要用红皮FIDIC了。

FIDIC的鼻祖是ICE,也就是说,先有ICE,后有FIDIC。ICE是英国土木工程师协会(Institution of Civil Engineers)的英文缩写。但值得特别一提的是,ICE与FIDIC有着本质上的区别,ICE是亲业主的,它侧重于维护甲方业主的利益;FIDIC是亲承包商,它维护乙方承包商的利益更多。也就是说如果你是承包商,你会尽量向业主推荐使用FIDIC;如果你是业主或向外分包,就一定要用ICE。

FIDIC合同条件它虽然不是法律,也不是法规,但它是全世界公认的一种国际惯例。它伴随着世纪的进程经历了从产生到发展、不断完善的过程。FIDIC合同条件第1版于1957年、第2版于1963年、第3版于1977年、1988年及1992年作了两次修改,习惯对1988年版称为第4版。1999年国际工程师联合会根据多年来在实践中取得的经验以及专家、学者的建议与意见,在继承以往四版优点的基础上进行重新编写(下称新编FIDIC合同条件)。中国工程咨询协会根据菲迪克授权书进行编译、出版,机械工业出版社于2002年5月首次印刷FIDIC合同条件第1版(中、英文对照)。

新编FIDIC合同一套四本:《施工合同条件》、《生产设备和设计-施工合同条件》、《设计采购施工(EPC)/交钥匙工程合同条件》与《简明合同格式》。此外FIDIC组织为了便于雇主选择投标人、招标、评标,出版了《招标程序》,由此形成一个完整的体系。

第二节　FIDIC土木工程施工合同条件简介

一、合同组成

FIDIC《施工合同条件》由通用条件、专用条件构成。

其中通用条件是固定不变的。新版FIDIC《施工合同条件》通用条件共分20项247款。因为通用条件中都是固定的标准化的东西,所以通常熟悉FIDIC合同的承包商在实际工作中不去看通用条件,而直接研究专用条件就可以了。

专用条件的条款号与通用条件的条款号有对应关系。专用条件是为通用条件的编写给出备选条款,是对通用条件的修改和补充。例如,有关计价使用的货币、兑换汇率、付款期限等具体规定,在通用条件中是找不到的,都要看专用条件。

二、涉及权利、义务和职责的条款

(一)业主的权利与义务

业主,是指合同专用条件中指定的当事人以及取得此当事人资格的合法继承人,但除非承包商同意,不指此当事人的任何受让人。业主是建设工程项目的所有人,也是合同的当事人,在合同的履行过程中享有大量的权利并承担相应的义务。

1. 业主有权授予工程师职权

业主授予工程师的职权必须通过合同文件赋予。即通过业主与承包商的合同文件赋予工程师的职权才能被承包商接受。

业主授予工程师的职权应保证工程现场的工作能够不断地顺利进行。如在紧急状态下,工程师应有权采取他认为有效的行动,以避免或减少工程上的损失。

业主可根据具体工程的规模、性质,修改通用条件的某些条款并在专用条件中加以规定,但应保证不能减少合同条件中规定的工程师的职权,因为,这将会产生与合同条件中的其他有关工程师的职权不相一致。

2. 业主有权批准合同转让和合同终止

合同条件中规定没有得到业主的事先同意,承包商不得将合同或合同的任何部分进行转让,并充分肯定批准承包商合同转让的权力是业主而不是工程师。另一方面,如果工程师证明承包商存在下列情况之一,业主有权终止合同。

(1)承包商破产或失去偿付能力;

(2)承包商未经业主同意转让合同;

(3)承包商否认合同有效;

(4)承包商无正当理由,在接到工程师开工指令后拒不开工;

(5)承包商拖延工期,而且无视工程师的指示,拒不采取加快施工的措施;

(6)承包商无视工程师的警告,固执地或公然地忽视合同中规定的义务。

在合同履行过程中如发生了双方都无法控制的情况,如战争爆发、地震等,业主有权提出解除履约、终止合同。

3. 业主有权完善或补充合同的实施

如果出现承包商未按合同要求进行任何投保并保持有效;承包商未按工程师的决定按时自费运出有缺陷的材料、工程设备及拆除的工程;承包商没有按照工程师的要求,在规定时间内自费进行修补工程师认为有任何缺陷的工程等情况。业主为完善和保证合同实施,有权进行办理合同中规定的承包商应当办理而未办理的各类投保;有权雇佣他人将有缺陷的材料、设备及拆除的工程运出施工现场;有权雇佣他人从事修补工程师认为有缺陷的工程,并有权将完善或补充合同实施所发生的费用通知承包商支出。

4. 业主有权提出仲裁

在业主与承包商之间发生合同争议,或承包商未能遵守工程师的决定,业主有权提出仲裁,这是业主借助于法律手段保障合同实施的措施。

5. 业主有权将工程的部分项目或工作内容的实施发包给指定分包商

所谓指定分包商是由业主(或工程师)指定、选定,完成某项特定工作内容并与承包商签订分包合同的特殊分包商。指定分包工作内容可能包括部分工程的施工;供应工程所需的货物、材料、设备;设计;提供技术服务等。

合同条件内规定有承担施工任务的指定分包商,大多因业主在招标阶段划分合同包时,考虑到某部分施工的工作内容有较强的专业技术要求,一般承包商单位不具备相应的技术能力，但如果以一个单独的合同对待又限于现场的施工条件，工程师无法合理地进行协调管理，为避免各独立承包商之间的施工干扰，则只能将这部分工作发包给指定分包商实施。由于指定分包商是与承包商签订合同，因而在合同关系和管理关系方面与一般分包商处于同等地位，对其施工过程中的监督、协调工作纳入承包商的管理之中。

6. 业主应在合理的时间内向承包商提供施工场地

业主应按合同规定的合理时间提供施工场地，是指在不影响承包商按工程师认可的进度计划进行施工为原则，进行分期提供。

7. 业主应在合理的时间内向承包商提供施工图纸

业主向承包商提供施工图纸，是通过工程师实现的。具体地说，应是业主委托设计单位及工程师在不影响施工进行的情况下可分批提供施工图纸。否则，业主应承担没能在合理的时间内提供图纸而造成承包商的损失。

8. 业主应在合同规定的时间内向承包商付款

FIDIC《施工合同条件》中对付款作出了十分具体的规定，如果业主未能按合同中规定的时间向承包商支付工程款项，不仅要向承包商支付延期付款利息（合同中已明确规定了利率），而且还可能会引起承包商行使暂停工作或减缓工作速度的权力。由于业主未能按合同规定的时间付款，所发生的施工暂停或减缓施工速度造成的损失，应由业主承担。

9. 业主应协助承包商办理有关事务

在承包商提交投标书前，业主有义务向承包商提供有关辅助资料，并应协助承包商进行现场勘察工作；业主应协助承包商办理设备进口的海关手续；业主应协助承包商获得政府对承包商的设备进出口的许可。

（二）工程师的权力与职责

工程师，是指业主为达到合同规定目的而指定的咨询工程师。他是独立的、公正的第三方。他与业主签订委托协议书，根据合同的规定，对工程的质量、进度和费用等方面进行控制和监督，以保证工程项目的建设能满足合同的要求。

FIDIC《施工合同条件》赋予工程师在工程管理方面充分的权力，承包商的一切活动，都必须得到工程师的批准。

1. 工程师在质量管理方面的权力

（1）有权对现场材料及设备进行检查和控制；

（2）有权监督承包商施工；

（3）有权对已完工程进行确认或拒收；

（4）有权对工程采取紧急补救措施；

（5）有权要求解雇承包商的雇员；

（6）有权批准分包商。

2. 工程师在进度管理方面的权力

（1）有权审查、认可承包商的施工进度计划；

（2）有权发出开工令、停工令和复工令；

（3）有权控制施工进度。

3. 工程师在费用管理方面的权力

（1）有权确定变更价格；

(2)有权批准使用暂列金额；

(3)有权批准使用计日工作；

(4)有权批准向承包商付款。

4. 工程师在合同管理方面的权力

(1)有权批准工程延期；

(2)有权发布工程变更令；

(3)有权颁发工程接收证书和履约证书；

(4)有权解释合同中的有关文件；

(5)有权对争端作出决定。

5. 工程师承担对整个项目的监督和管理,主要职责

(1)认真履行合同文件,监督合同双方按合同文件进行实施；

(2)协调好施工中发生的有关事宜,公正及时地处理有关问题。

(三)承包商的权利与义务

承包商,是工程项目施工过程中的主要组织者。为了保证承包商的正当利益,承包商除了认真履行合同外,还拥有以下的权力。

1. 承包商有权得到工程付款

承包商在施工过程中,有权得到经过工程师证明质量合格的已完工程的付款,如果工程提前竣工还可以得到相应的奖金。

2. 承包商有权拒绝分包商

这里所说的有权拒绝分包商,是指承包商认为业主或工程师所指定的分包商不能与他很好地合作的情况。

3. 承包商有权提出工程延期和费用索赔

在施工过程中,当造成施工费用的增加或工期的延误并非承包商自身的原因时,承包商可以依据合同条件赋予的权力,向工程师提出工程延期和费用索赔的要求,以保护自己正当的利益。

4. 承包商在业主有下列情况之一时,有权终止受雇或暂停工作

(1)业主在合同规定的应付款时间期满 42 天之内,未能按工程师批准的付款证书向承包商付款；

(2)业主干涉、阻挠或拒绝工程师颁发付款证书；

(3)业主宣布破产或由于经济混乱而导致业主不具有继续履行其合同义务的能力。

5. 承包商的主要义务

(1)认真按照合同的要求及工程师的指示组织工程施工；

(2)在合同规定的工期要求及质量标准的范围内完成工程内容；

(3)遵守工程所在国家、地区的法令、法规；

(4)对颁发工程接收证书之前的施工现场安全负责；

(5)提供履约担保；

(6)提交进度计划和现金流量的估算；

(7)保护工程师提供的坐标点和水准点；

(8)进行工程和承包商设备保险；

(9)保障业主免于承受人身或财产的损害。

三、合同的转让与分包

(一)合同的转让

合同转让,是指承包商在中标签约后,将其所签合同中的权利和义务转让给第三者。合同转让成立后,原承包商因此解除了其对业主所承担的义务。

由于合同转让可能招致不合格的承包商,所以如果没有业主的事先同意,承包商不得自行将全部或部分合同,包括合同中的任何权益或利益转让给他人。但也有两种例外情况:

(1)按合同规定,应支付或将支付给承包商的银行款项;

(2)把承包商从任何责任方那里获得免除其责任的权利转让给承包商的保险人(当该保险人已清偿了承包商的亏损或债务时)。

(二)分包

由于一般工程施工涉及的工种繁多,有些工种的专业性很强,单靠承包商自身的力量难以胜任,所以,在合同履行中,承包商需要将一部分工作分包给某些分包商,但是这种分包必须经过批准。如果分包在订立合同时已经列入,则意味着业主已批准;如果在工程开工后再雇佣分包商,则必须经过工程师事先同意,但对诸如提供劳务、根据合同中规定的规格采购材料则无需取得同意。工程师有权审核分包合同。承包商在签订分包合同时,一定要注意将合同条件中对分包合同的特殊要求包括进去,以避免事后纠纷。

进行工程分包,分包商对承包商负责,承包商应对分包商及其代理人和雇员的行为、违约和疏忽造成的后果负完全责任。

(三)指定分包商

1. 指定分包商的定义

可能已经或将由业主或咨询工程师指定、选定或批准的进行与合同中所列暂定金额有关的任何工程的施工或任何货物、材料、工程设备或服务的提供的所有专业人员、商人、零售商及其他人员,以及根据合同规定,要求承包商进行分包的一切有关人员,在从事这些工作的实施或货物、材料、工程设备或服务的提供过程中,均应视为承包商雇用的分包商,并在合同中称为"指定的分包商"。

2. 指定分包商的特点

业主或工程师指定分包,可以在招标文件中指定,也可以在工程开工后指定,指定分包工作由业主或工程师指定的分包商完成,但指定分包商并不直接与业主签订合同,而是与承包商签订合同,由承包商负责对他们进行管理和协调。对指定分包商的支付是通过承包商支付的。

指定分包商对承包商承担其分包的有关项目的全部义务和责任,以便使承包商免除在这个方面对业主承担的义务和责任,以及由之引起的各类索赔、诉讼等费用。指定分包商还应保护承包商免受由于其代理人和雇员的行为、违约或疏忽造成的损失和索赔责任。如果指定分包商不愿承担上述义务和责任,承包商可以拒绝与之签订合同。

指定分包商与其他分包商的不同点除了由业主或工程师指定外,在得到支付方面比较有保证,即承包商无正当理由而扣留或拒绝按分包合同的规定向指定分包商进行支付时,业主有权根据工程师的证明直接向该指定分包商进行支付,并从业主向承包商的支付中扣回这笔费用。

四、工程的开工、延期和暂停

(一)工程的开工

承包商应在合同约定的日期或接到中标函后的42天内开工。工程师应在不少于7天前向承包商发出开工日期的通知,而承包商收到此开工通知规定的日期即作为开工日期,竣工时间从开工日期算起。

承包商应在开工日期后,在合理可能的情况下尽早开始工程的实施,随后应以正当速度,不拖延地进行工程的实施。

(二)延期

如果由于下列原因,承包商有权得到延长工期:

(1)额外的或附加的工作;

(2)合同中的导致工期延误的原因;

(3)异常恶劣的气候条件;

(4)由业主造成的任何延误、干扰或阻碍;

(5)非承包商方面的过失或违约引起的延误。

对以上原因造成的延期,承包商是否有权得到额外支付,要根据具体情况而定。

承包商必须在上述导致延期的事件发生后28天内,将要求延期的意向通知提交给工程师(副本送业主),并在下一个28天内或工程师可能同意的其他合理期限内,向工程师提交要求延期的详细报告,以便工程师进行调查,否则工程师可以不受理这一要求。

如果导致延期的事件持续发生,则承包商应每隔28天向工程师提交一份中间报告,并于该事件引起的影响结束日起28天内递交最终报告。工程师在收到中间报告时,应及时作出关于延长工期的中间决定;在收到最终报告之后再审核全部过程的情况,作出有关该事件需要延长的全部工期的决定,但最后决定延长的全部工期不能少于按中间报告已决定的延长工期的总和。

(三)暂时停工

在工程施工过程中,由于各种因素的影响,工程有时会出现暂时的中断。在这种情况下,承包商应按工程师认为必要的时间和方式暂停工程施工或其他任何部分的进展,并在此期间负责保护暂停的工程。如暂时停工不属于下列情况:合同中另有规定;由于承包商违约;由于现场气候原因以及为了工程的合理施工或安全原因,则此时工程师应在与业主和承包商协商后,决定给予承包商延长工期的权利和增加由于停工导致的额外费用。

如果按工程师书面指令暂时停工持续84天以上,工程师仍未通知复工,则承包商可向工程师发函,要求在28天内准许复工。如果复工要求未能获准,当暂时停工影响工程的局部时,承包商可通知工程师把这部分暂停工程视作删减的工程;当暂时停工影响到整个工程进度时,承包商可视该事件属于业主违约,并要求按业主违约处理。

五、施工进度管理

(一)施工进度计划

1. 承包商收到开工通知后的28天内,按工程师要求的格式和详细程度提交施工进度计划,说明为完成施工任务而打算采用的施工方法、施工组织方案、进度计划安排,以及按季度根据合同预计应支付给承包商费用的资金估算表。

合同履行过程中,一个准确的施工计划对合同涉及的有关各方都有重要的作用,不仅要求承包商按计划施工，而且工程师也应该按计划保证施工顺利进行的协调管理工作，同时也是判定业主是否延误移交施工现场、迟发图纸以及其他应提供的材料、设备，成为影响施工应承担责任的依据。

2. 施工进度计划的内容

（1）实施工程的进度计划。视承包工程的任务范围不同，可能还涉及到设计进度计划（如果包括部分工程的施工图设计时）；材料采购计划；永久工程设备的制造、运输、施工、安装、调试和检验各个阶段的预期时间。

（2）每个指定分包商施工各阶段的安排。

（3）合同中规定的重要检查、检验的次序和时间。

（4）保证计划实施的说明文件。包括：承包商在各施工阶段准备采用的方法和主要阶段的总体描述；各主要阶段承包商准备投入的人员和设备数量的计划等。

3. 施工进度计划的确认

承包商有权按照他认为最合理的方法进行施工组织，工程师不应干预。工程师对承包商提交的施工计划的审查主要涉及以下几个方面：

（1）计划实施工程的总工期和重要阶段的里程碑工期是否与合同的约定一致；

（2）承包商各阶段准备投入的机械和人力资源计划能否保证计划的实现；

（3）承包商拟采用的施工方案与同时实施的其他合同是否有冲突或干扰等。

如果出现上述情况，工程师可以要求承包商修改计划。由于编制计划和按计划施工是承包商的基本义务之一，因此，承包商将计划提交的21天内，工程师未提出需修改计划的通知，即认为该计划已被工程师认可。

（二）工程师对施工进度的监督

1. 月进度报告

为了便于工程师对合同的履行进行有效的监督和管理，协调各合同之间的配合，承包商每个月都应向工程师提交进度报告，说明前一阶段的进度情况和施工中存在的问题，以及下一阶段的实施计划和准备采取的相应措施。

2. 施工进度计划的修订

当工程师发现实际进度与计划进度严重偏离时，不论实际进度是超前还是滞后于计划进度，为了使进度计划有实际意义，工程师随时有权指示承包商编制改进的施工进度计划，并再次提交工程师认可后执行，新进度计划将代替原来计划。也允许在合同内明确规定，每隔一段（一般为3个月）承包商都要对施工计划进行一次修改，并经过工程师认可。按照合同条件的规定，工程师在管理中应注意两点：

（1）不论因何方应承担责任的原因导致实际进度与计划进度不符，承包商都无权对修改进度计划的工作要求额外支付；

（2）工程师对修改后进度计划的认可，并不意味着承包商可以摆脱合同规定应承担的责任。

六、工程计量与支付管理

工程计量与支付条款是FIDIC《施工合同条件》的核心条款。

（一）工程计量

FIDIC《施工合同条件》是单价合同，工程款的支付是根据承包商实际完成（合同规定范

围内)的工程量计算的,因此,工程计量显得格外重要。进行工程计量时应注意:

1. 工程量表中开列的工程量都是在图纸和规范的基础上估算出来的,工程实施时则要通过测量来核实实际完成的工程量并据以支付,工程师测量时应通知承包商派人参加,如承包商未能派人参加测量,则应承认工程师或由他批准的测量数据是正确的。测量有时也可以在工程师的监督和管理下,由承包商进行,工程师审核签字确认。

2. 在对永久工程进行测量时,工程师应在工作过程中准备好所需的记录和图纸,承包商应接到参加该项工作的书面通知后的 14 天内对这些记录和图纸进行审查并确认;若承包商未进行审查,则这些记录和图纸被认为是正确的;若承包商不同意这些记录和图纸,应及时向工程师提出申诉,由工程师进行复查、修改或确认。

3. 除非合同中另有规定,否则,工程测量均应计算净值。

4. 对于工程量表中的包干项目,工程师可要求承包商在接到中标函后 28 天内将投标文件中的每一包干项目进行详细分解,提交给工程师一份包干项目分解表,以便在合同履行过程中按照该分解表的内容逐月付款。该分解表应得到工程师的批准。

(二)工程支付的条件

1. 质量合格是工程支付的必要条件

支付以工程计量为基础,计量必须以质量合格为前提。所以,并不是对承包商已完的工程全部支付,而只支付其中质量合格的部分,对于工程质量不合格的部分一律不予支付。

2. 符合合同条件

一切支付均需要符合合同约定的要求,例如:动员预付款的支付款额要符合投标书附录中规定的数量,支付的条件应符合合同条件的规定,即承包商提供履约保函之后才予以支付动员预付款。

3. 变更项目必须有工程师的变更通知

没有工程师的指令承包商不得对工程作任何变更。如果承包商没有收到指令就进行变更的话,他无理由就此类变更的费用要求补偿。

4. 支付金额必须大于期中支付证书规定的最小限额

合同条件约定,如果在扣除保留金和其他金额之后的净额少于投标书附录中规定的期中支付证书的最小限额时,工程师没有义务开具任何证书。不予支付的金额将按月结转,直到达到或超过最低限额时才予以支付。

5. 承包商的工作使工程师满意

为了确保工程师在工程管理中的核心地位,并通过经济手段约束承包商履行合同中规定的各项责任和义务,合同条件充分赋予了工程师有关支付方面的权力。对于承包商申请支付的项目,即使达到以上所述的支付条件,但承包商其他方面的工作未能使工程师满意,工程师可通过任何期中支付证书对他所签发过的任何原有的证书进行任何修改或更改,也有权在任何期中支付证书中删去或减少该工作的价值。

(三)工程量表项目的支付

工程量表项目分为一般项目、暂列金额和计日工作三种。

1. 一般项目的支付

一般项目,是指工程量表中除暂列金额和计日工作以外的全部项目。这类项目的支付是以经过工程师计量的工程数量为依据,乘以工程量表(B. Q. 单)中的单价,其单价一般是不变的。这类项目的支付占了工程费用的绝大部分,工程师应给予足够的重视。但这类支付的程序比较简单,一般通过签发期中支付证书支付进度款。

2. 暂列金额

暂列金额,是指包括在合同中,供工程任何部分的施工,或提供货物、材料、设备服务,或提供不可预料事件之费用的一项金额。这项金额按照工程师的指示可能全部或部分使用,或根本不予动用。没有工程师的指示,承包商不能进行暂列金额项目的任何工作。

承包商按照工程师的指示完成的暂列金额项目的费用若能按工程量表中开列的费率和价格估价则按此估价,否则,承包商应向工程师出示与暂列金额开支有关的所有报价单、发票、凭证、账单或收据。工程师根据上述资料,按照合同的约定,确定支付金额。

3. 计日工作

计日工作,是指承包商在工程量表的附件中,按工种或设备填报单价的日工劳务费和机械台班费,一般用于工程量表中没有合适项目,且不能安排大批量的施工的零星附加工作。只有当工程师根据施工进展的实际情况,指示承包商实施以日工计价的工作时,承包商才有权获得用日工计价的付款。使用计日工费用的计算一般采用下述方法:

(1)按合同中包括的计日工作计划表所定项目和承包商在其投标书所确定的费率和价格计算。

(2)对于工程量表中没有定价的项目,应按实际发生的费用加上合同中规定的费率计算有关的费用。承包商应向工程师提供可能需要的证实所付款额的收据或其他凭证,并且在订购材料之前,向工程师提交定货报价单供其批准。

对这类按计日工作制实施的工程,承包商应在该工程持续进行过程中,每天向工程师提交从事该工作的承包人员的姓名、职业和工时的确切清单,一式两份,以及表明所有该项工程所用的承包商设备和临时工程的标识、型号、使用时间和所用的生产设备和材料的数量和型号。

应当说明,由于承包商在投标时,计日工作的报价不影响他的评标总价,所以,一般计日工作的报价较高。在工程施工过程中,工程师应尽量少用或不用计日工作这种形式,因为大部分采用计日工作形式实施的工程,也可以采用工程变更的形式。

(四)工程量表以外项目的支付

1. 动员预付款

当承包商按照合同约定提交一份保函后,业主应支付一笔预付款,作为用于动员的无息贷款。预付款总额、分期预付的次数和时间安排(如次数多于一次),及使用的货币和比例,应按投标书附录中的规定。

预付款应通过付款证书中按百分比扣减的方式付还,除非投标书附录中规定其他百分比。扣减应从确认的期中付款(不包括预付款、扣减额和保留金的付还)累计额超过中标合同金额减去暂列金额(不包括预付款、扣减额和保留金的付还)的25%的摊还比率,并按预付款的货币和比例计算,直到预付款还清为止。

如果在颁发工程接收证书前,或按照由业主终止、由承包商暂停和终止,或不可抗力的规定终止前,预付款尚未还清,则全部余额应立即成为承包商对业主的到期付款。

2. 材料设备预付款

材料设备预付款,一般是指运至工地尚未用于工程的材料设备预付款。对承包商买进并运至工地的材料、设备,业主应支付无息预付款,预付款按材料设备的某一比例(通常为发票的80%)支付。在支付材料设备预付款时,承包商需提交材料、设备供应合同或订货合同的影印件,要注明所供应材料的性质和金额等主要情况,并且材料已运到工地并经工程师认可其质量和储存方式。

材料设备预付款按合同中的规定从承包商应得的工程款中分批扣除。扣除次数和各次扣除金额随工程性质不同而异,一般要求在合同规定的完工工期前至少3个月扣清,最好是材料设备一用完,该材料设备的预付款即扣还完毕。

3. 保留金

保留金,是指为了确保在施工阶段,或在缺陷通知期间,由于承包商未能履行合同义务,由业主(或工程师)指定他人完成应由承包商承担的工作所发生费用。保留金的限额一般为合同总价的5%,从第一次付款证书开始,按投标书附录中标明的保留金百分率乘以当月末已实施的工程价值加上工程变更、法律改变和成本改变应增加的任何款额,直到累计扣留达到保留金的限额为止。

当已颁发工程接收证书时,工程师应确认将保留金的前一半支付给承包商。如果某分项工程或部分工程颁发了接收证书,保留金应按一定比例予以确认和支付。此比例应是该分项工程或分部工程估算的合同价值,除以估算的最终合同价格所得比例的40%。

在各缺陷通知期限的最末一个期满日期后,工程师应立即对付给承包商保留金未付的余额加以确认。如对某分项工程颁发了接收证书,保留金后一半的比例额在该分项工程的缺陷通知期满后,应立即予以确认和支付。此比例应是该分项工程的估算合同价值,除以估算的最终合同价格所得比例的40%。

但如果在此时尚有任何工作要做,工程师应有权在这些工作完成前,暂不颁发这些工作估算费用的证书。

在计算上述的百分比时,无需考虑法规改变和成本改变所进行的任何调整。

4. 工程变更的费用

工程变更也是工程支付中的一个重要项目。工程变更费用的支付依据是工程变更令和工程师对变更项目所确定的变更费用,支付时间和支付方式也是列入期中支付证书予以支付。

5. 索赔费用

索赔费用的支付依据是工程师批准的索赔审批书及其计算而得的款额;支付时间则随工程月进度款一并支付。

6. 价格调整费用

价格调整费用按照合同条件规定的计算方法计算调整的款额。包括因法律改变和成本改变的调整。

7. 迟付款利息

如果承包商没有在按照合同规定的时间收到付款,承包商应有权就未付款额按月计算复利,收取延误期的融资费用。该延误期应认为从按照合同规定的支付日期算起,上述融资费用应以高出支付货币所在国中央银行的贴现率加三个百分点的年利率进行计算,并应用同种货币支付。

承包商应有权得到上述付款,无需正式通知或证明,且不损害其任何其他权利或补偿。

8. 业主索赔

业主索赔主要包括拖延工期的误期损害赔偿和缺陷工程损失等。这类费用可从承包商的保留金中扣除，也可从支付给承包商的款项中扣除。

(五)工程费用支付的程序

1. 承包商提出付款申请

工程费用支付，首先由承包商提出付款申请，填报一系列工程师指定格式的月报表，说明承包商这个月应得的有关款项。

2. 工程师审核，编制期中付款证书

工程师在28天内对承包商提交的付款申请进行全面审核、修正或删除不合理的部分，计算付款净金额。计算付款净金额时，应扣除该月应扣除的保险金、动员预付款、材料设备预付款、违约金等。若净金额小于合同规定的期中支付的最小限额时则工程师不需开具任何付款证书。

3. 业主支付

业主收到工程师签发的付款证书后，按合同规定的时间支付给承包商。

(六)工程支付的报表与证书

1. 月报表

月报表，是指对每月完成的工程量的核算、结算和支付的报表。承包商应在每月末后，按工程师批准的格式向工程师递交一式六份月报表，详细说明承包商自己认为有权得到的款额，以及包括进度报告在内的证明文件。该报表应包括下列项目：

(1)本月完成的工程量表中工程项目及其他项目的应付金额(包括各项变更)；

(2)法规变化引起的调整应增加和减扣的任何款额；

(3)作为保留金额减扣的任何款额；

(4)预付款的支付(分期支付的预付款)和应增加和减扣的任何款额；

(5)承包商采购用于永久性工程的设备和材料应预付和减扣的款额；

(6)根据合同或其他规定(包括索赔、争端裁决和仲裁)，应付的任何其他应增加和减扣的款额；

(7)所有以前付款证书中确认的减少额。

工程师应在收到上述月报表28天内向业主递交一份期中付款证书，并附详细说明。但是在颁发工程接受证书前，工程师无需签发金额(扣减保留金和其他应扣款项后)低于投标书附录中期中付款证书的最低额(如果有)的期中付款证书。在此情况下，工程师应通知承包商。工程师可在一次付款证书中，对以前任何付款证书作出应有的任何改正或修改。付款证书不应被视为工程师接收、批准、同意或满意的表示。

2. 竣工报表

承包商在收到工程接收证书后84天内，应向工程师送交工程报表(一式六份)，该报表应附有按工程师批准的格式所编写的证明文件，并应详细说明以下几点：

(1)截止到工程接收证书载明的日期，按合同要求完成的所有工作的价值；

(2)承包商认为应支付的其他任何款项，如所要求的索赔款等；

(3)承包商认为根据合同规定将应付给他的任何其他任何款项的估计款额。估计款额在竣工报表中应单独列出。

工程师应根据对竣工工程量的核算对承包商其他支付要求的审核，确定应支付而尚未支付的金额，上报业主批准支付。

3. 最终报表和结清单

承包商在收到履约证书56天内，应向工程师提交按照工程师批准的格式编制的最终报表草案并附证明文件，一式六份，详细列出：

(1)根据合同应完成的所有工作的价值；

(2)承包商认为根据合同或其他规定应支付给他的任何其他款额。

如承包商和工程师之间达成一致意见后，则承包商可向工程师提交正式的最终报表，承包商同时向业主提交一份书面清单，进一步证实最终报表中按照合同应支付给承包商的总金额。如承包商和工程师未能达成一致，则工程师可对最终报表草案中没有争议的部分向业主签发期中支付证书。争议留待裁决委员会裁决。

4. 最终付款证书

工程师在收到正式最终报表及结清单之后28天内，应向业主递交一份最终付款证书，说明：

(1)工程师认为按照合同最终应支付给承包商的款额；

(2)业主以前所有应支付和应得到的款额的收支差额。

如果承包商未申请最终付款证书，工程师应要求承包商提出申请。如果承包商未能在28天期限内提交此类申请，工程师应按其公正决定的应支付的此类款额颁发最终付款证书。

在最终付款证书送交业主56天内，业主应向承包商进行支付，否则，应按投标书附录中的规定支付利息。如果56天期满之后再超过28天不支付，就构成业主违约。承包商递交最终付款证书后，就不能再要求任何索赔了。

七、工程质量管理

(一)承包商的质量体系

通用条件规定，承包商应按照合同的要求建立一套质量管理体系，以保证施工符合合同要求。在每一工作阶段开始实施之前，承包商应将所有工作程序的细节和执行文件提交工程师，供其参考。工程师有权审查质量体系的任何方面，包括月进度报告中包含的质量文件，对不完善之处可以提出改进要求。由于保证工程的质量是承包商的基本义务，当其遵守工程师认可的质量体系施工，并不能解除依据合同应承担的任何职责、义务和责任。

(二)质量检查的要求

施工中，对于所有材料、永久工程的设备和施工工艺均应符合合同要求及工程师的指示。承包商并应随时按照工程师的要求在施工现场以及为工程加工制造设备的所有场所为其检查提供方便。

对施工现场一般施工工序的常规检查，由现场值班的工程师代表或助理进行，不需事先约定。但对于某些专项检查，工程师应在24小时以前将参加检查和检验的计划通知承包商，若工程师或其授权代表未能按期前往(除非事先通知承包商外)，承包商可以自己进行检查和验收，工程师应确认此次检查和验收结果。如果工程师或其授权代表经过检查认为质量不合格时，承包商应及时补救，直到下一次验收合格为止。

对于隐蔽工程、基础工程和工程的任何部位，在工程师检查验收前，均不得覆盖。

工程师有权指示承包商从现场运走不合格的材料或工程设备，而以合格的产品代替。

（三）质量检查的费用

1. 在下列情况下，检查和检验的费用应由承包商支付：

（1）合同中明确规定的；

（2）合同中有详细说明允许承包商可以在投标文件中报价的；

（3）由于第一次检验不合格而需要重复检验所导致的业主开支的费用；

（4）工程师要求对工程的任何部位进行剥露或开孔以检查工程质量，如果该部位经检验不合格时所有有关的费用；

（5）承包商在规定时间内不执行工程师的指示或违约情况下，业主雇佣其他人员来完成此项检查和检验任务时的有关费用；

（6）工程师要求检验的项目，在合同中没有规定或合同中虽有规定，但检验地点在现场以外或在材料、设备的制造、生产场所以外，如果检验结果不合格时的全部费用。

2. 在下列情况下，检查和检验的费用应由业主支付：

（1）工程师要求检验的项目，但合同中没有规定的；

（2）工程师要求进行的检验虽然合同中有说明，但是检验地点在现场以外或在材料、设备的制造、生产场所以外，检验结果合格时的费用；

（3）工程师要求对工程的任何部位进行剥露或开孔以检查工程质量，如果该部位经检验合格时，剥露、开孔以及还原的费用。

（四）对承包商设备的控制

1. 承包商自有施工设备

承包商自有的施工机械、设备、临时工程和材料，一经运抵施工现场后就被视为专门为本合同工程施工之用。除了运送承包商人员和物资的运输车辆以外，其他施工机具和设备虽然承包商拥有所有权和使用权，但未经过工程师的批准，不能将其中的任何一部分运出施工现场。

2. 承包商租赁的施工设备

承包商从其他人处租赁施工设备时，应在租赁协议中规定在协议有效期内发生承包商违约解除合同同时，设备所有人应以相同的条件将该施工设备转租给发包人或发包人邀请承包本合同的其他承包商。

3. 要求承包商增加或更换施工设备

若工程师发现承包商使用的施工设备影响了工程进度或施工质量时，有权要求承包商增加或更换施工设备，由此增加的费用和工期延误责任由承包商承担。

八、工程变更管理

（一）工程变更及其特点

工程变更，是指施工过程中出现了与签订合同时的预计条件不一致的情况，而需要改变原定施工承包范围内的某些工作内容。工程变更不同于合同变更，对合同条件内约定的业主和承包商的权利、义务没有实质性改动，只是对施工方法、内容作局部性改动，属于正常的合同管理，按照合同的约定由工程师发布变更指令即可。

（二）工程变更内容与变更指令

在施工过程中，工程师认为必要时，可以对工程或其中任何部分的形式、质量或数量作出任何变更。变更内容涉及下述任何工作：

(1)增加或减少合同中所包含的任何工作的数量；

(2)删减合同中所包括的任何工作；

(3)改变合同中所包括任何工作的性质、质量或类型；

(4)改变工程任何部分的标高、基线、位置和尺寸；

(5)实施工程竣工所必须的任何种类的附加工作；

(6)改变合同中对工程任何部分规定的施工顺序或时间。

变更指令应由工程师以书面形式发出。如果是口头指令，承包商也应遵守执行，但工程师应尽快书面确认。为了防止工程师忽略书面确认，承包商可在工程师发出口头指令7天内用书面形式提出异议，则等于确认了他的口头指令，这条规定同样适用于工程师代表或助理发出的口头指令。

(三)工程变更程序

颁发工程接收证书前的任何时间，工程师可以通过发布变更指示或以要求承包商递交建议书的任何一种方式提出变更。

1. 指令变更

工程师在业主授权范围内根据施工现场的实际情况，在确属需要时有权发布变更指令。指令的内容应包括详细的变更内容、变更工程量、变更项目的施工要求和有关部分文件图纸，以及变更处理的原则。

2. 要求承包商递交建议书后再确定的变更

(1)工程师将计划变更事项通知承包商，并要求他递交实施变更的建议书。

(2)承包商应尽快予以答复。一种情况可能是，通知工程师由于受到某些非自身原因的限制而无法执行此项变更，如无法得到变更所需的物资等，工程师应根据实际情况和工程的需要再次发出取消、确认或修改变更指令的通知；另一种情况是，承包商依据工程师的指令递交实施此项变更的说明，内容包括：

1)将要实施的工作的说明书以及该工作实施的进度计划；

2)承包商依据合同规定对进度计划和竣工时间作出任何必要修改的建议，提出工期顺延要求；

3)承包商对变更估价的建议，提出变更费用要求。

(3)工程师作出是否变更的决定，尽快通知承包商说明批准与否或提出意见。

(4)承包商在等待答复期间，不应延误任何工作。

(5)工程师发出每一项实施变更的指令，应要求承包商记录支出的费用。

(6)承包商提出的变更建议书，只是作为工程师决定是否实施变更的参考。除了工程师作出指示或批准以总价方式支付的情况外，每一项变更应依据计量的工程量进行估价和支付。

(四)工程变更估价

1. 变更估价的原则

承包商按照工程师的变更指示实施变更工作后，往往会涉及对变更估价问题。变更工程的价格或费率，往往是双方协商时的焦点。计算变更工程应采用的费率或价格，可分为三种情况：

(1)变更工作在工程量表中有同种工作内容的单价，应以该单价计算变更工程费用。实施变更工作未导致工程施工组织和施工方法发生实质性变动，不应调整该项目的单价。

(2)工程量表中虽然列有同类工作的单价和价格，但对具体变更工作而言已不适用，则应在原单价和价格的基础上制订合理的新单价或价格。

(3)变更工作的内容在工程量表中没有同类工作的单价和价格，应按照与合同单价水平相一致的原则，确定新的单价或价格。任何一方不能以工程量表中没有此项单价为借口，将变更工作的单价定得过高或过低。

2. 可以调整合同工作单价的原则

具备以下条件时，允许对某一项工作的单价或价格加以调整：

(1)此项工作实际测量的工程量比工程量表或其他报表中规定的工程量的变动大于10%；

(2)工程量的变更与对该项工作规定的具体单价的乘积超过了接受的合同款额的0.01%；

(3)由此工程量的变更直接造成的该项工作每单位工程量费用的变动超过1%。

3. 删减原定工作后对承包商的补偿

工程师发布删减工作的变更指令后承包商不再实施该部分工作，合同价格中包括的直接费部分没有受到影响，但摊销在该部分的间接费、税金和利润实际不能合理收回。因此，承包商可以就其损失向工程师发出通知并提供具体的证明材料，工程师与合同双方协商后确定一笔补偿金额加入到合同价内。

(五)承包商申请的工程变更

承包商根据工程施工的具体情况，可以向工程师提出对合同内任何一个项目或工作的详细变更请求报告。未经工程师批准承包商不得擅自变更，若工程师同意，则按工程师发布的变更指令的程序执行。

九、工程师颁发证书

(一)颁发工程接收证书

当全部工程基本完工并圆满通过合同规定的竣工检验时，承包商在他认为可以完成移交工作前14天，可将此结果通知工程师及业主，将此通知书同时附上一份对在缺陷通知期内以应有速度及时完成任何未完工作而作出的书面保证，作为要求工程师颁发工程接收证书的申请。

工程师接到承包商申请后的28天内，如果认为已满足竣工条件，即可颁发工程接收证书；若不满意，则应书面通知承包商，指出还需要完成哪些工作后才达到基本竣工条件。承包商按指示完成相应工作最后一项完成的28天内主动颁发证书。工程接收证书应说明以下主要内容：

(1)确认工程已基本竣工；

(2)注明达到基本竣工的具体日期；

(3)详细列出按照合同规定承包商在缺陷通知期内不需完成工作的项目一览表。

如果合同约定工程不同区段有不同竣工日期时，每完成一个区段均应按上述程序颁发部分工程接收证书。

工程接收证书颁发后，不仅表明承包商对该部分的施工义务已经完成，而且对工程照管的责任也转给业主。

(二)颁发履约证书

1. 缺陷通知期

缺陷通知期,是指正式颁发的工程接收证书中注明的缺陷通知期开始日期(一般即通过竣工验收的日期)后的一段时期。缺陷通知期时间长短应在投标文件附件中注明,一般为一年,也有更长时间的。

在缺陷通知期内,承包商除应继续完成在工程接收证书上写明的扫尾工作外,还应对工程由于施工原因所产生的各种缺陷负责维修。这些缺陷的产生如果是由承包商未按合同要求施工,或由于承包商负责设计的部分永久工程出现缺陷,或由于承包商疏忽等原因未能履行其义务,则应由承包商自费修复,否则,应由工程师考虑向承包商追加支付。如果承包商未能完成其应自费修复的缺陷,则业主可另行雇人修复,费用由保留金中扣除或由承包商支付。

2. 颁发履约证书

缺陷通知期内工程圆满地通过运行考验,工程师应在期满后的28天内,向承包商颁发履约证书,并将副本送给业主。只有履约证书应被视为构成对工程的认可。履约证书是承包商已按合同规定完成全部施工义务的证明,因此,该证书颁发后工程师就无权再指示承包商进行任何施工工作,承包商即可办理最终结算手续。业主应在证书颁发后的21天内,退还承包商的履约担保。

缺陷通知期满时,如果工程师认为还存在影响工程运行或使用的较大缺陷,可以延长缺陷通知期,推迟颁发履约证书,但缺陷通知期的延长不应超过竣工日后的2年。

如果合同内规定有分项移交工程时,工程师将颁发多个工程接收证书。但从履约证书的作用来看,一个合同工程只颁发一个履约证书,即在最后一项移交工程的缺陷通知期满后颁发。较早到期的部分工程,通常以工程师向业主报送最终检验合格证明的形式说明该部分已通过了运行考验,并将副本送给承包商。

十、解决合同争议的方式

(一)解决合同争议的程序

1. 提交工程师决定

FIDIC编制施工合同条件的基本出发点之一,是合同履行过程中建立以工程师为核心的项目管理模式,因此,业主与承包商在履行合同中的争议应首先提交给工程师。任何一方要求工程师作出决定时,工程师应与双方协商尽力达成一致。如果未能达成一致,则应按照合同规定并适当考虑有关情况后作出公正的决定。

2. 提交争端裁决委员会决定

双方起因于合同的任何争端,包括对工程师签发的证书、作出的决定、指令、意见或估价不同意接受时,可将争议提交合同争端裁决委员会,并将副本送交对方和工程师。裁决委员会在收到提交的争议文件后84天内作出合理的裁决。作出裁决后28天内,任何一方未提出不满意裁决的通知,此裁决即为最终的决定。

3. 双方协商

任何一方对裁决委员会的裁决不满意,或裁决委员会在84天内未能作出裁决,在此期限后28天内应将争议提交仲裁。仲裁机构在收到申请后的56天才开始审理,这一时间要求双方尽力以友好的方式解决合同争议。

4. 仲裁

如果双方仍未能通过协商解决争议，则只能由合同约定的仲裁机构最终解决。

（二）争端裁决委员会

1. 争端裁决委员会的组成

签订合同时，业主与承包商通过协商组成裁决委员会。裁决委员会一般由3名成员组成，合同每一方应提名一名成员，由对方批准。双方应与这两名成员共同商定第三名成员，第三人作为主席。

2. 争端裁决委员会的性质

争端裁决委员会的裁决，属于非强制性但具有法律效力的行为。相当于我国法律中解决合同争议的调解，但其性质则属于个人委托。争端裁决委员会的成员应满足以下要求：

（1）对施工合同的履行有经验；

（2）在合同的解释方面有经验；

（3）能流利地使用合同中规定的交流语言。

3. 争端裁决程序

（1）接到业主或承包商任何一方的请求后，争端裁决委员会确定会议的时间和地点。解决争议的地点可以在工地或其他地点进行；

（2）争端裁决委员会成员审阅各方提交的材料；

（3）召开听证会，充分听取各方的陈述，审阅证明材料；

（4）调解合同争议并作出决定。

十一、风险管理

合同履行过程中可能发生某些风险是有经验的承包商在准备投标时无法合理预见的，就业主利益而言，不应要求承包商在其报价中计入这些不可合理预见风险的损害补偿费，以取得有竞争性的合理报价。合同履行过程中发生此类风险事件后，业主按承包商受到的实际影响给予补偿。

（一）合同条件规定的业主风险

（1）战争、敌对行动、入侵、外敌行动；

（2）工程所在国内发生叛乱、革命、暴动或军事政变、篡夺政权或内战；

（3）不属于承包商施工原因造成的爆炸、核废料辐射、有毒气体的污染等；

（4）超音速或亚音速飞行物产生的压力波；

（5）暴乱、骚乱或混乱，但不包括承包商及分包商的雇员因履行合同而引起的行为；

（6）因业主在合同规定以外，使用或占用永久工程的某一区段或某一部分而造成的损失或损害；

（7）业主提供的设计不当造成的损失；

（8）一个有经验的承包商通常无法预测和防范的任何自然作用。

在上述风险中，前5种风险都是业主或承包商无法预测、防范和控制而保险公司又不承保的事件，损害的后果又很严重，因此，合同条件又进一步将它们定义为“特殊风险”。因特殊风险事件发生导致合同的履行被迫终止时，业主应对承包商受到的实际损失（不包括利润损失）给予补偿。

（二）其他不能合理预见的风险

1. 外界条件或障碍对工程成本的影响

如果遇到了现场气候条件以外的外界条件或障碍影响了承包商按预定计划施工，经工程师确认该事件属于有经验的承包商无法合理预见的情况，则承包商实际施工成本的增加和工期损失应得到补偿。

2. 汇率变化对支付外币的影响

当合同内规定给承包商的全部或部分支付为某种外币，或约定整个合同期内始终以投标截止日期前第28天承包商报价所依据的投标汇率为不变汇率，按约定百分比支付某种外币时，汇率的实际变化对支付外币的计算不产生影响。若合同内规定按支付日当天中央银行公布的汇率为标准，则支付时需随汇率的市场浮动进行换算。由于合同期内汇率的浮动是双方签约时无法预计的情况，不论采用何种方式业主均承担汇率实际变化对工程总造价影响的风险，可能对其有利，也可能不利。

3. 法令和政策变化对工程成本的影响

如果投标截止日期前第28天后，由于法令和政策变化引起承包商实际投入成本的增加，应由业主给予补偿。若导致施工成本的减少，也由业主获得其中的好处。

【案例6-1】

工程项目背景摘要

某港口项目，由于总承包商与分包商发生持续争执，双方互不相让，总承包商拒绝在问题解决之前支付分包商，导致施工进度有所放慢。

业主出于同情，同时为了确保项目的顺利实施，在分包商的一再要求下，直接支付了分包商。总承包商这时提出根据合同第60款（证书与支付），自己应该就分包工程得到业主的支付。业主认为已对此直接向分包商付款，如果再向总承包商付款，就形成了自己的双重付款。双方为此形成争端，寻求国际仲裁。

【问题】

该做法有什么不妥？并说明理由。

法理评析

裁决是合同中并没赋予业主对分包商直接付款的权力，因此业主应该只向总承包商付款。至于由于总承包商拒绝对分包商付款而可能引发工程在实施中出现的问题，或拖延工期，业主则可以根据合同有关条款对总承包商进行制裁，包括使用罚款措施。

【案例6-2】

工程项目背景摘要

某房建项目，使用的是FIDIC合同1977年第三版，合同第43款（竣工时间）规定，承包商应在12个月内完成72栋住宅。承包商在投标首封函中说明，其标价的条件是在施工时能够招募到足够的当地民工，但业主在签约时并没有同意这一条件。

项目开工后，当地民工外流和严重缺乏，远远满足不了正常施工的需要，而这又并非双方中任何一方的过失。结果，承包商实际上用了22个月才施工完毕，比原合同工期拖后10个月，造成严重的经济损失。承包商认为当地出现的劳动力短缺属于"不可抗力"，并且构成合同第13款（应遵照合同工作）和第66款（合同中途受阻），就此提出索赔，要求业主按照"验量付款"的据实报销方式赔偿其实际经济损失。但遭业主拒绝，认为根据合同第8.1

款(承包商的一般责任),承包商应该负责解决当地劳动力的问题。双方各持己见,争执不下,最终按照合同第 67 款(争端的和解决)付诸国际仲裁。

【问题】

请以国际仲裁的角度作出对以上问题的处理决定。

法理评析

仲裁规定:由于签约时业主的反对,承包商投标首封函中的条件并没有写入合同,因此承包商的索赔要求没有合同依据。另外,劳动力问题只是加大了施工组织的难度,使得工程不能完全按照原计划进行,但并没有构成合同第 13 款(应遵照合同工作)和第 66 款(合同中途受阻)的情况,因此,承包商不能依据“不可抗力”条款和“不可能”的说法提出索赔。

复习思考题

1. FIDIC 合同的特点有哪些?
2. FIDIC《施工合同条件》的由哪几部分组成?
3. 什么是指定分包商?
4. FIDIC《施工合同条件》中对工程量表项目的支付有哪些规定?

第七章　工 程 索 赔

【本章提要】　本章介绍工程索赔的基础知识。重点剖析索赔的相关概念,介绍工程索赔的发展过程、依据。重点阐述承包工程常见的索赔问题,培养学生工程施工索赔,工程价款结算方面的能力,说明了工期的索赔、特殊风险和人力不可抗拒灾害的索赔,暂停工程、中止合同的索赔,财务费用补偿的索赔的原则方法。

第一节　工程索赔概述

一、索赔的概念

索赔乃索取赔偿,是指在合同履行过程中,合同当事人一方对于并非自己的过错,因应由对方承担责任的情况造成的实际经济损失或权利损害,而向另一方当事人提出补偿的要求。索赔的性质属于补偿行为,而不是惩罚。索赔的损失结果与被索赔人的行为并不一定存在法律上的因果关系。索赔工作是合同当事人双方之间经常发生的管理业务,是双方合作的方式,而不是对立。从以上对索赔的定义可以说明以下几点:

1. 索赔是双向的:合同当事人一方都可以向对方提出索赔。

2. 索赔是实际损失型的:只有实际发生了经济损失或权利损害的一方才能向另一方索赔。经济损失是指因对方因素造成合同外的额外支出,如人工费、材料费、机械费、管理费等额外开支;权利损害是指虽然没有经济上的损失,但造成了一方权利的损害,如由于恶劣气候条件对工程进度的不利影响,承包人有权要求工期延长等,因此发生了实际的经济损失或权利损害,应是一方提出索赔的一个基本前提条件。

3. 索赔是未经确认的:索赔是一种未经确认的单方行为。对对方尚未形成约束力,这种索赔要求能否得到最终实现,必须要通过确认(如双方协商、谈判、调解或仲裁、诉讼)后才能实现。它与我们通常所说的工程签证不同,在施工过程中签证是承发包双方就额外费用补偿或工期延长等达成一致的书面证明材料和补充协议,它可以直接作为工程款结算或最终增减工程造价的依据。

工程索赔是指在工程合同履行过程中,承包商根据合同和法律的规定,对并非由于自身的过错(因对方不履行或未能正确履行合同)所造成的经济损失或权利损害,或承担了合同规定之外的工作所承担的额外支付 、通过一定的合法程序向业主(投资商)提出经济或时间补偿的要求。索赔是一种正当的权利要求,它是发包方、监理工程师和承包方之间一项正常的且普遍存在的管理工作,是一种以法律和合同为依据的、合情合理的行为。

工程索赔是工程承包中经常发生的正常现象。由于施工现场条件、气候条件的变化,施工进度、物价的变化,以及合同条款、规范、标准文件和施工图纸的变更、差异、延误等因素的影响,使得工程承包中不可避免地出现索赔。《中华人民共和国民法通则》中曾有条款

(111)规定:当事人一方不履行合同义务或履行合同义务不符合约定条件的,另一方有权要求履行或者采取补救措施,并有权要求赔偿损失,这就是索赔的法律依据。

在工程承包过程中,承包人可以向发包人索赔,发包人同样也可以向承包人索赔。由于实践中发包人向承包人索赔的现象发生频率相对较低,而且在索赔处理中,业主始终处于主动和有利地位,他可以直接从应付工程款中扣抵或没收履约保函、扣留保留金甚至留置承包商的材料设备作为抵押等来实现自己的索赔要求。而最常见、最有代表性、处理比较困难的是承包商向业主的索赔,因此,人们总是把它作为索赔管理的重点和主要对象。通常人们把承包商向业主的索赔称为工程索赔,业主向承包人的索赔称为反索赔。

二、索赔的作用

实践证明,索赔的健康开展对于培养和发展社会主义建设市场,促进建筑业的发展,提高工程建设的效益,起着非常重要的作用。施工索赔在工程项目管理工作中的主要作用:

1. 有利于加强合同管理工作

索赔工作是合同管理工作的重要环节,合同是索赔的依据。整个索赔处理的过程是执行合同过程,常称索赔为合同索赔。

承包商从工程投标之日起就要对合同进行分析。项目开工以后,合同管理工作人员要将每日实施合同的情况与原合同分析的结果相对照,一旦出现合同规定以外的工作或合同实施受到干扰,就要研究能否就此提出索赔。通常单项索赔的处理可由合同管理人员来完成。对于重大的一揽子索赔,必须依靠合同管理人员从日常积累的工程资料中提供证据,供合同管理方面的专家进行分析。索赔必须加强合同管理。因此,有利于促进合同当事人双方加强内部管理,严格履行合同,有助于双方提高管理素质,加强合同管理,维护市场正常秩序。

2. 有利于推动计划管理

计划管理是指项目实施方案、进度安排、施工顺序、劳动力、机械设备、材料的使用与安排。而索赔必须分析在施工过程中,实际实施的计划与原计划的偏离程度。例如工期索赔中的网络分析法就是通过实际过程中与原计划的关键路线分析比较,计算确定索赔值。因此,在某种意义上讲,离开了计划管理,索赔将成为一句空话。反过来说要索赔就必须加强项目的计划管理,索赔有利于推动计划管理。

3. 有利于挽回成本损失

在合同报价中最主要的工作是计算工程成本。承包商按合同规定的工程量和责任、合同所给定的条件以及当时项目的自然条件、经济环境条件对工程项目作出成本估算。在合同实施过程中,由于条件和环境的变化,使工程实际成本增加。承包商通过索赔的手段,可以把工程报价中的一些不可预见费用,改为实际发生的损失支付,从而挽回这些实际工程成本的损失。这有助于工程造价的合理确定,便于降低工程报价,使工程造价更为符合工程实际投入。

4. 有利于促进工程成本管理

索赔是以赔偿实际损失为原则,这就要求有可靠的工程成本计算的依据。所以,要搞好索赔,承包商必须建立完整的成本核算体系,及时、准确地提供整个工程以及分项工程的成本核算资料,索赔计算才有可靠的依据。因此,索赔又能促进工程成本的分析和管理,以便确定挽回损失的数量。

5. 有利于提高文挡管理工作水平

索赔要有证据,证据是索赔报告的重要组织部分,证据不足或没有证据,索赔就不能成立。由于建筑工程比较复杂,工期又长,工程文件资料多,如果文档管理混乱,许多资料得不到及时整理和保存,就会给索赔证据的获得带来极大的困难。因此,加强文档管理,为索赔提供及时、准确、有力的证据有重要意义,承包商应委派专人负责工程资料和各种经济活动的资料收集,并分门别类的进行整理,及时归档综合管理、充分利用先进的计算机管理信息系统,提高对文档管理工作的水平,有效地进行索赔。

6. 有助于对外工程承包的开展和政府转变职能

工程索赔工作的开展,有助于双方更快地熟悉国际惯例,熟练掌握索赔和处理索赔的方法与技巧,有助于对外开放和对外工程承包的开展;同时,工程索赔使当事人双方依据合同约定和工程实际情况实事求是地协商工程造价和工期,从而使政府工程建设管理部门从繁琐的调整工程造价和协调双方关系等微观管理工作中解脱出来,这有助于政府转变职能。

总之,施工索赔是利用经济杠杆进行项目管理的有效手段,随着建筑市场的不断发展,索赔将成为项目管理中越来越重要的工作。对承包商、业主和监理工程师来说,处理工程索赔问题水平的高低,反映出他们从事项目管理工作的水平高低。

三、索赔的原则

(一)索赔应遵循的原则

1. 真实有据原则

发承包方提出的任何工程索赔要求,首先必须是真实有据。只有实际发生的索赔事件,并且有实际损失的证据才能索赔。

2. 合法性原则

当事人的任何索赔要求,都应当限定在法律许可的范围内,符合《建设工程施工合同》的规定或所签契约的约定条件。没有法律、合同上的依据或证据不足,任何一方的索赔要求均认为是不合法的。

3. 合理性原则

索赔要求应合情合理,一方面要采取科学合理的计算方法和计算基础,真实反映索赔事件造成的实际损失,另一方面也要结合工程的实际情况,兼顾对方的利益,讲究索赔策略,不要滥用索赔。

(二)工程索赔中应注意的问题

1. 索赔必须以合同为依据

在工程实施过程中遇到索赔事件时,工程师必须以完全独立的身份,站在客观公正的立场上审查索赔要求的正当性,必须对合同条件、协议条款等有详细的了解,以合同为依据来公平处理合同双方的利益纠纷。由于合同文件的内容相当广泛,包括合同协议、图纸、合同条件、工程量清单以及许多来往函件和变更通知,有时会形成自相矛盾,或作不同解释,导致合同纠纷。应根据合同约定和有关规定,按合同文件组成和解释顺序, 互为说明,互相解释。

2. 必须注意资料的积累

积累一切可能涉及索赔论证的资料,施工单位同建设单位、设计单位研究的技术问题、进度问题和其他重大问题的会议记录,并应争取会议参加者签字,作为正式文档资料,同时应建立严密的工程日志,承包方对工程师指令的执行情况、抽查试验记录、工序验收记录、计量记录、日进度记录以及每天发生的可能影响到合同协议的事件的具体情况等,同时应建立业务往来的文件档案等业务记录制度,做好文档管理工作,以事实和数据为依据及时处理好各项工程索赔。

3. 及时、合理处理索赔

索赔发生后,必须依据合同的准则及时地对索赔进行处理。任何在中期付款期间,将问题搁置下来,留待以后处理的想法将会带来意想不到的后果。如果承包方的合理索赔要求长时间得不到解决,可能会影响承包方的资金周转,使其不得不放缓速度,从而影响整个工程的进度。此外,拖到后期综合索赔,将会使矛盾进一步复杂化,往往还牵涉到利息、预期利润补偿、工程结算以及责任的划分、质量的处理等,大大增加了处理索赔的困难。因此尽量将单项索赔在执行过程中陆续加以解决既对承包方有益,照顾了承包方的实际情况,同时也维护了业主的利益,体现了处理问题的水平。

4. 加强索赔的前瞻性

在工程实施过程中,必须强调索赔工作的前瞻性,有效避免过多索赔事件的发生。工程师应该将预料到的可能发生的问题及时告诉承包商,避免由于工程返工所造成工程成本上升,这样可以减轻承包商的压力,减少其想方设法通过索赔途径弥补工程成本上升所造成的利润损失。另外,工程师还应对可能引起的索赔有所预测,及时采取补救措施,避免过多索赔事件的发生。

从根本上说,索赔是由于工程中受干扰事件引起的。对合同双方都可能造成损失,影响工程的正常施工,造成混乱和拖延。所以从合同双方整体利益的角度出发,应极力避免干扰事件,避免索赔的产生。而且对具体的干扰事件,能否取得索赔的成功,能否及时地、如数地获得补偿,很难预料,也很难把握。这里有许多风险,承包商应正确地、辩证地对待索赔问题。在任何工程中,索赔是不可避免的,通过索赔能使损失得到补偿,增加收益。所以承包商要保护自身利益,争取盈利,不能不重视索赔问题。但也不能以索赔作为取得利润的基本手段,尤其不应预先寄希望于索赔,例如在投标中拼命压低报价,获得工程,指望通过索赔弥补损失。这是非常危险的。

第二节　工程索赔的发展与分类

一、工程索赔的发展

(一)工程索赔的发展趋势

索赔是市场经济的必然产物,自从有合同就有了索赔。工程索赔在国际建筑市场上运用比较广泛、经验比较成熟。工程索赔早已经成为承包商保护自身正当权益、弥补工程损失、提高项目承包经济效益和项目管理工作水平的重要而有效的手段。根据有关资料报道,美国某机构曾对某时期美国政府管理的各项工程进行过调查,被调查的22个工程项目中,共发生施工索赔多达427次,其中378次为单项索赔,其索赔成功率为95.5%,49次为综合索赔,其索赔成功率为75.5%。索赔额使工程收入的改善程度达到工程造价的6.5%;工程项目管理专家们普遍认为承包工程项目是否有效益,在很大程度上要看承包商能否正确运用工程索赔这一合法的手段。许多国际工程项目通过成功的索赔能使工程收入的改善状况达到工程造价的10%～20%，甚至有个别的工程索赔额超过了工程合同额。

在我国索赔工作的起步比较晚，一直到20世纪80年代初期，在中国云南鲁布革发电站引水工程建设中，首次采用国际工程招标方式实施工程发包，引入了国际工程管理模式，从而开始出现了工程索赔；索赔概念也自此进入中国。经历了二十多年的风风雨雨，在国际工程承发包工作和工程索赔管理工作方面已得到了长足发展，取得了较为显著的成效，在国际工程承包实践中，无论在索赔数量或索赔金额上都呈不断递增的趋势。倍受国际有关组织、许多国家及部门、业主和承包商的充分关注。对于我国建筑业企业来说是否运用索赔以及能否正确运用索赔，将直接关系到建筑企业自身的利益和我国众多建筑业企业的生存与发展。

（二）工程索赔中的薄弱环节

在工程建设中，工程索赔及其索赔管理工作确实是一个相对薄弱的环节，其主要表现在以下几个方面：

1. 对索赔管理的重要性认识不足

在我国，长期以来国家都不提倡工程索赔，人们对索赔认识不足，或者说认识模糊甚至错误，索赔意识薄弱。以往人们常见：一旦发生索赔，当事人就要受到法律的制裁，追究刑事责任，以至当事人不敢应用工程索赔这一有效措施，从而采取某些违背常规的手段以致损失更大；由于人们对索赔的认识不足，承包商的管理不当，加之政府相关机制不够健全，导致工程索赔发生率很低。

2. 索赔专门人才缺乏

工程项目管理的核心是合同管理，而合同管理的关键又是索赔管理。索赔既是一门科学，也是一门“艺术”，索赔成功关键在于索赔管理工作人员的水平与能力，在我国，建筑施工企业的组织机构一直存在知识结构不合理、知识素质不高、懂经济管理的人才少的问题；特别是索赔管理方面的人才尤其如此。

3. 索赔经验贫乏

索赔管理在我国虽经历了二十年来的发展，取得了一定的成就，解决了不少的事件，但就其经验来说还处于探索期间，其研究处于理论研究阶段，证据或超越时限，失去一次次机会。工程索赔实施条件不充分，而且操作时人为因素较多，所以，不能全面反映索赔的合理性，满足不了我国建筑业发展。

（三）加强索赔管理工作的主要任务

随着世界经济全球化和一体化进程的加快，工程索赔在国际建筑市场变得越来越重要。工程索赔工作的顺利开展，对于培育和发展建筑市场，促进建筑业的发展，提高经济效益、将发挥非常重要的作用。为此，我们必须继续推行工程项目管理的改革，采取有效措施积极开展工程索赔工作，以充分发挥索赔管理在合同管理中的重要作用。

1. 提高对索赔重要性认识

根据以往工程索赔工作的开展情况，首要的任务就是要提高人们对索赔的认识，改变人们对待索赔的不正确的观念，在建筑市场迅速发展的特定条件下，在工程承包实践中，发包方和承包企业共同承担风险是非常必要的。当承包商向业主提出索赔时，业主不要大惊小怪，应视为履行施工合同的一项正常业务；而当业主向施工企业提出索赔时，施工企业也应同样对待，实事求是，寻找证据、以理据争，不可无理取闹。

2. 提高经营管理队伍的素质

未来竞争取胜的关键是人的素质高低,而项目管理各要素中,首要的是人的管理。科技兴建,以人为本,不断优化人才资源的组合。一个人虽不能成全才,但索赔工作人员要求具备多方面的知识,这就要求建立一个合理的知识结构人才群,对内因企制宜,加强培养和应用;而对外加大投入力度,高薪引聘,为我所用,这样才能更好、更快地与国际接轨。

索赔是一门综合型的边缘科学,它融自然科学、社会科学于一体,涉及到工程技术、工程管理、财会、法律、公关等众多科学。索赔人员在实践过程中,应注重对这些知识的有机结合和综合应用,不断学习、不断总结经验才能更好地开展索赔工作。

3. 建立工程索赔管理体系

工程索赔是项目管理工作中的主要组成部分,索赔是一项注重依据的工作,它的综合性与相关性都比较强,单靠一两个人是不行的。必须按照《"FIDIC"合同条件》中规定的事项相应建立完善的管理体系。作为施工企业,应成立"索赔管理部门",由项目经理间接负责。索赔管理部门要记录工程上每天发生的事项,以日记的形式记录下来,并收集些材料证明单、各种口令单、来往信笺等能做索赔证据的资料。在工程实际中,一旦发生索赔事件,索赔管理部门按《FIDIC 合同条件》中规定的程序向甲方提出索赔,严格按照各种法律、法规执行。

建立明确与详尽的管理体系,才能使索赔工作根据工程的实际情况,制定出思路清晰、重点突出、目标明确、可操作性强的索赔工作计划,正确应用工程索赔程序,可使复杂的工作变得井井有条,提高索赔的成功率。

随着我国加入 WTO,我国建筑行业与国际的交往越来越紧密,工程项目的索赔工作对一个承包商而言是能否保持可持续发展的重要保证。为了我国建筑行业的发展,并打入国际市场,我们必须熟悉和掌握国际的各种惯例,遵守和运用法规、规则等,在实际工程中增效创汇。

二、工程索赔的分类

索赔可以从不同的角度、以不同的标准进行分类。

(一)按索赔发生的原因分类

在工程实施中,发生工程索赔的原因是多方面的,如施工准备、进度控制、质量控制、费用控制及管理等原因都可能引起工程索赔,这种分类方法能明确指出每一项索赔的根源所在,使业主和工程师便于审核分析。

(二)按索赔的目的分类

工程索赔按照索赔人考虑的工程索赔目的可分为:工期索赔和费用索赔。

1. 工期索赔就是要求业主延长施工工期,使原规定的工程竣工日期顺延,从而避免违约罚金的发生。

2. 费用索赔就是要求业主补偿工程费用损失,进而调整工程合同价款。

(三)按索赔的依据分类

按照工程索赔的索赔依据可分为:合同规定的索赔、非合同规定的索赔以及道义索赔。

1. 合同规定的索赔是指索赔涉及的内容在合同文件中能够找到依据,业主或承包商可以据此提出索赔要求。这种在合同文件中有明文规定的条款,常称为"明示条款"。一般凡是工程项目合同文件中有明示条款的,此类索赔可以避免索赔中发生不必要的争议。

2. 非合同规定的索赔是指索赔涉及的内容在合同文件中没有专门的文字叙述,但可以根据该合同条件某些条款的含义,推论出有一定索赔权。这种隐含在合同条款中的要求,常称为“默示条款”。“默示条款”是国际上用到的一个概念,它包含合同明示条款中没有写入、但符合合同双方签订合同时设想的愿望和当时的环境条件的一切条款。这些默示条款,或者从明示条款所表述的设想愿望中引申出来;或者从合同双方在法律上的合同关系中引申出来,经合同双方协商一致;或被法律或法规所指明,都成为合同文件的有效条款,要求合同双方遵照执行。例如:在一些国际工程的合同条件中,对于外汇汇率变化给承包商带来的经济损失,并无明示条款规定;但是,由于承包商确实受到了汇率变化的损失,有些汇率变化与工程所在国政府的外汇政策有关,承包商因而有权提出汇率变化损失索赔。这虽然属于非合同规定的索赔,但亦能得到合理的经济补偿。

3. 道义索赔是指通情达理的业主看到承包商为完成某项困难的施工,承受了额外费用损失,甚至承受重大亏损,出于善良意愿给承包商以适当的经济补偿,因在合同条款中没有此项索赔的规定,所以也称为“额外支付”,这往往是合同双方友好信任的表现,但较为罕见。

【案例7-1】

工程背景摘要:如某国某住宅工程承包过程中,门窗工程量增加而引起的索赔实例:合同条款规定:合同条件中关于工程变更的条款规定为“……业主有权对本合同范围的工程进行他认为必要的调整。业主有权指令不加代替地取消任何工程或部分工程,有权指令增加新工程,但增加或减少的总量不得超过合同额的25%”。(注意:这些调整并不减少承包方全面完成工程的责任,且不赋予承包方针对业主指令的工程量的在约定幅度内增加或减少,而要求价格补偿的权利。)

承包商的报价情况:门窗工程分项,工作量为:10133.2m^2。对工作内容承包商的理解(翻译)为“以平方米计算,根据工艺的要求运进、安装和油漆门和窗,根据图纸中标明的规范和尺寸施工。”即认为承包商不承担门窗制作的责任。对此项承包商报价仅为2.5LE(埃磅)/平方米。而上述的翻译“运进”是错误的,应为“提供”,即承包商承担门窗制作的责任,而报价时没有门窗详图。如果包括制作,按照当时的正常报价应为130LE/m^2。

工程变更:在工程实施过程中,业主通过工程师下达变更令,加大门窗面积,增加门窗层数,变更后门窗工作总量为:25090m^2,且大部分为三层门窗(板、玻璃、纱)。

承包商的要求:承包商以业主扩大门窗面积、增加门窗层数为由要求与业主重新商讨价格。

业主的答复为:合同规定业主有权变更工程,且工程变更总量在合同总额25%范围之内,承包商无权要求重新商讨价格,门窗工程应按原合同单价支付(对合同中“25%的增减量”是指合同总价格,而不是某分项工程量,本例中尽管门窗增加了150%,但墙体工程量相应减少,最终合同总额并没有多少增加,所以合同价格不能调整。实际付款按实际工程量乘以合同单价,尽管这个单价仅为正常报价的1.3%)。

最终索赔结果:承包商在无奈的情况下,与业主的上级主管部门接触。该业主上级认为:由于承包商在本工程报价中确实存在较大的失误,损失很大。并希望业主能从承包商实际情况及双方友好关系的角度考虑承包商的索赔要求。

最终业主同意在门窗工作量增加25%的范围内按原合同单价支付,即12666.5m^2 按原价格

2. 3LE/m^2 计算。对超过的部分，双方按实际情况重新商讨价格。最终确定单价为 130LE/m^2，则承包商取得费用赔偿：(25090 - 10133. 2 × 1. 25) × (130 - 2. 5) = 1583996. 25(LE)

（四）按索赔的有关当事人分类

1. 承包商同业主之间的索赔；

2. 总承包商同分包商之间的索赔；

3. 承包商同供货商之间的索赔；

4. 承包商向保险公司、运输公司的索赔等。

（五）按索赔的对象分类

按索赔的对象，工程索赔可分为索赔和反索赔。

1. 索赔。索赔一般是指承包商向业主提出的索赔。

2. 反索赔。反索赔通常是指业主向承包商提出的索赔。

在国内外工程索赔实践中，通常把承包商向业主提出的，为了取得经济补偿或工期延长的要求，称为"施工索赔"；把业主向承包商提出的、由于承包商的责任或违约而导致业主经济损失的补偿要求，称为"反索赔"。

（六）按索赔的业务性质分类

索赔的业务性质是指发生索赔事件对应的业务行为的业务性质，按这种分类方法分类，索赔可分为工程索赔和商务索赔。

1. 工程索赔是指涉及工程项目建设中施工条件或施工技术、施工范围等变化引起的索赔，一般发生频率高，索赔费用大，通常被视为讨论的重点。

2. 商务索赔是指实施工程项目过程中的物资采购、运输、保管等方面活动引起的索赔事项。由于供货商、运输公司等在物资数量上短缺、质量上不符合要求，运输损坏或不能按期交货等原因，给承包商造成经济损失时，承包商向供货商、运输商等提出索赔要求；反之，当承包商不按合同规定付款时，则供货商或运输公司向承包商提出索赔等。

（七）按索赔的处理方式分类

按照索赔的处理方式不同。索赔通常可分为单项索赔和总索赔。

1. 单项索赔就是采取一事一索赔的方式，即在每一件索赔事项发生后，报送索赔通知书，编报索赔报告，要求单项解决支付，不与其他的索赔事项混在一起。单项索赔是工程索赔中通常采用的方式，它避免了多项索赔的相互影响和制约，单项索赔通常原因单一，责任单一，分析比较容易，处理起来比较简单。例如，业主工程师指令将某分项工程的素混凝土改为钢筋混凝土，对此只需提出与钢筋有关的费用索赔（该项变更没有其他影响的话，如混凝土的强度等级等）。但有些单项索赔额可能很大，处理起来很复杂，例如工程延期、工程中断、工程终止事件引起的索赔。

2. 总索赔又称综合索赔或一揽子索赔，它把整个工程（或某项工程）中所发生的数起索赔事件，综合在一起进行索赔。综合索赔是在特定的情况下被迫采用的一种索赔方法。在施工过程中受到非常严重的干扰，以致承包商的全部施工活动与原来的计划大不相同，原合同规定的工作与变更后的工作相互混淆，承包商无法为索赔保持准确而详细的成本记录资料，无法分辨原定费用与新增费用。在此条件下，无法进行单项索赔。应当注意是：实际工程中应尽量避免采用总索赔方式，它涉及的因素十分复杂，不太容易索赔成功。

总索赔又称一揽子索赔，在国际工程中经常采用的处理和解决索赔的方法，一般在工程竣工前，承包商将工程过程中未解决的单项索赔集中起来，提出一份总索赔报告。合同双方在工程交付前或交付后进行最终谈判，以一揽子索赔方案解决索赔问题。对索赔额大的一揽子索赔，必须成立专门的索赔小组负责处理。在国际工程承包中，常常必须聘请法律专家、索赔专家，或委托咨询公司、索赔公司进行索赔管理。实施一揽子索赔时必须注意以下几个方面的问题：

(1)处理和解决复杂。由于工程过程中的许多干扰事件搅在一起，使得工程项目的文档管理任务变得极为繁重，使得事件的产生原因、责任和影响的分析很艰难，索赔报告的起草、审阅、分析、评价难度很大。由于索赔的解决和费用补偿时间的拖延，索赔的最终解决还会连带引起利息的支付、违约金的扣留、预期的利润补偿、工程款的最终结算等方面的问题，都会增加索赔处理和解决的难度。

(2)集中解决问题，造成谈判困难。由于工程中的许多干扰事件搅在一起，索赔额积累起来，常常超过具体管理人员的审批权限，需要上层才能批准；双方都不肯或不敢作出让步，争执更加激烈。有时索赔谈判一拖几个月甚至几年，花费大量的时间和资金。

(3) 补偿拖延，负面作用难免。由于合理的索赔要求得不到及时解决，影响承包商的资金周转、施工进度和承包商履行合同的能力与积极性。由于索赔无望，工程亏损，资金周转困难，承包商可能不合作，或通过其他途径弥补损失，如减少工程量，采购便宜的劣质材料等。这将影响工程的顺利实施和双方的合作关系。

第三节 工程索赔的依据

工程索赔是一项注重依据的工作，必须根据工程的实际情况，制定索赔工作计划。认真做好索赔依据的收集与管理工作，建设工程索赔的主要依据有：

一、合同文件

合同文件是索赔的最主要依据。在工程合同实施过程中遇到索赔事件时，工程师必须以完全独立的身份，站在客观公正的立场上审查索赔要求的正当性，必须对合同条件、协议条款等有详细的了解，以合同为依据来公平处理合同双方的利益纠纷。工程索赔必须以工程承包合同为依据。合同文件的内容相当广泛，包括：

1. 本合同协议书；
2. 中标通知书；
3. 投标书及其附件；
4. 本合同专用条款；
5. 本合同通用条款；
6. 标准、规范及有关技术文件；
7. 工程设计图纸；
8. 工程量清单；
9. 工程报价单或预算书；
10. 合同履行中，发包人与承包人之间有关工程的洽商、变更等书面协议或文件视为本合同的组成部分。

二、订立合同所依据的法律、法规

1. 适用法律和法规

建设工程合同文件适用国家的法律和行政法规。需要明示的法律、行政法规，如《中华人民共和国合同法》、《中华人民共和国建筑法》、《建设工程质量管理条例》等，由双方在专用条款中约定。

2. 适用标准、规范

双方在专用条款内约定适用国家标准、规范的名称，如《建筑工程设计标准》、《建筑工程施工质量检验标准》、《建设工程工程量计价规范》等。

三、工程索赔相关证据

(一)工程索赔证据

《建设工程施工合同》中规定：……当一方向另一方提出索赔时，要有正当索赔理由，而且有索赔事件发生时的有效证据。任何索赔事件的确立，其前提条件是必须有正当的索赔理由，对正当索赔理由的说明必须具有证据。索赔主要是靠证据说话。没有证据或证据不足，索赔难以成功。

证据是指能够证实某一事实的依据。证人证言是指知道、了解事实真相的人所提供的证词或向司法机关所作的陈述；视听材料是指能够证明案件真实情况的音像资料，如录音带、录像带等；鉴定结论是指专业人员就案件有关情况向司法机关提供的专门性的书面鉴定意见，如损伤鉴定、痕迹鉴定、质量责任鉴定等等。

工程索赔证据是指在工程实施过程中能够证实工程索赔事件的一切相关依据。

(二)索赔证据应满足的要求

1. 真实性。索赔证据必须是在实施合同过程中确实存在和发生的，必须完全反映实际情况，能经得住推敲。

2. 全面性。所提供的证据应能说明事件的全过程。索赔报告中涉及的索赔理由、事件过程、影响、索赔值等都应有相应证据，不能零乱和支离破碎。

3. 关联性。索赔的证据应当能互相说明，相互具有关联性，不能互相矛盾。

4. 及时性。索赔证据的取得及提出应当及时。

5. 具有法律证明效力。一般要求证据必须是书面文件，有关记录、协议、纪要必须是双方签署的；工程中重大事件、特殊情况的记录和统计必须由工程师签证认可。

(三)工程索赔证据的种类

1. 招标文件、工程合同文件及附件、业主认可的工程实施计划、施工组织设计、工程图纸(包括图纸修改指令)、技术规范等。

2. 工程各项有关设计交底记录、变更图纸、变更施工指令等。

3. 工程各项经业主或监理工程师签认的签证。

4. 工程各项往来信件、指令、信函、通知、答复等。

5. 工程各项会议纪要。

6. 施工计划及现场实施情况记录。

7. 施工日报及工长工作日志、备忘录。

8. 工程送电、送水、道路开通、封闭的日期及数量记录。

9. 工程停电、停水和干扰事件影响的日期及恢复施工的日期。

10. 工程预付款、进度款拨付的数额及日期记录。

11. 图纸变更、交底记录的送达份数及日期记录。

12. 工程有关施工部位的照片及录像等。

13. 工程现场气候记录。有关天气的温度、风力、雨雪等。

14. 工程验收报告及各项技术鉴定报告等。

15. 工程材料采购、订货、运输、进场、验收、使用等方面的凭据。

16. 工程会计核算资料。

17. 国家、省、市有关影响工程造价、工期的文件、规定等。

第四节　承包工程常见的索赔问题

一、因合同文件引起的索赔

因合同文件中某些内容的条文模糊不清甚至错误和互相矛盾等多方面的问题引起的索赔。通常可归纳为:

1. 合同文件的组成问题引起索赔;

2. 合同文件有效性引起的索赔;

3. 图纸或工程量表中错误引起的索赔。

在合同签订与实施过程中,对合同条款审查不认真,有的措词不够严密,各处含义不一致,外文翻译的准确性等方面的问题,都可能导致索赔的发生。例如:日本大成公司承揽的我国鲁布革水电站隧洞开挖工程,在工程实施过程中,中方在合同拟定时文字说明:在石方量计算的合同条款中,有的地方用“to the line”,有的地方又用“from the line”,前者可以理解“自然方”计量,后者由解释为按开挖后的“松方”计量,虽只一字之差,但对于长达 9km 的隧洞开挖工程来说,两种计量方法计算的总工程量相差却高达 5% ~10%(差量 2.5 万 ~5 万 m^2),作为承包方的日本大成公司抓住合同文字漏洞,使该项索赔成功。

二、工程施工索赔

工程施工索赔往往是由于业主或其他非承包商方面原因,致使承包商在工程项目施工中付出了额外的费用或造成了损失,承包商通过合法途径和程序,运用谈判、仲裁或诉讼等手段,向业主提出偿付其在工程施工中的费用损失或工期延长的要求。

一般来说,工程施工索赔只要承包商提出合理的证据,是可以获得工程师及业主的同意的。在施工索赔事件中可同时产生工期延误和费用损失的索赔,有的还会出现多种原因相互重叠造成的状况。例如,恶劣气候条件下工程不能施工,运输道路中断使工程材料(如水泥、砂石等)不能送入施工现场,从而影响施工进度。此时需实事求是地认真地加以调查分析,力求合理解决。

(一)自然、地质条件变化引起的索赔

不利的自然条件是指施工中遭遇到的实际自然条件比招标文件中所描述的更为困难和恶劣,地质条件的变化会增加施工的难度,导致承包商必须花费更多的时间和费用,在此情况下,承包商可以提出索赔要求。

一般地说,业主在招标文件中会提供有关该工程的勘察所取得的水文及地质资料。此类资料经常失实,不是位置差异极大、就是程度相差较远,从而给施工带来困难,导致费用损失或工期延误,为此承包商可提出索赔。

在工程实践中,由于签署的合同条件中,往往写明承包商在提交投标书之前,已对现场和周围环境及与之有关的可用资料进行了考察和检查,包括地表以下条件及水文和气候条件,承包商自己应对上述资料的解释负责。但合同条件中另有一条:在工程施工过程中,如果遇到有经验的承包商也无法预见到的外界障碍或条件,则承包商应就此向工程师提供有关通知,并将一份副本呈交业主。如果工程师认为这类障碍或条件确实是一个有经验的承包商无法合理地预见到,在与业主和承包商适当协商以后,应给承包商延长工期和费用补偿的权力。以上条文的并存,导致此类索赔经常引起承包商同业主及工程师之间的众多争议。

(二)工程中人为障碍引起的索赔

在施工过程中,如果遇到了地下构筑物或文物,只要是工程图纸和业主提供的地质资料上并未说明的,而且承包商与工程师共同确定的处理方案导致了工程费用的增加和工期的延误,承包商即可提出索赔。这类索赔一般较容易成功,因地下构筑物和文物的发现,确属有经验的承包商难以合理预见到的人为障碍。

(三)增减工程量的索赔

在施工过程中,由于工程变更可能导致的有关工程量变化,由此必然带来工程投入加大,人工费、材料费、施工机械费以及工程管理费的增长,导致工程成本上升,承包商的利润受到严重影响,从而承包商可以提出索赔要求。

(四)各种额外的试验和检查费用偿付

在施工过程中,由于各种额外的试验和检查工作导致的有关工作变化,由此带来工程投入加大,导致工程成本上升,承包商的利润受到影响,从而承包商可以提出索赔要求,使由于各种额外的试验和检查工作增加的费用得到偿付。

(五)变更工程质量要求引起的索赔

在施工过程中,由于工程师的指令变更工程质量要求,必然导致有关工作变化,原有构件的拆除、原材料等级的提高、施工工艺的改变都将导致工程成本上升,管理费增加,利润受到影响,从而承包商可以提出索赔要求。

(六)关于变更命令有效期引起索赔或拒绝

在工程施工过程中,由于工程师的变更指令具备有效期的要求,通常会使有关方面的工作发生变化,实施过期指令会导致工程返工;实施有效期的变更指令则会由市场原因产生工料价差,它们都将导致工程成本上升,承包商的利润受到影响,从而承包商可以提出索赔要求。

(七)指定分包商违约或延误造成的索赔

在工程承包业务中,指定分包商是按业主的愿望或者由业主直接确定的,如果指定分包商违约或延误必然造成工程施工计划的改变,导致承包商的工程费用损失或工期延误,为此承包商可提出索赔。

(八)其他有关施工的索赔

其他有关施工的索赔是指除以上情形外的在施工中出现的有关事件引起的工程施工索赔。如工程建设国或地方政府的法律、法规或标准、规范的改变。

三、工程价款方面的索赔

(一)关于价格调整方面的索赔

由于物价上涨的因素，必然带来人工费、材料费、以及施工机械费的不断增长，导致工程成本大幅度上升，承包商的利润受到严重影响，从而引起承包商提出索赔要求。

(二)关于货币贬值和严重经济失调导致的索赔

货币及汇率变化引起的索赔。如果在投标截止日期前的一定时间以后，工程所在国政府或其授权机构对支付合同价格的一种或几种货币实行货币限制或货币汇兑限制，业主应补偿承包商因此而受到的损失。如果合同规定将全部或部分款额以一种或几种外币支付给承包商，则这项支付不应受上述指定的一种或几种外币与工程施工所在国货币之间的汇率变化的影响。

(三)拖延支付工程款的索赔

拖欠支付工程款引起的索赔是争执最多也较为常见的索赔。一般合同中都有支付工程款的时间限制及延期付款计息的利率要求。如果业主不按时支付中期工程进度款或最终工程款，承包商可据上规定，向业主索要拖欠的工程款并索赔利息，敦促业主迅速偿付。对于严重拖欠工程款，导致承包商资金周转困难，影响工程进度，甚至引起中止合同的严重后果，承包商则必须严肃地提出索赔，甚至诉讼。

四、工期的索赔

工期延长和延误的费用索赔通常包括两个方面：一是承包商要求延长工期；二是承包商要求偿付由于非承包商原因导致工程延误而造成的损失。一般这两方面的索赔报告要求分别编制。因为工期和费用索赔并不一定同时成立。例如，由于特殊气候、罢工等原因承包商可以要求延长工期，但不能要求赔偿；也有些延误时间并不在关键路线上，承包商可能得不到延长工期。但是，如果承包商能提出证据说明其延误造成损失，就有可能有权获得这些损失的赔偿，有时两种索赔可能混在一起，既可以要求延长工期，又可以获得对其损失的赔偿。

(一)工期索赔的原因

在工程实际中，发生工期延长的索赔事件比较多，常见的原因有：

1. 业主未能按时提交可进行施工的现场；

2. 有记录可查的特殊反常的恶劣天气；

3. 工程师在规定的时间内未能提供所需的图纸或有关指令；

4. 有关放线的资料不准确；

5. 现场发现化石、古钱币或文物；

6. 工程变更或工程量增加引起施工程序的变动；

7. 业主和工程师要求暂停工程；

8. 不可抗力引起的工程损坏和修复；

9. 业主违约；

10. 对合格工程，工程师要求拆除或者剥露部分工程予以检查，造成工程进度被打乱，影响后续工程的进展；

11. 工程现场中某些承包商的干扰。

(二)延误损失的索赔

延误产生损失的费用索赔是承包商要求偿付由于非承包商原因导致工程延误而造成的损失。费用和工期的索赔要分别进行。因为费用和工期索赔并不一定同时成立。例如，由于特殊气候、罢工等原因产生延误，承包商可以要求延长工期，但不能要求赔偿费用；有些延误时间并不在关键路线上,承包商可能得不到延长工期,但是,如果承包商能提出证据,说明其延误工期对自己造成的费用损失,则有可能有权获得这些损失的赔偿,有时两种索赔值可能混在一起,既可以要求延长工期,又可以获得对其费用损失的赔偿。

对于延误造成的费用的索赔,需特别注意两点:一是凡纯属业主和工程师方面的原因造成的工期拖延,不仅应给承包商适当延长工期,还应给予相应的费用补偿。二是凡属于客观原因(既不是业主原因、也不是承包商原因)造成的工期拖延,如特殊反常的天气、人工罢工、政府间经济制裁等,承包商可得到延长工期,但得不到费用补偿。

(三)赶工费用的索赔

加速施工的索赔。当工程项目的施工计划进度受到干扰,导致工程项目不能按时竣工,业主的经济效益受到影响时,业主和工程师会发布加速施工指令,要求承包商投放更多资源、加班赶工来完成工程项目。这可能会导致工程成本的增加,引起承包商的索赔。当然,这里所说的加速施工并不是由于承包商的任何责任和原因。按照 FIDIC 合同专用条件或建设工程合同中的有关规定,可采取奖励方法解决施工的费用补偿,激励承包商克服困难、按时完工。规定当某一部分工程或分部工程每提前完工 1 天,发给承包人奖金若干。这种支付方式的优点是,不仅促使承包商早日建成工程,早日投入运行,而且计价方式简单,避免了计算加速施工、延长工期、调整单价等许多容易扯皮的繁琐计算和争论。

五、特殊风险和人力不可抗拒灾害的索赔

(一)特殊风险的索赔

特殊风险通常是指战争、敌对行动、敌人入侵的行为,核污染及冲击波破坏、叛乱、革命、暴动、军事政变、篡权或内战等等。业主风险和特殊风险引起的索赔:由于业主承担的风险而导致承包商的费用损失增大时,承包商可据此提出索赔。另外,某些特殊风险,如战争、敌对行动、外敌入侵、工程所在国的叛乱、暴动、军事政变或篡夺权位,内战、核燃料或核燃料燃烧后的核废物,放射性毒气爆炸等所产生的后果也是非常严重的。许多合同条件都有规定,承包商不仅对由此而造成工程、业主或第三方的财产的破坏和损失及人身伤亡不承担责任,而且业主应保护和保障承包商不受上述特殊风险后果的损害,并免于承担由此而引起的与之有关的一切索赔、诉讼及其费用。相反,承包商还应当可以得到由此损害引起的任何永久性工程及其材料的付款、合理的利润以及一切修复费用、重建费用和上述特殊风险而导致的费用增加。如果由于特殊风险而导致合同终止,承包商除可以获得应付的一切工程款和损失费用外,还可以获得施工机械设备的撤离费用和人员遣返费用等。

(二)人力不可抗拒灾害的索赔

人力不可抗拒灾害主要是指自然灾害,由这类灾害造成的损失应向承保的保险公司索赔。在许多合同中承包人以发包人和承包人共同的名义投保工程一切险,这种索赔可同发包人一起进行。

六、暂停工程、中止合同的索赔

(一)因施工临时中断和工效降低引起的索赔

施工过程中,工程师有权下令暂停工程或任何部分工程,只要这种暂停命令并非承包人违约或其他意外风险造成的。

由于业主和工程师原因造成的临时停工或施工中断,特别是根据业主和工程师不合理指令造成了工效的大幅度降低,从而导致费用支出增加,承包商可提出索赔。承包人不仅可以得到要求工期延长的权利，而且可以就其停工损失获得合理的额外费用补偿。

（二）业主不正当地终止工程而引起的索赔

中止合同和暂停工程的意义是不同的。有些中止的合同是由于意外风险造成的损害十分严重，另一种中止合同是由"错误"引起的中止，例如发包人认为承包人不能履约而中止合同，甚至从工地驱逐该承包人。

由于业主不正当地终止工程，承包商有权要求补偿损失，其数额是承包商在被终止工程上人工、材料、机械设备的全部支出，以及各项管理费、保险费、贷款利息、保函费用的支出（减去已结算的工程款），并有权要求赔偿其盈利损失。

七、财务费用补偿的索赔

财务费用的损失要求补偿，是指因各种原因使承包人财务开支增大而导致的贷款利息等财务费用。

在国内外一些合同条件（如国际上的 FIDIC 合同、国内的建设工程合同）中，业主和承包商所分担的风险不一样，承包商承担的风险较大，业主承担的风险相对较小。对于这种风险分担不均的现实，承包商可以从多方面采取措施防范，其中最有效的措施之一就是善于进行工程施工索赔。

复习思考题

1，索赔的概念。

2. 为什么合同文件是索赔的依据？

3. 索赔意识主要体现在哪三方面？

4. 工期索赔计算的主要依据有什么？

第八章　工程索赔的管理

【本章提要】 本章介绍工程索赔的具体业务工作,提高学生索赔文件的编写能力;指导学生进行工程索赔的计算并掌握工程索赔的技巧、关键、方法;简明扼要地讲述工程反索赔的基本理论。

第一节　工程索赔工作的程序

索赔的基本程序及其规定

(一)索赔的基本程序

在工程实施阶段,当索赔事件出现以后,应按照国家有关规定、国际惯例和工程项目合同条件的规定,认真及时地协商解决,其基本程序如图 8-1 所示。

(二)我国有关索赔程序和时限的规定

我国《建设工程施工合同》有关规定中,对索赔的程序和时间要求都有明确而严格的限定。

在工程实施中,当发包方未能按合同约定履行自己的各项义务或发生错误以及应由发包方承担责任的其他情况,造成工期延误和(或)延期支付合同价款及造成承包方的其他经济损失。承包方可按合同约定向发包方提出索赔。其主要程序包括:

1. 提出索赔要求

当出现索赔事项时,承包人以书面的索赔通知书形式,在索赔事项发生后的 28 天以内,向工程师正式提出索赔意向通知。

2. 报送索赔资料

承包人在索赔通知书发出后的 28 天内,向工程师提出延长工期和(或)补偿经济损失的索赔报告及有关资料。

3. 工程师答复

工程师在收到承包方送交的索赔报告及有关资料后,必须在 28 天内给予答复,或要求承包人进一步补充索赔理由和证据。

4. 工程师逾期答复后果

工程师在收到承包方送交的索赔报告及有关资料后 28 天内未予答复或未对承包人作进一步要求,视为该项索赔已经被认可。

5. 持续索赔

当索赔事件持续进行时,承包人应当阶段性向工程师发出索赔意向,在索赔事件终了后 28 天内,向工程师送交索赔的有关资料和最终的索赔报告,工程师应在 28 天内给予答复或要求承包人进一步补充索赔理由和证据。逾期未答复,视为该项索赔成立。

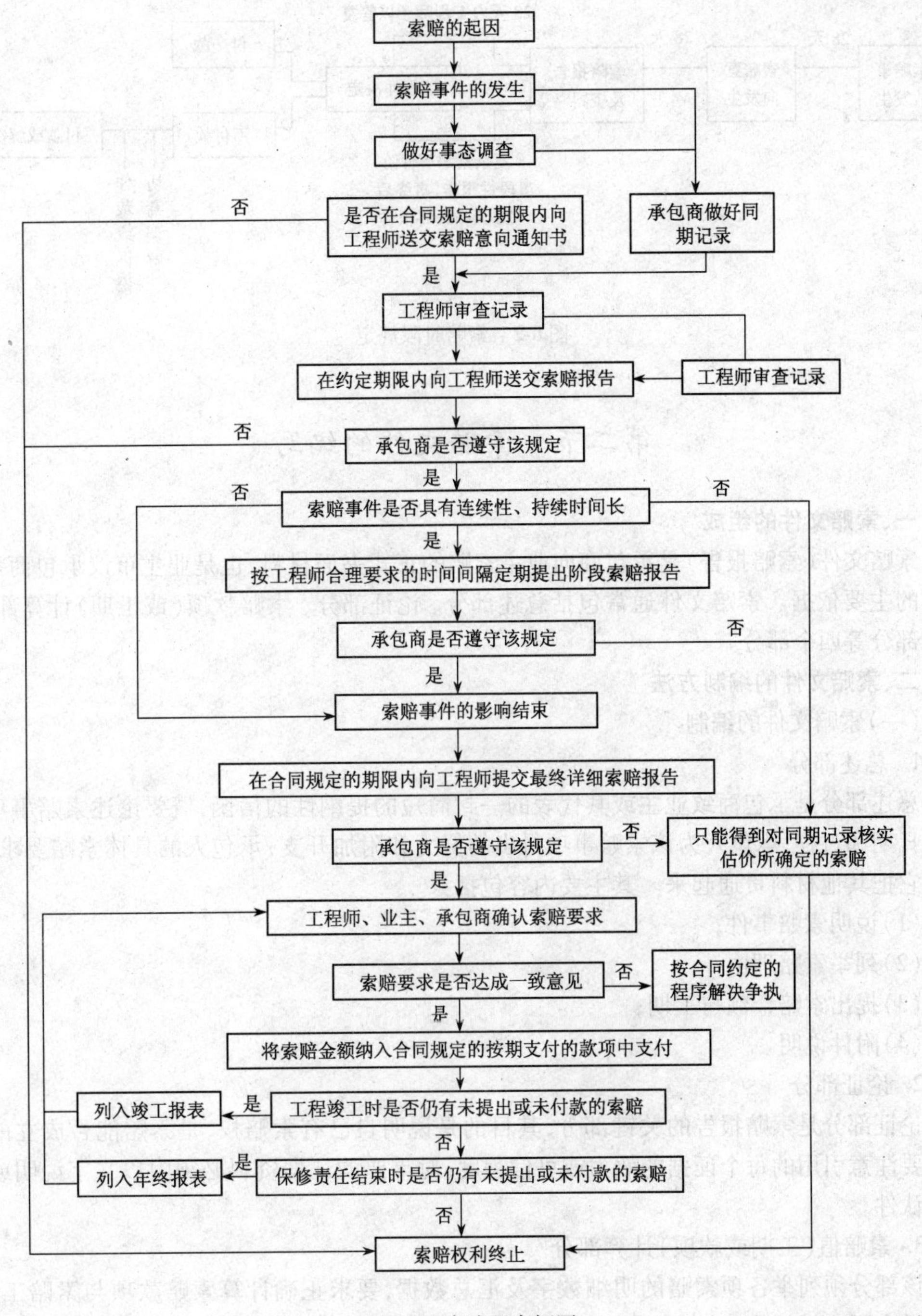

图 8-1 索赔程序框图

6. 仲裁与诉讼

工程师对索赔的答复，承包人或发包人不能接受，则可通过仲裁或诉讼程序最终解决工程索赔问题。

上述工程索赔程序和时限的具体规定，我们可将其归纳如图 8-2 所示：

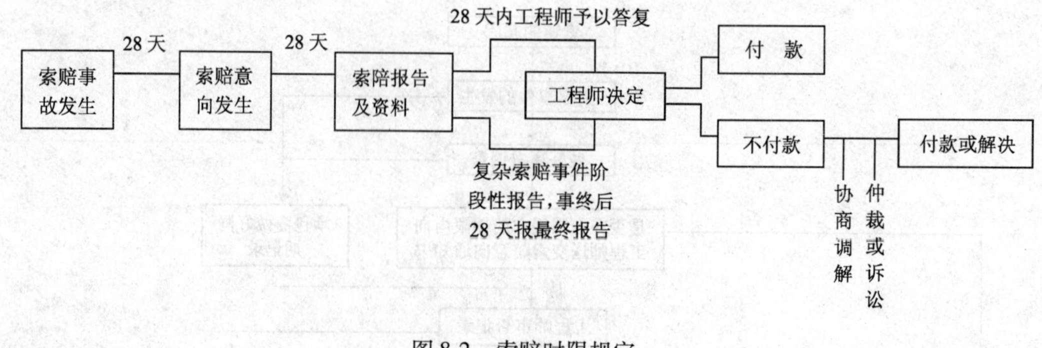

图8-2 索赔时限规定

第二节 索赔文件的编写

一、索赔文件的组成

索赔文件(索赔报告)是承包商向业主索赔的正式书面材料,也是业主审议承包商索赔请求的主要依据。索赔文件通常包括总述部分、论证部分、索赔款项(或工期)计算部分、证据部分等四个部分。

二、索赔文件的编制方法

(一)索赔文件的编制

1. 总述部分

总述部分是承包商致业主或其代表的一封简短的提纲性的信函,概要论述索赔事项发生的日期和过程;承包人为该索赔事项付出的努力和附加开支;承包人的具体索赔要求,应通过它把其他材料贯通起来。其主要内容包括:

(1)说明索赔事件;

(2)列举索赔理由;

(3)提出索赔金额与工期;

(4)附件说明。

2. 论证部分

论证部分是索赔报告的关键部分,其目的是说明自己有索赔权,是索赔能否成立的关键。要注意引用的每个证据的效力或可信程度,对重要的证据资料必须附以文字说明或附以确认件。

3. 索赔值(工期或款项)计算部分

该部分须列举各项索赔的明细数字及汇总数据,要求正确计算索赔款项与索赔工期。如果说合同论证部分的任务是解决索赔权能否成立的问题,则索赔值(工期或款项)计算是为解决能得多少赔偿金额及赔偿工期的。前者定性,后者定量,要求计算方法合理,结果正确。

4. 证据部分

(1)索赔报告中所列举事实、理由、影响因果关系等证明文件和证据资料;

(2)详细计算书,这是为了证实索赔金额的真实性而设置的,为了简明可以大量运用图表。

(二)索赔文件编制应注意的问题

整个索赔文件应该简要地概括索赔事实与理由,通过叙述客观事实,合理引用合同规定,建立事实与损失之间的因果关系,证明索赔的合理合法性;同时应特别注意索赔材料的表述方式对索赔解决的影响。一般要注意如下几方面:

1. 索赔事件要真实、证据确凿。索赔针对的事件必须实事求是,有确凿的证据,令对方无可推卸和辩驳。对事件叙述要清楚明确,必须避免使用"可能"、"也许"等估计与猜测性语言,以免造成索赔说服力不强。

2. 计算索赔值要合理、准确。要将计算的依据、方法、结果详细说明列出,这样易于对方接受,减少争议和纠纷。

3. 责任分析要清楚。一般索赔所针对的事件都是由于非承包商责任而引起的,因此,在索赔报告中必须明确对方负全部责任,而不可用含糊不清的语言,那样会丧失自己在索赔中的有利地位,使索赔失败。

4. 明确承包商为避免和减轻事件的影响和损失而作的努力。在索赔报告中,要强调事件的不可预见性和突发性,说明承包商对它不可能有准备,也无法预防,并且承包商为了避免和减轻该事件的影响和损失已尽了最大的努力,采取了能够采取的措施,从而使索赔理由更加充分,更易于对方接受。

5. 阐述由于干扰事件的影响,使承包商的工程施工受到严重干扰,并为此增加了支付,拖延了工期,表明干扰事件与索赔有直接的因果关系。

6. 索赔文件书写用语应尽量婉转,避免使用强硬、不客气的语言,否则会给索赔带来不利的影响。

三、FIDIC 合同条件中承包方可引用的索赔条款

施工索赔要求工程项目索赔管理人员应能熟练应用有关合同条款来论证自己的索赔权。在工程索赔过程中,某一个索赔事件往往涉及到多条合同条款,究竟引用哪一条更有利、更具有说服力,需要通过仔细分析,统筹考虑决定。这就要求项目索赔管理人员仔细研究工程项目的合同文件,尤其要注意研究 FIDIC 合同条件中承包商可以引用的索赔条款(见表 8-1)。其中标明的可能发生的索赔内容、补偿事项的规定明确而具体,在国际工程承包中应用比较广泛,体现了它的权威性,值得我们仔细研究和借鉴。在这些条款中,体现出来的基本规律为:

1. 可索赔条款中,均可据其索赔成本。

2. 可索赔工期的条款,一般可同时索赔成本。

3. 可索赔利润的条款,一定可以同时索赔成本。

4. 工期延长和利润补偿中,只可得一项,不可二者兼得,即:或延长工期,或补偿利润。

5. 利润补偿的机会较少。利润补偿不能单独进行;有相当多场合是可以索赔成本,但不能补偿利润。

FIDIC《合同条件》中承包商可引用的索赔条款　　表 8-1

序号	合同条款序号	合同条款主要内容	可调整的事项
1	5.2	合同文件中有关论述错误	工期调整 + 成本调整
2	6.3 - 6.4	工程施工图纸延期交付	工期调整 + 成本调整
3	12.2	不利的自然条件	工期调整 + 成本调整
4	17.1	工程师提供数据差误,放线错误	成本调整 + 利润调整
5	18.1	工程师指令钻孔、勘探	成本调整 + 利润调整
6	20.3	业主的风险及恢复	成本调整 + 利润调整
7	27.3	发现化石、古迹等建筑物	工期调整 + 成本调整
8	31.2	为其他承包商提供服务	成本调整 + 利润调整
9	36.5	进行试验	工期调整 + 成本调整
10	38.2	指示剥露或凿开	成本调整
11	40.2	中途暂停施工	工期调整 + 成本调整
12	42.2	业主未能约定提供施工现场	工期调整 + 成本调整
13	49.3	要求进行修理	成本调整 + 利润调整
14	50.1	要求检查缺陷	成本调整
15	51.1	进行工程变更	成本调整 + 利润调整
16	52.1 - 52.2	变更指令付款	成本调整 + 利润调整
17	52.3	合同额增减超过约定量(15%)	± 成本调整
18	65.3	特殊风险引起的工程破坏	成本调整 + 利润调整
19	65.5	特殊风险引起的其他开支	成本调整
20	65.8	终止合同	成本调整 + 利润调整
21	69	业主违约	工期调整 + 成本调整
22	70.1	工程成本的增减	按调价公式 ± 成本调整
23	70.2	法规的变化	± 成本调整
24	71	货币及汇率变化	成本调整 + 利润调整

第三节　工程索赔的计算方法

一、工期索赔的计算

(一)工期索赔计算的依据

工期索赔计算的主要依据有:

1. 合同规定的工程项目总工期计划;
2. 合同签订后由承包商提交的并经工程师批准同意的详细的进度计划;
3. 合同双方共同认可的对工期的修改文件,如会谈纪要、来往信件等;
4. 业主、工程师和承包商共同商定的月进度计划及其调整计划;
5. 受干扰后实际工程进度,如施工日记、工程进度表、进度报告等。

承包商每月月底上报的进度报告以及在干扰事件发生时应分析对比的上述资料,以发现工期拖延以及拖延原因，提出有说服力的索赔要求。工期索赔的计算主要有网络图分析和比例计算法两种。

（二）网络分析法

网络分析法计算索赔工期是利用工程进度计划的网络图，通过对其关键线路的分析，计算确定工期索赔值的方法。

1. 基本思路

工期索赔值取决干扰事件对工期的影响，可以通过原网络计划与可能状态的网络计划对比得到，而分析的重点是两种状态的关键线路。分析的基本思路为：

假设工程施工一直按原网络计划确定的施工顺序和工期进行，现发生了一个或一些干扰事件，使网络中的某项或某几项工作过程受到干扰，如延长持续时间或工作之间逻辑关系变化，或增加新的工作。将这些影响带入原网络中，重新进行网络分析，得到一个新的工期。新工期与原工期之差则为干扰事件对总工期的影响，即工期索赔值。

通常认为，如果受干扰事件发生在关键线路上，该事件的持续时间的延长则为总工期的延长值。如果干扰事件发生在非关键线路上，受干扰后仍在非关键线路上，说明干扰事件对工期无影响，故不能提出工期索赔。这种考虑干扰后的网络计划又作为新的实施计划，如果有新的干扰事件发生，则在此基础上再进行新一轮分析，提出新的工期索赔。在工程实施中，进度计划是动态的，不断地被调整，而干扰事件引起的工期索赔应随之同步进行。

2. 分析的步骤

按照基本思路的分析，不难看出工期索赔值分析计算的主要步骤有：

（1）分析原有的工程项目施工网络计划。

（2）利用网络技术分析干扰事件的影响，在工程实施中，由于干扰事件发生，使与之相关的工程活动产生变化，将各项干扰因素代入网络计划进行网络分析。

（3）确定工期索赔值，工程活动的变化必然对总工期产生影响。通过新的网络分析得到总工期受到的影响程度，即为干扰事件的工期索赔值。

可以看出，网络分析要求承包商切实使用网络技术进行进度控制，才能依据网络计划提出工期索赔。按照网络分折得出的工期索赔值是科学合理的，比较容易得到认可。

（三）比例计算法

在实际工程中，干扰事件常常仅影响某些单项工程、单位工程或分部分项工程的工期，要分析它们对总工期的影响，可以采用更为简单的比例分析方法。

1. 以合同价中所占比例计算

（1）附加工程或新增工程量的工期索赔计算

由于附加工程或新增工程量引起工程延误的工期索赔，其计算公式表示为：

总工期索赔 =〔附加工程或新增工程量价格/原合同总价〕×原合同总工期

【案例 8-1】

某建筑工程施工合同总价 3800 万元，总工期 15 个月。现业主指令增加附加工程的价格为 760 万元，则承包商提出：

总工期索赔 =〔76 万/380 万〕×15 个月 =3 个月

（2）部分工程延期的工期索赔计算

当已知部分工程拖延工期的具体时间时，其工期索赔的计算公式表示为：

总工期索赔 =〔受干扰部分工程合同价/工程合同总价〕×受干扰部分工期拖延量

【案例 8-2】

在某建设工程施工中，业主推迟办公楼工程基础设计图纸的批准，使该单项工程延期 10 周。该单项工程合同价为 80 万元，建设工程合同总价为 400 万元。则承包商提出工期索赔为：

$$总工期索赔 = 80 万/400 万 \times 10 周 = 2 周$$

2. 按单项工程工期拖延的平均值计算

当已知工程施工中各单项工程工期拖延的具体时间时，其工期索赔的计算公式可表示为：

$$总工期索赔 = 〔\sum N/n〕\times B$$

$\sum N$——受干扰各单项工程拖延时间的总和(天)；

n——受干扰工期拖延的工程项次数（次)；

B——不均匀性对总工期的影响(天)。

比例计算方法有计算简单、方便，不需作复杂的网络分析，在意义上人们容易接受等特点，所以用得比较多，但在比较多的情况下不符合工程实际，不太合理，不太科学。在实际工作中应予以注意：

比例计算法不适用于变更施工顺序、加速施工、增减工程量等事件的索赔。例如业主变更工程施工次序，业主指令采取加速措施，业主指令增减工程量或部分工程等，采用这种方法会得到错误的结果。

对工程变更，特别是工程量增加所引起的工期索赔，采用比例计算法存在的另一个问题，在于干扰事件是在工程施工过程中发生的，承包商没有一个合理的计划期，或者说它们存在一定的突发性。工程变更会造成施工现场的停工、返工，计划重新修改；承包商要增加或重新安排劳动力、材料和设备，会引起施工现场的混乱和效率低。因此，工程变更的实际影响程度比按比例法计算的结果要大得多。

二、费用索赔计算

(一)总费用法和修正总费用法

总费用法又称总成本法，就是计算出该项工程的总费用，再从这个已实际开支的总费用中减去投标报价时的成本费用，即为要求补偿的索赔费用额。

总费用法并不算科学，但仍被经常采用，原因是对于某些索赔事件，难于精确地确定它们导致的各项费用增加额。通常认为在具备以下条件时采用总费法比较合理：

1. 已开支的实际总费用经过审核，认为是比较合理的；

2. 承包商的原始报价认为是比较合理的；

3. 费用的增加是由于对方原因造成的，其中没有承包商管理不善的责任；

4. 由于该项索赔事件的性质以及现场记录的不足，难于采用更精确的计算方法。

修正总费用法是指对难于用实际总费用进行审核的，可以考虑是否能计算出与索赔事件有关的单项工程的实际总费用和该单项工程的投标报价，若可行，可按其单项工程的实际费用与报价的差值来计算其索赔的金额。

(二)分项法

分项法是将索赔事件的费用损失的按分项进行计算,它能够比较精确地确定各种索赔事件导致的各项费用增加额. 其基本内容及计算方法如下:

1. 人工费索赔

人工费索赔包括额外雇佣劳务人员、加班工作、工资上涨、人员闲置和劳动生产率降低的费用。

对于额外雇佣劳务人员和加班工作,直接采用投标时的人工单价乘以工日数即可;对于人员闲置费用,通常采用人工单价折算法计算,折算系数一般为0.75;工资上涨是指由于工程变更,使承包商的大量人力资源的使用期推后,而后期工资水平上调,导致人工费开支加大,因此应得到相应的补偿;对于工程师指令进行的计日工时,则人工费按计日工作表中的人工单价计算。

对于劳动生产率降低导致的人工费索赔,一般可用如下方法计算:

(1)实际成本和预算成本比较法

此种方法是通过对受干扰影响工作的实际成本与合同中的预算成本的比较,索赔其差额。应用该方法需要有正确合理的计价体系和详细的施工记录。其计算公式可表述为:

费用索赔值=受干扰工作的实际成本-原合同预算成本

【案例8-3】

某工程的现场混凝土模板制作,原计划20,000m^2,估计人工工时为2,000。直接人工成本32,000元。因业主未及时提供现场施工的场地占有权,使承包商被迫在雨季进行该项工作,实际人工工时2,400,人工成本为38,400元,使承包商造成生产率降低的损失,则承包商提出工期索赔为:

费用索赔值=38,400-32,000=6,400元

此类索赔,只要预算成本和实际成本计算合理,成本的增加确属业主的原因,其索赔成功的把握比较大。

(2)正常施工期与受影响工期比较法

正常施工期与受影响工期比较法的基本思路是:在承包商的正常施工受到干扰时劳动生产率会下降,通过正常条件下生产率与受干扰状态下生产率的比较,得出生产率降低值,并以此为基础进行人工费索赔。

1)劳动生产率降低值的计算

通过现场施工记录(预期施工记录与受干扰时施工记录)进行比较,确定劳动生产率降低值,其计算公式为:

劳动生产率降低值=预期劳动生产率-干扰状态劳动生产率

2)人工索赔费用的计算

根据工程施工计划人工投入量和当时的人工工资单价,考虑劳动生产率降低程度,计算索赔费用。其计算公式为:

人工费索赔值=计划用工量×(劳动生产率降低值/预期劳动生产率)×工资单价

2. 材料费索赔

材料费索赔包括材料消耗量增加和材料单位成本增加两方面。在工程实施中,追加额外工作,变更工程性质,改变施工方法等都可能造成材料用量的增加或材料种类的改变。材

料单位成本增加的原因包括材料价格上涨、手续费增加、运输费用、仓储保管费增加等等。材料费的索赔包括:

(1)由于索赔事项材料实际用量超过计划用量而增加的材料费;

(2)由于客观原因材料价格大幅度上涨;

(3)由于非承包商责任工程延误导致的材料价格上涨;

(4)由于非承包商原因致使材料运杂费、材料采购与储存费用的上涨等。

在工程费用索赔中,材料费索赔额通常比较大,业主对此极为重视,因此,材料费索赔时必须提供准确的数据和充分的证据。其基本方法是:根据变更增加工程的分项工程量,按照分项单位消耗量标准和相应的材料单价进行计算,可用公式表述为:

材料费索赔值 = $\sum$〔调整分项工作量 × 单位分项工程量材料消耗标准 × 相应的材料单价〕

材料单价应根据不同种类、不同来源,按照采购方案,材料技术标准,综合考虑材料供应价格以及材料的采购、运输、储存、保险、海关税等费用进行计算。

3. 施工机械费用索赔

机械费索赔包括增加台班数量、机械闲置或机械工作效率降低、台班费率上涨等费用,一般台班费率按照有关定额和标准手册取值。

对于机械工作效率降低,可参考劳动生产率降低的人工索赔的计算方法;台班量、机械工作效率受干扰变化状况的数据来自机械使用记录;对于租赁的机械,取费标准应按租赁合同计算。其计算公式表示为:

(1)机械生产率降低值

通过现场施工记录(预期施工记录与受干扰时施工记录)进行比较,确定劳动生产率降低值,其计算公式为:

机械生产率降低值 = 预期机械生产率 - 干扰状态机械生产率

(2)机械费用索赔值

根据施工机械使用计划及施工机械台班单价,考虑机械生产率降低值,其机械费用索赔的计算公式可表述为:

机械费索赔值 = $\sum$〔计划台班量 ×(机械生产率降低值/预期机械生产率)× 机械台班单价〕

【案例 8-4】

某工程吊装浇筑混凝土,前 5 天工作正常,第 6 天起业主架设临时电线,共有 6 天时间使吊车不能在正常角度下工作,导致吊装混凝土的方量减少。

①承包商提供未受干扰时正常施工记录(如表 8-2 所示)和受干扰时施工记录(如表 8-3 所示)。

②承包商提供原计划该项工作吊装机械需用量为:10(台班),吊装机械台班单价为:378.00 元/台班。

未受干扰时正常施工记录(m'/h) **表 8-2**

时间(天)	1	2	3	4	5	平均值
平均劳动生产率	7	6	6.5	8	6	6.7

受干扰时施工记录(m^3/h)　　表8-3

时间(天)	1	2	3	4	5	6	平均值
平均劳动生产率	5	5	4	4.5	6	4	4.67

解:由于业主架设临时电线导致混凝土吊装机械工效降低,承包商就此提出索赔。其索赔值计算方法如下:

1)机械生产率降低值

根据施工记录,代入公式,其机械生产率降低值为:

$$6.7 - 4.67 = 2.03 \quad m^3/h$$

2)机械费用索赔值的计算

根据题意及有关工程资料,代入公式,其费用索赔值为:

机械费索赔值 $= 10 \times (2.03/6.7) \times 378.00$

$= 3.03 \times 378.00$

$= 1145.34$(元)

对于机械闲置费,有两种计算方法。一是按公布的行业标准租赁费率进行折减计算,二是按定额标准的计算方法,一般建议将其中的不变费用和可变费用分别扣除一定的百分比进行计算。

4. 直接工程费索赔值计算

对于每一个工程分项(按招标文件中工作量表的分项)其直接工程费索赔值为该分项工程的人工费索赔值、材料费索赔值、机械费索赔值之和,单位工程总的直接工程费索赔值为:

$$直接工程费索赔值 = \sum 各分项工程直接工程费索赔值$$

5. 现场管理费索赔计算

现场管理费(工地管理费),包括工地的临时设施费、办公费、通讯费、现场管理和服务人员的工资等。一般采用现场管理费率进行计算,其计算公式为:

现场管理费索赔值 = 索赔的直接成本费用 × 现场管理费率

现场管理费率的确定方法;

(1)合同百分比法。即采用合同中规定的管理费比率。

(2)行业平均水平法。即采用公认的行业标准费率。

(3)原始估价法。即采用投标报价时确定的管理费率。

(4)历史数据法。即采用以往类似工程的管理费率。

6. 总部管理费索赔计算

总部管理费是承包商的上级管理部门应提取的管理费,如公司总部办公楼折旧,总部职员工资、交通差旅费、通讯、广告费等。

总部管理费与现场管理费相比,数额较为固定,一般仅在工程延期和工程范围变更时才允许索赔总部管理费。目前应用得最多的总部管理费索赔的计算方法有两种:

(1) 单位时间费率分摊法

单位时间费率分摊法是在获得工程延期索赔后进一步获得总部管理费索赔的计算方法。其计算步骤如下:

1)延期合同应分摊的管理费(A)

A =(同期公司计划总部管理费/同期公司所有合同总额)×被延期合同价

2)单位时间(日或周)总部管理费率(B)

B = 延期合同应分摊的管理费/计划合同工期(日或周)

3)总部管理费索赔值(C)

C = 单位时间(日或周)总部管理费率×工程延期索赔值(日或周)

工程拖延工期后总部管理费索赔的基本思路是:若工程延期,就相当于该工程占用了本应调往其他工程合同的施工力量,由此损失了在该工程合同中应得的总部管理费。换句话说就是,该项费用应该由拖延工期的工程项目中索补。

【案例 8-5】

某承包商承包某工程,原计划合同工期为 240 天,在实施过程中拖延工期 60 天,即实际工期为 300 天。原计划的 240 天内,承包商的经营状况见表 8-4。

承包商经营状况表(单位:元) **表 8-4**

	延期合同	其他合同	总计
合同额	200,000	400,000	600,000
直接成本	180,000	320,000	500,000
总部管理费			60,000

延期的合同应分摊的管理费。根据已知条件,代入公式则有:

$$(A) = (200,000/600,000) X\ 60,000 = 20,000(元)$$

单位时间(日或周)总部管理费率。根据已知条件,代入公式(13)则有

$$(B) = (A)/240 = 20,000/240(元)$$

总部管理费索赔值。根据已知条件,代入公式则有

$$(C) = (B) \times 60 = (20,000/240) \times 60 = 5,000(元)$$

(2) 每元直接成本分摊法

对于获得工程成本索赔后,总部管理费计算也可参照本公式的计算方法进一步获得总部管理费索赔。

1)被索赔合同应分摊总部管理费(Ai)

Ai =〔同期公司计划总部管理费/同期公司所有合同直接成本总和〕×被索赔合同原计划直接成本

2)每元直接成本包含的总部管理费用(Bi)

Bi = 被索赔合同应分摊总部管理费/被索赔合同原计划直接成本

3)应索赔总部管理费 (Ci)

Ci = 每元直接成本包含的总部管理费用×工程直接成本索赔值

根据案例提供的背影资料,采用直接成本法计算工程项目总部管理费索赔额。

①被索赔合同应分摊总部管理费,根据已知条件,代入公式则有:

$$(Ai) = 6,000/500,000 \times 180,000(元)$$
$$= 21,600(元)$$

②每元直接成本含总部管理费用,根据已知条件,代入公式则有:

$$(Bi) = (Ai)/240 = 21,600/240(元)$$

③应索赔总部管理费，根据已知条件，代入公式(8-17)则有：

$$(Ci)=(Bi)\times 60=21,600/240=5,400(\text{元})$$

7. 融资成本、利润与机会利润损失的索赔

(1)融资成本又称资金成本，即取得和使用资金所付出的代价，其中最主要的是支出资金供应者的利息。由于承包商只有在索赔事件处理完结后一段时间内才能得到其索赔的金额，所以承包商往往需从银行贷款或以自有资金垫付，由此产生了融资成本问题，发生额外贷款利息的支付和自有资金的机会利润损失，一般可以索赔利息的情况有：

1)业主推迟支付工程款的保留金，这种情况的利息通常以合同约定的利率计算。

2)承包商借款或动用自有资金弥补合法索赔事项所引起的现金流量缺口，在这种情况下，通常也有两种计算方法：一是参照当期有关金融机构发布的利率标准；二是拟定将这部分资金用于工程承包可以得到的收益来计算索赔金额，这里实际上是机会利润损失的计算。

(2)机会利润损失是由于工程延期或合同终止而使承包商失去承揽其他工程的机会而造成的损失，国际上在一些国家和地区，是可以索赔机会利润损失的。

(3)利润是指完成一定工作量的报酬。在工程实施中，承包商完成了额外工作时就应当获得相应利润，因此，工程量的增加可索赔利润。通常在不同的国家和地区对利润的规定有所不同，有的将利润列入总部管理费中，此时则不能单独索赔利润。

第四节　工程索赔的组织与管理

一、工程索赔的组织

(一)工程索赔组织

工程索赔是工程项目管理工作的一个重要组成部分，属于合同管理中的一项日常业务，一般来说工程项目中的索赔是在项目经理的领导下，由合同管理人员在项目实施过程中进行处理。但索赔是一项复杂细致的工作，涉及面广，需要工程项目各职能人员和总部各职能部门的配合；对重大索赔事件(包括一般项目的一揽子索赔)的索赔处理，必须成立专门的索赔小组，具体负责索赔的管理工作和处理索赔问题，并直接参与索赔谈判。

(二)索赔小组

索赔小组的工作对索赔成败起关键作用。索赔小组应及早成立并进入工作。他们需要熟悉合同签订和实施的全部过程和各方面资料。对每一个工程项目，合同文件和各种工程资料必须充分了解，对于比较复杂的工程项目，其文件与资料必须进行认真研究和分析，需要花费许多时间和大量的精力。对索赔小组成员的要求主要有：

1. 索赔小组成员的能力要求

索赔小组作为一个群体需要全面的知识、能力和经验，索赔小组成员之间在能力、知识结构、性格上应互补，构成一个有机整体。具体要求有以下几方面：

(1)具备合同法律方面的知识，合同分析、索赔处理方面的知识、能力和经验。必要时需要找有关法律专家进行咨询或直接聘请法律专家参与索赔工作。在国外一些专门的咨询公司或索赔公司，遇到重大的合同问题在索赔处理中仍需请当地法律专家作咨询或做鉴定。

(2)具备合同管理方面的经历和经验，要求小组主要成员应参与该工程合同谈判和合同实施过程，了解该工程的情况，熟悉该工程合同条款中的内容和工程实施过程中的各个细

节问题。

(3)具备现场施工和组织计划安排方面的知识、能力和经验。能进行实际施工过程的网络计划编制和关键线路分析,计划网络和实际网络的对比分析;应参与本工程的施工计划编制和实际的管理工作。

(4)具备工程成本核算和财务会计核算方面的知识、能力和经验。参与该工程报价,工程计划成本的编制,懂得工程成本核算方法,如成本项目的划分和分摊方法等。

(5)其他方面能力,如索赔的计划和组织能力,合同谈判能力、经历和经验,写作能力和语言表达能力,外语水平(特别是在国际工程承包中)等。

所以,索赔小组通常由组长(一般由工程项目经理担任)、合同专家、法律专家或索赔专家、造价师、会计师、工程施工工程师等组成。而项目的其他职能人员,总部的各职能部门则应予以积极的配合,提供有关工程索赔的信息资料,以保证索赔的圆满成功。

2. 索赔小组成员的工作态度要求

索赔是一项非常复杂而具责任感的工作。索赔小组人员必须保证忠诚的态度,这是取得索赔成功的前提条件,具体表现在以下几个方面:

(1)全面领会和贯彻执行总部的索赔总战略。索赔是企业经营战略的一部分,承包商不仅要求取得索赔的成功,取得利益,而且要求搞好合同双方的关系,为将来进一步合作创造条件,不能损害企业信誉。在索赔中必须防止索赔小组成员好大喜功,为了显示自己的工作成果而片面追求索赔额。

(2)尽职尽责 . 争取索赔的成功。在索赔中充分发挥每人的工作能力和工作积极性,为企业追回损失,增加盈利。索赔小组既要追求索赔的成功,又要追求好的信誉,并保持双方良好的合作关系,这是很难把握的。

(3)保密工作。索赔过程中承包商所确定的索赔战略、总计划和总要求,具体谈判过程中的内部讨论结果,问题的对策都应绝对保密。特别是索赔战略和在谈判过程中的一些策略,作为企业的绝密文件,不仅在索赔中,而且在索赔后仍需保密,它不仅关系到工程索赔的成败,而且影响到企业的声誉,影响到企业未来的经营与发展。

(4) 认真细致地工作。要取得索赔的成功,必须经过索赔小组认真细致地工作。不仅要在大量复杂的合同文件、各种实际工程资料、财务会计资料中分析研究索赔机会、索赔理由和证据,不放弃任何机会,不遗漏任何线索,而且要在索赔谈判中耐心说服对方。在国际工程中一个稍微复杂的索赔谈判需要经历几个,十几个,甚至几十个回合,经历几年时间。索赔小组如果没有弃而不舍的精神,是很难达到索赔目标的。

(5)对复杂的合同争执必须有详细的计划安排,否则很难实现目标。

二、工程索赔的管理

(一)工程索赔管理概述

工程索赔的管理,是指各级工商行政管理机关、建设行政主管机关和金融机构,以及工程发包单位、监理单位、承包单位依据法律和行政法规、规章制度,采取法律的、行政的手段,对施工合同关系进行组织、指导、协调及监督,保护施工合同当事人的合法权益,处理施工合同纠纷,防止和制裁违法行为,保证施工合同法规的贯彻实施等一系列活动。在整个项目的管理工作中。索赔管理是高层次的、综合性的管理工作。索赔管理不仅能追回损失,而且能够防止发生,还能够极大地提高合同管理、项目管理和企业管理水平。

工程索赔管理,包括各级工商行政管理机关、建设行政主管机关、金融机构对施工合同中工程索赔的管理和发包单位、监理单位、承包单位对施工合同的工程索赔管理。通常将索赔管理工作划分为两个层次:第一层次为国家机关及金融机构对施工合同的工程索赔管理;第二层次则为建设工程施工合同当事人及监理单位对施工合同的工程索赔管理。

第一层次对合同的管理侧重于宏观的管理,第二层次对施工合同的管理则是具体的管理,它是合同管理的出发点和落脚点。他们对施工合同的管理体现在施工合同从订立到履行的全过程中,本节仅就其中的一些重点和难点介绍。

(二)索赔意识

在市场经济环境中,承包商要提高工程经济效益必须重视索赔问题,必须有索赔意识。索赔意识主要体现在如下三方面:

1. 法律意识。索赔是法律赋予承包商的正当权利,是保护自己正当权益的手段。强化索赔意识,实质上强化了承包商的法律意识,这不仅可以加强承包商的自我保护意识,提高自我保护能力,而且还能提高承包商履约的自觉性,自觉地避免危害他人利益。让合同双方有一个好的合作气氛,有利于合同总目标的实现。

2. 市场经济意识。在市场经济环境中,承包商应当以追求经济效益为目标。索赔是在合同规定的范围内,合理合法地追求经济效益的手段。通过索赔可提高合同价格,增加收益。而不讲索赔,放弃索赔机会,则是不讲经济效益的表现。

3. 工程管理意识。索赔工作涉及工程项目管理的各个方面,要取得索赔的成功,必须提高整个工程项目的管理水平,健全和完善项目管理机制。在项目管理中,必须配有专人负责工程索赔管理工作,将索赔管理贯穿于工程项目管理全过程、实施于项目管理的各个环节和各个阶段。通过工程索赔工作,推动施工企业管理和工程项目管理整体水平的提高。承包商具有索赔意识,才能重视索赔,敢于索赔,善于索赔。在现代工程管理中,索赔的作用不仅仅是争取经济上的损失补偿,而且还包括:

(1)防止损失发生。即通过有效的索赔管理避免干扰事件的发生,避免自己的违约行为,保证合同的顺利实施。

(2)加深对合同的理解。因为对合同条款的解释通常都是通过合同案例进行的,而这些合同案例必然又都是索赔案例。

(3)有助于提高整个项目管理水平和企业素质。索赔管理是项目管理中高层次的管理工作。重视索赔管理会带动整个项目管理水平和企业素质的提高。

(三)索赔管理的任务

在工程项目管理中,索赔管理的任务是索赔和反索赔。索赔和反索赔是矛和盾的关系、进攻和防守的关系。有索赔,必有反索赔。在业主和承包商、总包和分包、联营成员之间都可能有索赔和反索赔。索赔工作的目标是对自己已经受到的损失进行追索。索赔管理的主要任务有:

1. 预测索赔机会。虽然干扰事件产生于工程施工过程,但它的根由却在招标文件、合同、设计、计划中。所以,在招标文件分析、合同谈判(包括在工程实施中双方召开变更会议、签署补充协议等)时,承包商应对干扰事件有充分的考虑,预测索赔机会,估计索赔的可能。对于一个具体的承包合同,具体的工程和工程环境,干扰事件的发生具有一定的规律性。承包商对它必须有充分的估计和准备,在报价、合同谈判、制定实施方案和计划中考虑它的影响。

2. 寻找和发现索赔机会。在任何工程合同实施过程中,额外的工作是经常发生的,干扰事件是不可避免的,问题是承包商能否及时发现并抓住索赔机会。承包商应对索赔机会有敏锐的感觉,必须通过对工程承包合同实施过程进行监督、跟踪、分析和诊断,以发现和寻找索赔机会。

3. 处理索赔事件,解决索赔争执。一经发现索赔机会,则应迅速作出反应,进入索赔处理过程。在这个过程中有大量、具体而细致的索赔管理工作和业务。

第五节　工程索赔的技巧及关键

一、索赔的技巧

工程索赔是一门涉及面广,融技术、经济、法律为一体的边缘学科,它不仅是一门科学,也是一门艺术,索赔的技巧是为索赔的战略和策略目标服务的,因此,当索赔的战略和策略目标确定了之后,索赔技巧就显得格外重要,它是索赔策略的具体体现。索赔技巧应因索赔对象、因客观环境条件而异,主要有以下几个方面的做法可供参考:

1. 及时发现索赔机会

在工程投标报价时,承包商必须仔细研究招标文件中合同条款和规范,仔细踏勘施工现场,探索索赔的可能性,考虑将来可能发生索赔的问题,及时发现索赔机会。在报价时要考虑索赔的需要;在进行单价分析时,应列入生产效率指标,把工程成本与投入资源的效率结合起来。这样,在施工索赔过程中,进行索赔论证时,可引用效率降低率来论证自身的索赔权。在索赔谈判中,如果没有生产效率降低的资料,则很难说服监理工程师和业主,索赔成功与否难料。反而可能被认为,生产效率的降低是承包商施工组织不合理,未能达到投标时考虑的生产效率,应采取措施提高效率,赶上工期。要做好索赔论证,承包商应做好施工记录,记录好每天使用的设备工时、材料和人工数量、完成的工程及施工中遇到的问题,以保证索赔根据的真实可靠。

2. 商签好合同协议

在承包合同的商签过程中,承包商应对明显把重大风险转嫁给承包商的合同条件提出看法与要求,对达成修改的协议,应以“谈判纪要”的形式做好记录,作为该合同文件的有效组成部分。对业主开脱责任的条款要特别注意,如:合同中未列索赔条款;拖期付款无时限,无利息;没有调价办法及计算公式;业主认为对某部分工程不够满意,即有权决定扣减工程款;业主对不可预见的工程施工条件不承担责任等等。如果这些问题在签订合同协议时不谈判清楚,承包商就很难有索赔机会。

3. 确认工程师口头变更指令

在工程实施中,监理工程师常常乐于用口头指令变更工程,如果承包商按其口头指令进行变更工程的施工后,不及时对监理工程师的口头指令予以书面确认,之后,当承包商的提出工程索赔,监理工程师矢口否认,拒绝承包商的工程索赔要求,使承包商有苦难言。

4. 及时发出“索赔通知书”

在工程承包合同中,根据建设工程施工承包合同规定,索赔事件发生后的一定时间内,承包商必须送出“索赔通知书”,过期无效。若承包商不发出索赔通知书,发包人可以认为干扰事件的发生并没有给承包人造成损失，无须索赔。

5. 索赔事件论证要充足

承包合同通常都有规定，承包商在发出“索赔通知书”后，每隔一定时间（28天），应报送一次证据资料，在索赔事件结束后的28天内报送总结性的索赔计算及索赔论证，提交索赔报告。索赔报告一定要令人信服，经得起推敲。

6. 索赔计价方法和款额要适当

索赔计算时采用“附加成本法”容易被对方接受，因为这种方法只计算索赔事件引起的计划外的附加开支，计价项目具体，便于经济索赔较快得到解决。否则，有可能让业主准备周密的反索赔计划，以高额的反索赔对付高额的索赔，使索赔工作更加复杂化这是值得人们特别注意的。

7. 力争单项索赔，避免一揽子索赔

单项索赔事件简单，容易解决，而且能及时得到支付。一揽子索赔，问题复杂，金额大，不易解决，往往到工程结束后还得不到付款。

8. 坚持采用“清理账目法”

采用“清理账目法”指承包商在接受业主按某项索赔的当月结算索赔款时，对该项索赔款的余额部分以“清理账目法”的形式保留文字依据，以保留自己今后获得索赔款余额部分的权利。

因为索赔支付过程中，承包商和监理工程师对确定新单价和工程量方面经常存在不同意见。按合同规定，工程师有权确定分项工程单价，如果承包商认为工程师的决定不尽合理，而坚持自己的要求时，可同意接受工程师决定的“临时单价”，或“临时价格”付款，先拿到一部分索赔款，对其余不足部分，则书面通知工程师和业主，作为索赔款的余额，保留自己的索赔权利，否则，等于同意并承认了业主对索赔的付款，以后对余额再无权追索，失去了将来要求付款的权利。

9. 力争友好解决，防止对立情绪

索赔争端是难免的，如果遇到争端不能理智协商讨论问题，使一些本来可以解决的问题悬而未决。承包商尤其要头脑冷静，防止对立情绪，力争友好解决索赔争端。

10. 注意同监理工程师搞好关系

监理工程师是处理解决索赔问题的公正的第三方，注意同工程师搞好关系，争取工程师的公正裁决，竭力避免仲裁或诉讼。

二、工程索赔的关键

（一）组建强有力的、稳定的索赔班子

索赔是一项复杂细致而艰巨的工作，组建一个知识全面，有丰富索赔经验，稳定的索赔小组从事索赔工作是索赔成功的首要条件，索赔小组应由项目经理、合同法律专家、造价师、会计师、施工工程师和文秘公关人员组成，有专职人员搜查和整理由各职能部门和科室提供的有关信息资料。索赔管理人员应具有良好的综合素质、工作勤奋务实、思路敏捷、善于逻辑推理、懂得搞好各方的公共关系，要懂得索赔战略和策略的灵活应用。

（二）确定正确的索赔战略和策略

索赔战略和策略是承包商经营战略和策略的一部分，应当体现承包商目前利益和长远利益，全局利益和局部利益的统一，应由企业经理通过对索赔的认真研究具体把握和制定，索赔小组提供决策的依据和建议。

索赔的战略和策略研究，对不同的情况，包含着不同的内容，有不同的重点，一般应包含以下几个方面：

1. 确定索赔目标

承包商的索赔目标是指承包商对索赔的基本要求，可对要达到的目标进行分解，按难易程度进行排序，并分析它们实现的可能性，从而确定最低目标与最高目标。

分析实现目标的风险，包括能否抓住索赔机会、保证在索赔有效期内提出索赔；能否按期完成合同规定的工程量，执行业主加速施工指令；能否保证工程质量，按期交付工作；工程中出现失误后的处理办法等等。总之要注意对风险的防范，否则，就会影响索赔目标的实现。

2. 对被索赔方的分析

分析对方的兴趣和利益所在，让索赔在友好和谐的气氛中进行，处理好单项索赔和一揽子索赔的关系，对于理由充分而重要的单项索赔，承包商应力争尽早解决；对于业主坚持拖后解决的索赔，承包商要按业主的意见，认真积累有关资料，为一揽子索赔的解决准备好材料；要根据对方的利益所在，对双方感兴趣的问题，承包商应在不过多损害自身利益的情况下作适当让步；在责任分析和法律分析方面要适当，当对方愿意接受索赔时，要得理让人，否则反而达不到索赔目的。

3. 承包商的经营战略分析

承包商的经营战略直接制约着索赔的策略和计划，在分析业主情况和工程所在地的情况以后，承包商应对有无可能与业主继续进行新的合作，是否在当地继续扩展业务，承包商与业主之间的关系对当地开展业务有何影响等问题的分析。这些问题决定着承包商的整个索赔要求和解决的方法。

4. 相关关系分析

承包商要主动与业主沟通，同相关单位（监理单位、设计单位、业主及其他们的上级主管部门）搞好关系，展开“公关”、取得他们的同情与支持，这就要求承包商对这些单位的关键人物进行分析，并同他们建立好关系。利用他们同业主的微妙关系从中周旋、调停，能使索赔达到十分理想的效果；利用监理工程师、设计单位、业主的上级主管部门对业主施加影响，往往比同业主直接谈判有效。

5. 谈判过程分析

索赔一般都在谈判桌上最终解决，索赔谈判是双方面对面的较量，是索赔能否取得成功的关键。一切索赔的计划和策略都是在谈判桌上体现和接受检验的，因此，在谈判之前要做好充分准备，对谈判的可能过程要做好分析，如怎样保持谈判的友好和谐气氛；估计对方在谈判过程中会提什么问题；采取什么行动；应采取什么措施争取有利的时机等等。索赔谈判是承包商要求业主承认自己的索赔，业主总是处于有利的地位；如果谈判一开始就气氛紧张，情绪对立，有可能导致业主拒绝谈判，使谈判进入“持久战”，不利于索赔问题的解决；谈判应从业主关心的议题入手，从业主感兴趣的问题开谈，谈判桌上很重要的是要使谈判始终保持友好和谐的气氛。

谈判过程中要讲事实，重证据，既要据理力争，坚持原则，又要适当让步，机动灵活，所谓索赔的“艺术”，往往在谈判桌上能得到充分的体现，所以，选择和组织好精明强干、有丰富的索赔知识和索赔经验的谈判班子极为重要。

第六节 反 索 赔

一、反索赔的概念与特点

(一)反索赔的概念

反索赔是相对索赔而言,是对提出索赔的一方的反驳。建设工程发包人可以针对承包人的索赔进行反索赔,承包人也可以针对发包人的索赔进行反索赔。在工程索赔中反索赔通常是指发包人向承包人的索赔。

业主反索赔是指业主向承包商所提出的反索赔,由于承包商不履行或不完全履行约定的义务,或是由于承包商的行为使业主受到损失时,业主为了维护自己的利益,向承包商提出的索赔。发包人相对承包人反索赔的主要内容正如《施工索赔》(J. J. Adrian 著)一书中所论述的:"对承包商提出的损失索赔要求,业主采取的立场有两种处理途径:第一,就(承包商)施工质量存在的问题和拖延工期,业主可以对承包商提出反要求,这就是业主通常向承包商提出的反索赔。此项反索赔就是要求承包商承担修理工程缺陷的费用。第二,业主也可以对承包商提出的损失索赔要求进行批评,即按照双方认可的生产率和会计原则等事项,对索赔要求进行分析,这样能够很快地减少索赔款的数量。对业主方面来说,成为一个比较合理的和可以接受的款额。"

由此可见,业主对承包商的反索赔包括两个方面:其一是对承包商提出的索赔要求进行分析、评审和修正,否定其不合理的要求,接受其合理的要求;其二是对承包商在履约中的其他缺陷责任,如部分工程质量达不到要求,或拖延工期,独立地提出损失补偿要求。

(二)建设工程反索赔的特点

1. 索赔与反索赔同时性。在工程索赔过程中,承包人的索赔与发包人反索赔总是同时进行的,正如通常所说的"有索赔就有反索赔"。

2. 技巧性强,索赔本身就是属于技巧性的工作,反索赔必须对承包人提出的索赔进行反驳,因此它必须具有更高水平技巧性,反索赔处理不当将会引起诉讼。

3. 发包人地位的主动性。在反索赔过程中,发包人始终处于主动有利的地位,发包人在经工程师证明承包人违约后,可以直接从应付工程款中扣回款项,或者从银行保函中得以补偿。

二、业主反索赔的内容

业主对承包商履约中的违约责任进行索赔。根据《建设工程施工合同》规定,因承包方原因不能按照协议书约定的竣工日期或工程师同意顺延的工期竣工,或因承包方原因工程质量达不到协议书约定的质量标准,或因承包方不履行合同义务或不按合同约定履行义务的其他情况,承包方均应承担违约责任,赔偿因其违约给发包方造成的损失。双方在专用条款内约定承包方赔偿发包方损失的计算方法或者承包方应当支付违约金的数额或计算方法。施工过程中业主反索赔的主要内容有:

(一)工程质量缺陷的反索赔

当承包商的施工质量不符合施工技术规程的要求,或在保修期未满以前未完成应该负责修补的工程时,业主有权向承包商追究责任。如果承包商未在规定的时限内完成修补工作,业主有权雇佣他人来完成工作,发生的费用由承包商负担。

（二）拖延工期的反索赔

在工程施工过程中，由于多方面的原因，往往使工程竣工日期拖后，影响到业主对该工程的利用，给业主带来经济损失，业主有权对承包商进行索赔，由承包商支付延期竣工违约金。承包商支付此项违约金的前提是：工期延误的责任属于承包商。土木工程施工合同中的误期违约金，通常是由业主的招标文件中确定的。业主在确定违约的费率时，一般应考虑以下因素：

1. 业主盈利损失；
2. 由于工期延长而引起的贷款利息增加；
3. 由于工期延长带来的附加监理费；
4. 由于工期延长而引起的租用其他建筑物的租赁费增加。

至于违约金的计算方法，在工程承包合同文件中均有具体规定。一般按每延误1天赔偿一定款额的方法计算，累计赔偿额一般不超过合同总额的10%。

（三）保留金的反索赔

保留金是从业主应付工程款项中扣留下来用于工程保修期内支付施工维修费的款项，当承包商违反工程保修条款或未能按要求及时负责工程维修，业主可向承包商提出索赔。

（四）发包人其他损失的反索赔

1. 承包商不履行的保险费用索赔。如果承包商未能按合同条款指定的项目投保，并保证保险有效，业主可以投保并保证保险有效，业主所支付的必要的保险费可在应付给承包商的款项中扣回。

2. 对超额利润的反索赔。由于工程量增加很多（超过有效合同价的15%），使承包商预期的收入增大，承包商并不增加任何固定成本，收入大幅度增加；或由于法规的变化导致承包商在工程实施中降低了成本，产生超额利润，在这种情况下，应由双方讨论，重新调整合同价格，业主收回部分超额利润。

3. 对指定分包商的付款索赔。在工程承包商未能提供向指定分包商付款的合理证明时，业主可以直接按照工程师的证明书，将承包商未付给指定分包商的所有款项（扣除保留金）付给该分包商，并从应付承包商的任何款项中如数扣回。

4. 业主合理终止合同或承包商不正当地放弃工程的索赔。如果业主合理地终止承包商的承包，或者承包商不合理的放弃工程，则业主有权从承包商手中收回由新的承包商完成工程所需的工程款与原合同未付部分的差额。

5. 由于工伤事故给业主方人员和第三方人员造成的人身或财产损失的索赔，以及承包商运送建筑材料及施工机械设备时损坏了公路、桥梁或隧洞，道桥管理部门提出的索赔等。

（五）业主反驳与修正承包商提出的索赔

反索赔的另一项工作就是对承包商提出的索赔要求进行评审、反驳与修正。首先是审定承包商的这项索赔要求有无合同依据，即有没有该项索赔权。审定过程中要全面参阅合同文件中的所有有关合同条款，客观评价、实事求是、慎重对待。对承包商的索赔要求不符合合同文件规定的，即被认为没有索赔权，而使该项索赔要求落空。但要防止有意地轻率否定的倾向，避免合同争端升级。肯定其合理的索赔要求，反驳或修正不合理的索赔要求。根据施工索赔的经验，判断承包商是否有索赔的权利时，主要考虑以下几方面的问题：

1. 此项索赔是否具有合同依据。凡是工程项目合同文件中有明文规定的索赔事项，承包商均有索赔权，即有权得到合理的费用补偿或工期延长；否则，业主可以拒绝这项索赔要求。

2. 索赔报告中引用索赔理由不充分，论证索赔漏洞较多，缺乏说服力。在这种情况下，业主和工程师可以否决该项索赔要求。

3. 索赔事项的发生是否为承包商的责任。属于承包商方面原因造成的索赔事项，业主都应予以反驳拒绝，采取反索赔措施。属于双方都有一定责任的情况，则要分清谁是主要责任者，或按各方责任的后果，确定承担责任的比例。

4. 在事件初发时，承包商是否采取了控制措施。在工程合同实施中一般做法与要求：凡是遇到偶然事故影响工程施工时，承包商有责任采取力所能及的一切措施，防止事态扩大，尽力挽回损失。如确有事实证明承包商在当时未采取任何措施，业主可拒绝承包商要求的损失补偿。

5. 承包商向业主和工程师报送索赔意向通知是否在合同规定的期限内。

6. 此项索赔是否属于承包商的风险范畴。在工程承包合同中，业主和承包商都承担着风险，甚至承包商的风险更大些。凡属于承包商合同风险的内容，如一般性天旱或多雨，一定范围内的物价上涨等，业主一般是不能接受这些索赔要求。

三、工程索赔款额的核定

索赔款额的核定是在肯定承包商具有索赔权的前提下，业主和工程师要对承包商提出索赔报告进行详细审核，认真核实索赔款额，核定承包商提出的索赔款额，使其更加可靠和准确。其主要工作有：

1. 索赔款项组成的合理性。应对索赔款组成的各个部分逐项审核、查对单据和证明文件，确定哪些不能列入索赔款额。

2. 计算方法的正确性。索赔计算通常采用分项法，但不同的计算方法对计算结果影响很大。在实际工程中，这方面争执常常很大，对于重大的索赔，须经过双方协商谈判才能对计算方法达到一致，特别是对于总部管理费的分摊计算方法，如工期拖延而引起的费用索赔计算方法等。

3. 有关数据的准确性。对索赔报告中所涉及到的各个计算基础数据都须作审查、核对，以找出其中的错误和不恰当的地方。例如：

(1)工程量增加或附加工程的实际量方结果；

(2)工地上劳动力、管理人员、材料、机械设备的实际使用量；

(3)支出凭据上的各种费用支出；

(4)各个费用项目的“计划——实际”量差、价差分析；

(5)索赔报告中所引用的各种单价；

(6)索赔报告中所引用的各种价格指数等。

四、FIDIC 合同条件下业主可引用的索赔条款

对于业主可引用的索赔(反索赔)条款，在 FIDIC 合同条件中有明确的规定．如表 8-5 所示：

FIDIC《合同条件》中业主可引用的索赔条款　　表 8-5

条款	回收应收款项的基础	业主回收的权利	须否通知	回收款项的方法
25	承包商未能提交当时按合同要求保险有效的证明	业主为了得到所要求的保险,已经支付了必须的保险费	不需要	1. 从现在或将来付给承包商的费用中扣 2. 视为一项债务,予以收回
30(3)	承包商未能履行30(1)和30(2)中规定的责任,在运施工机械、设备时,使通往现场的公路和桥梁破坏	工程师已证明,其中一部分是承包商的失误而应付的款项	不需要	承包商应付给业主
39(2)	承包商未能履行工程师的指令移走或调换不合格的材料,或重新做好工程	业主雇用其他人移走材料,或重新做好工程并支付了费用	不需要	按照第25条规定处理
47(1)	承包商未能在相应的时间内完成工程	产生了合同规定的拖期罚款	需要,按46说明	承包商应付给业主
49(4)	承包商未能完成工程师要求的落实第49条的某些工作,工程师认为,按合同规定,是承包商应承当的费用	业主雇用其他人实施了这些工作并支付了费用	需要,按49(2)说明	按照第25条规定处理
51(1)(2)	工程师认为.按52(1)工程减少了,同时,工程增减性质和数量关系到整个工程或某部分工程的单价和价格变得不合理或不适用	工程师变更单价	需要,按52(2)6说明	调整合同或单价
53(3)	按完工证明,发现工程总增加量超过接受标价函件中的总价15%	工程增加量很多(15%)使承包商预期收入增加	不需要	工程量增大,承包商并不增加任何固定成本,而在总款额中增加了超额收入(利)合同单价应由双方协商调整
59(5)	承包商未能提供已向指定的分包商付款的合理证据	业主已直接付给指定的分包商	59(5)	从应付给承包商的款项中扣价
63	承包商违约,导致被驱出工地	工程施工维修费及拖延工期的损失赔偿及其他费用总计超过了可付给承包商的总款项[按60(3)]业主可拍卖其施工设备	按63(2)和63(3)的证明	作为承包商对业主的债务应予偿还,1)从现在或将来承包商的任何款项中扣除此数,2)作为承包商的债务收回
70(1)	根据合同中用条款70条按劳务和材料价格下降和其他影响工程成本价格的因素调整合同的价格	产生了工程成本降低	不需要	调整合同或单价
70(2)	法规的变化,导致承包商在工程实施中降低了工程成本	有关法律法规等,在投标截止前28天以后,已有改变	按70(2)提出证据	调整合同或单价

五、反索赔报告

反索赔报告是业主向索赔方说明索赔报告的分析结果,表明自己的立场,对索赔方提出的索赔要求的处理意见以及反索赔的证据。根据索赔事件的性质、索赔值的大小、对索赔要求的反驳(或认可)程度不同,反索赔报告的内容差别很大。对一般的单项索赔,假设索赔理由与证据不足,与实际事态不符,则其反索赔报告可能很简单,只需一封信,指出问题所

在,附上相关证据即可。但对比较复杂的一揽子索赔,其反索赔报告可能相当复杂,其格式变化也很大。反索赔报告的基本内容:

第一部分:业主代表致承包商代表的答复信

答复信:说明业主代表收到承包商代表签发的索赔报告时间,指出承包商对业主的主要责难,承包商的主要观点以及索赔要求。

业主在发现承包商索赔要求不合理后的立场、态度以及最终结论,即对承包商索赔要求的反驳或提出反索赔要求,解决双方争执的意见或安排。

第二部分:反索赔报告正文

1. 引言

2. 合同分析

3. 合同实施情况简述和评价

合同实施主要包括合同状态、可能状态、实际状态的分析。重点针对承包方提出的索赔报告中的问题和干扰事件,叙述事实情况和状态的分析结果,对双方合同责任完成情况和工程施工情况作出评价。目的是,推卸自己对索赔报告中提出的干扰事件的合同责任。

4. 索赔报告分析

(1)总体分析

对承包商提出的索赔报告的分析,叙述索赔报告的主要内容和索赔要求。指出承包商对业主的主要责任。表明业主的立场。

(2)详细分析

详细分析可以按干扰事件,也可以按工程(单位或单项)分别进行分析,列出索赔报告中所列的干扰事件及索赔理由,针对索赔报告提出反驳,叙述反索赔理由和证据,全部或部分地否定承包方的索赔要求,根据分析结果作出结论。

(3)业主对承包商的反索赔要求

根据状态分析,指出承包商在报价、施工组织、施工管理等方面的失误造成了业主的损失,如工期拖延、工程质量和工作量未达到合同要求等,业主提出反索赔要求。

(4)总结论

经过索赔和反索赔分析后,作出最终分析结果比较;提出解决索赔的意见。

第三部分:附件,提供反索赔中所提出的各种证据和资料。

复习思考题

1. 工程索赔工作的程序包括哪些?
2. 工程索赔的关键是什么?
3. 业主反索赔要考虑哪些内容?
4. 索赔文件的组成。
5. 工程索赔的技巧包括哪些?
6. 工程索赔如何组织?

第九章　合同管理与索赔的案例分析

【本章提要】 本章介绍合同管理和索赔方面的案例。内容涉及到建筑业基本制度、施工合同管理、国际建设工程承包管理、工程索赔管理等案例。鉴于投资控制在项目合同管理中的重要地位,在诸多案例中进行工程结算、履约保证金、工程计价、索赔程序等训练,进一步强化学生的合同管理与索赔工作能力。

第一节　合 同 管 理

【案例 9-1】

法律及基本制度实务

1. 工程项目背景摘要

某大型工程建筑面积为 $1000m^2$,该工程共两层为钢筋混凝土结构,技术难度大、对施工单位的施工设备和同类工程施工经验要求高,而且对工期的要求也比较紧迫,且图纸不齐全,业主提前对该项目进行公开招标,具备国家二级施工企业都可参加投标。经资格预审确定三家施工企业参加投标活动,评标委员会按照招标文件中确定的综合评标标准,确定三家施工企业综合得分从高到低依次顺序为 B、A、C,承包商 B(该单位采用低报价策略,编制了投标文件,并获得中标)于 4 月 12 日收到中标通知书,最终双方在 5 月 12 日订立书面合同。

双方签订的是固定总价合同,合同期为 8 个月。工程招标文件参考资料中提供的使用砂的地点距工地 4km。但是开工后,检查该地砂的质量不符合要求,承包商只得从另一距工地 20lkm 的供砂地点采购。由于提供砂的距离增大,必然引起费用的增加,承包商经过仔细计算后,在业主指令下达的第 3 天,向业主提交了将原用砂单价每吨提高 5 元人民币的索赔要求。工程进行了一个月后,业主因资金紧缺,无法如期支付工程款,口头要求承包商暂停施工 1 个月。承包商亦口头答应。恢复施工后不久,在一个关键工作面上又发生了几种原因造成的临时停工:5 月 20 日至 5 月 24 日承包商的施工设备出现了故障;6 月 8 日至 6 月 12 日施工现场下了罕见的特大暴雨,造成了 6 月 13 日至 6 月 14 日的该地区的供电全面中断。针对上述两次停工,承包商向业主提出要求顺延工期共计 42 天。

2. 问题

(1)招标公告、预审公告应该是要约还是要约邀请?投标人的投标、业主发出中标通知书是要约还是承诺?并说明理由。

(2)《招标投标法》中规定的招标方式有几种?该工程确定三家投标人参与投标,是否违反有关规定?为什么?

(3)承包人 B 如果资质等级不符合要求,超越其经营范围,所签订的合同是否有效?无效合同与可撤消可变更合同一样吗,为什么？如果承包人B隐瞒其资质不够的情况订立合同应承担什么责任？

(4)该项目采用固定价格合同是否合适？变更形式是否妥当？应该采用什么形式？

(5)承包商的索赔要求成立的条件？索赔要求是否合理？说明理由。

(6)该合同的主体是谁？是法人还是自然人？订立合同是否可让他人代理？说明原因。该合同的客体是什么？和建设工程监理合同的客体有什么区别？

(7)建设工程担保合同和保险合同与本项目施工合同有什么关系？如何签订,有什么作用？如何起草履约担保书和银行保函？

(8)该项目铝合金门窗制作安装,承包单位是否可以将其分包？该分包合同的主体有哪些？业主、总包商、监理公司与分包单位有什么关系？转包和挂靠是否属于分包？

(9)该工程双方应采用普通书面合同形式还是由甲方起草格式化条款合同,你认为合适的形式是什么？说明原因。

3. 法理评析

(1)招标公告、预审公告是要约邀请,投标人的投标是要约,业主发出中标通知书是承诺。理由(略)。

(2)《招标投标法》中规定的招标方式有二种,公开招标和邀请招标。该工程确定三家投标人参与投标不违反有关规定。

(3)承包人B如果资质等级不符合要求,超越其经营范围,签订的合同是无效的,无效合同与可撤消可变更合同不一样,如果承包人B隐瞒其资质不够的情况订立合同应承担缔约过失责任。

(4)该项目采用固定价格合同不合适,变更形式不妥当。因为固定价格合同适用于工程量不大且能够较准确计算、工期较短、技术不太复杂、风险不大的项目。该工程不符合这些条件;根据《中华人民共和国合同法》和《建设工程施工合同(示范文本)》的有关规定,建设工程合同应当采取书面形式,合同变更亦应采取书面形式。若在应急情况下,可采取口头形式,但事后应予以书面形式确认。否则,在合同双方对合同变更内容有争议时,往往因口头形式协议很难举证而不得不以书面协议约定的内容为准。本案例中业主要求临时停工,承包商亦答应,是双方的口头协议,且事后并未以书面的形式确认,所以该合同变更形式不妥。

(5)承包商的索赔要求成立必须同时具备如下四个条件;与合同相比较,造成了实际的额外费用或工期损失;造成费用增加或工期损失的原因不属于承包商的行为责任;造成的费用增加或工期损失不是应由承包商承担的风险;承包商在事件发生后的规定时间内提交了索赔的书面意向通知和索赔报告。

因供砂场地点变化提出的索赔要求不合理。原因是:承包商应对自己就招标文件的解释负责;承包商应对自己报价的正确性与完备性负责;作为一个有经验的承包商可以通过现场踏勘确认招标文件参考资料中提供的用砂质量是否合格,若承包商没有通过现场踏勘发现用砂质量问题,其相关风险应由承包商承担。

有几种情况的暂时停工提出的工期索赔不合理,可以批准的延长工期为7天。原因是:5月20日至5月24日出现的设备故障,属于承包商应承担的风险,不应考虑承包商的延长工期和费用索赔要求。6月8日至6月12日的特大暴雨属于双方共同的风险,应延长工期5天。6月13日至6月14日的停电属于有经验的承包商无法预见的自然条件变化,业主应承担的风险，应延长工期2天。

因业主资金紧缺要求停工1个月，承包商提出的工期索赔是合理的。原因是：业主未能及时支付工程款，应对停工承担责任，故应当赔偿承包商停工1个月的实际经济损失，工期顺延1个月。综上所述，承包商可以提出的工期索赔共计37天。

(6)该合同的主体是业主和承包商B，是法人组织。订立合同可让他人代理，因为法人代表可通过授权委托书将订立合同事务委托他人。该合同的客体是该工程项目。建设工程监理合同的客体是监理技术服务。

(7)建设工程担保合同和保险合同与本项目施工合同是主从合同的关系。担保合同由被担保人（业主和承包商）与担保人（银行、担保公司、保险公司、其他法人）签订，保险合同由被保险人（业主和承包商）与保险人（保险公司）签订，作用是转移工程风险。

(8)该项目铝合金门窗制作安装承包单位可以将其分包，该分包合同的主体是总包商和分包商，监理公司对分包单位实施监理，转包和挂靠不属于分包，是违法行为。

(9)该工程双方应采用施工合同示范文本形式。

【案例9-2】

施工合同管理

1. 工程项目背景摘要

某住宅楼工程在施工图设计完成一部分后，业主通过招投标选择了一家总承包单位承包该工程的施工任务。由于设计工作尚未全部完成，承包范围内待实施的工程性质明确，但工程量还难以确定，双方商定拟采用总价合同形式签订施工合同，以减少双方的风险。合同的部分条款摘要如下：

(1)协议书中的部分条款

1）工程概况

工程名称：某住宅楼工程项目；工程地点：某市；工程内容：建设面积4000m^{2}的砖混结构住宅楼。

2)工程承包范围

承包范围：施工图所包括的土建、装饰、水暖电工程。

3)合同工期

开工日期：2000年2月21日；竣工日期：2000年9月30日；合同工期总日历天数：220天（扣除5月3日）。

4)质量标准

工程质量标准：达到甲方规定的质量标准。

5)合同价款

合同价款：壹佰玖拾陆万肆千元人民币(196.4万元)。

6)乙方承诺的质量保障

在该项目设计规定的使用年限(50年)内，乙方承担全部保修责任。

7)承诺的合同价款支付期限与方式

①工程预付款：于开工之日起支付合同总价的10%作为预付款。预付款不予扣回，直接抵工程进度款。

②工程进度款:基础工程完工后,支付合同总价的 10%;主体结构三层完成后,支付合同总价的 20%;主体结构全部封顶后,支付合同总价的 30%;工程基本竣工时,支付合同总价的 30%。为确保工程如期竣工,乙方不得因甲方资金的暂时不到位而停工和拖延工期。

(2)补充协议条款

1)乙方按业主代表批准的施工组织设计(或施工方案)组织施工,乙方不应承担因此引起的工期延误和费用增加的责任。

2)向乙方提供施工场地的工程地质和地下主要管网线路资料,仅供乙方参考使用。

3)乙方不能将工程转包,但允许分包,也允许分包单位将分包的工程再次分包给其他施工单位。

2. 问题

(1)该工程合同中业主与施工单位选择总价合同形式是否妥当?

(2)建设工程施工合同文件的组成内容?该文件依照什么原则进行解释?

(3)假如在施工招标文件中,按工期定额计算确定该工程工期为 200 天,那么你认为该工程合同的合同工期应为多少天?

(4)该合同拟订的条款有哪些不妥当之处?应如何修改?

(5)合同价款变更的原则与程序包括哪些内容?合同争议如何解决?

(6)业主标底的 760 散热片为 460 片,价格为人民币 13.8 元/片,根据本季度该产品的信息价为人民币 15.8 元/片,市场价为人民币 17.8 元/片。施工企业投标书报价为人民币 14.8 元/片。施工企业该如何调整材料差价(甲方同意按市场价材料差价)。

(7)该工程甲方供应的材料是否需提前约定?怎样约定?材料设备供应合同的基本内容包括什么?

3. 法理评析

提示:

(1)该工程合同中业主与施工单位选择总价合同形式不妥当。工程量还难以确定,采用总价合同形式双方的风险大。

(2)建设工程施工合同文件应能互相解释,互为说明除专用条款另有约定外,组成施工合同的文件及优先解释顺序如下:①本合同协议书;②招标发包工程的招标文件中标通知书;③投标书及其附件;④本合同专用条款;⑤本合同通用条款;⑥标准、规范及有关技术文件;⑦图纸;⑧工程量清单;⑨工程报价单或预算书;合同履行中,发包人承包人有关工程的洽商、变更等书面补充协议或文件视为合同的组成部分。

(3)在施工招标文件中,按工期定额计算工期为 200 天,该工程合同约定的合同工期为 220 天。根据合同管理原理应该执行合同约定的工期即 220 天。本合同协议书是合同文件的最据优先权的合同文件,其效力高于招标文件效力。

(4)该合同拟订的条款不妥当之处:①合同工期不应扣节假日。②不应以甲方标准作为该工程的质量标准。③保修条款不妥。④付款强调基本竣工不妥;乙方不得因为资金不到位停工不公平。⑤技术资料应保证真实,给乙方参考不妥。⑥再次分包不妥。

(5)合同价款变更的原则与程序参阅相关书籍。

(6)按市场价调整材料差价。

(7)该工程甲方供应的材料需提前约定,在招标书约定。

【案例 9-3】

建设工程口头合同实际履行后的效力

1. 工程项目背景摘要

2001 年 3 月 11 日,原告天津兴达建筑装饰公司与被告天津海信物业管理公司签订了一份关于装饰装修被告所有的海信物业大厦的施工合同。合同约定,原告为被告的海信大厦内部进行粉刷、木地板进行换修、更新门窗等任务,合同总价款 82 万元。双方各派一名现场监督人员解决临时发生的有关事项。合同签订以后,原告进入现场施工,并按期完成了合同约定的工程项目。双方的现场监督人员对施工项目进行了初步验收,并在验收记录上签了字。之后,双方又请天津市消防局对即将作为宾馆使用的海信大厦进行了验收。消防局认为,作为宾馆使用的海信大厦必须具备消防安全系统,应当在现有的楼梯基础上,在每一层通往室外的走廊尽头设立自楼上至楼底的消防钢梯,只有该钢梯验收完毕后,该大厦才能作为宾馆投入使用。为此,双方的现场监督人员均认为有必要增加消防钢梯项目,遂口头约定由原告承建,在最后总决算中增加该笔款项。消防钢梯施工完毕,海信大厦内装修工程通过验收,正式交付使用。大厦交付没有多久,被告就发现粉刷的屋顶和墙面出现了龟裂、空鼓、掉皮,木地板也出现了起翘现象,修复的门窗也有偷工减料的现象,于是被告通知原告给予修复,但原告未予理睬。在万般无奈的情况下,被告只得自行组织人员进行修复,共花费了 15 万元。

在结算过程中,原告提出在合同价款 82 万元基础上追加消防钢梯价款及人工费 18 万元,共计 100 万元。被告提出由于原告施工质量存在缺陷,原告没有在保修期内履行保修义务,致使被告自行修复花费了 15 万元,应当从合同价款 82 万元中予以扣除,消防钢梯没有包含在合同中,也没有补充合同或双方现场监督人员的共同签字,因此对发生的该笔款项不予承认。双方洽谈不成,原告遂将被告告上法庭。

庭审中,原告认为,对于合同约定的施工项目已经全部完成,并且得到了双方的签字认可,施工没有质量问题,出现的质量问题是被告使用不当所造成的,对于被告提出的自行修复花费的 15 万元不予认可。对于消防钢梯的施工,认为是双方的口头约定,应当有效,而且如果没有消防钢梯,该工程就不可能获得消防部门的验收许可,原告按照被告的意愿完成了消防钢梯的施工任务,即使书面合同中没有约定,也应该本着实事求是的态度和公平的原则,对原告的劳动付出给予补助。被告认为,工程质量问题有现场照片、通知原告维修的通知书和自行修复的相关单据。没有书面合同约定的消防钢梯是原告义务施工,没有被告的要求,如果要求按照公平原则给予补偿的话,那么被告要求原告无偿拆除消防钢梯,对于拆除过程中造成的墙体损害,原告应当承担全部的损害赔偿责任。

2. 处理结果

在法院调解无效的情况下,判决如下:判决被告给付原告工程款 82 万元以及消防钢梯款 18 万元,共计 100 万元。原告应当履行工程维修保修义务而不履行,应当承担相应的责任,对于被告自行修复的花费应从被告应付款项中予以扣除,两项合并,被告应支付原告 85 万元。原告与被告关于消防钢梯的口头约定依法认定为有效。

3. 法理评析

本案是关于建设工程施工合同的口头约定的效力问题。《中华人民共和国合同法》第二百七十条规定:“建设工程合同应当采用书面形式。”第三十五条规定:当事人采用合同书形式订立合同的,双方当事人签字或者盖章的地点为合同成立的地点。第三十六条规定:法律、行政法规规定或者当事人约定采用书面形式订立合同,当事人未采用书面形式但一方已经履行主要义务,对方接受的,该合同成立。《建筑法》第十五条规定:建筑工程的发包单位与承包单位应当依法订立书面合同,明确双方的权利和义务。发包单位和承包单位应当全面履行合同约定的义务。不按照合同约定履行义务的,依法承担违约责任。由此可见,作为建设工程合同应当采用书面形式。这主要因为建设工程本身具有投资大、建设周期长,涉及的问题比较复杂,不签订书面形式的合同很难在处理具体问题时找到合同依据。该案正是因为消防钢梯工程没有书面形式的合同,才导致在工程结算时合同双方发生争议。法院对消防钢梯口头合同的认定是完全符合《合同法》的规定的,在整个消防钢梯建设过程中,作为被告并没有表示异议,而且在最终验收过程中,被告也没有提出任何异议,这表明被告对原告对消防钢梯的施工是给予认可的。至于被告提出要求原告无偿拆除消防钢梯的要求,不仅不符合消防的要求,也是对固定资产的浪费。依法保护合法的合同关系,保护有限的固定资产资源充分得到利用,是整个社会主义社会关系所要求的,也是保证经济秩序稳定的重要条件。

另外值得注意的是,不能把施工过程中消防钢梯施工作为一个独立的施工合同,而应当把它作为整个装修合同的工程变更,按照通常的做法,不论是现场派驻监理工程师还是派驻现场的代表,对于工程设计变更、项目变更、工程量的变更等各个变量因素而引发导致工程价款变化的内容,都应当采用书面的形式加以确认,作为合同的补充文件,在《建设工程施工合同文本》中明确规定了“双方有关工程的洽商、变更等书面协议或文件视为本合同的组成部分,”可见在要求建设工程合同采用书面形式确定双方当事人合同关系,在初始合同和变更协议都要求了书面形式,但是本案中由于充分考察了双方当事人签署的合同,内容中并没有关于消防钢梯的约定,而消防钢梯的安装是国家消防要求的强制性规定,因此依法认定该变更有效并予以结算,是对国家消防法律的维护和对建筑物安全使用的需要。被告辩驳说要求原告拆除消防钢梯的要求是没有任何道理的。

第二节　招投标管理

【案例9-4】

运用最低投标价法投标

1. 工程项目背景摘要

某建设工程施工企业通过资格预审后,对招标文件进行了仔细分析,发现业主所提出的工期要求过于苛刻,且合同条款中规定每拖延1天工期罚合同价的19%。若要保证实现该工期要求,必须采取特殊措施,从而大大增加成本;还发现原设计结构方案采用框架剪力墙体系过于保守。因此,该投标人在投标文件中说明业主的工期要求难以实现,因而按自己认为的合理工期(比业主要求的工期增加6个月)编制施工进度计划并据此报价;还建议将框架剪力墙体系改为框架体系,并对这两种结构体系进行了技术经济分析和比较,证明框架体系不仅能保证工程结构的可靠性和安全性,增加使用面积,提高空间利用的灵活性,而且可降低造价约39%。该投标人将技术标和商务标分别封装，在封口处加盖本单位公章和项目经理签字后，在投标截止日期前1天上午将投标文件报送业主。次日（即投标截止日当天）下午，在规定的开标时间前1小时，该投标人又递交了一份补充材料，其中声明将原报价降低49%。但是，招标单位的有关工作人员认为，根据国际上“一标一投”的管理，一个投标人不得递交两份投标文件，因而拒收该投标人的补充材料。

开标会由市招标办的工作人员主持，市公证处有关人员到会，各投标单位代表均到场。开标前，市公证处人员对各投标单位的资质进行审查，并对所有投标文件进行审查，确认所有投标文件均有效后，正式开标。主持人宣读投标单位名称、投标价格、投标工期和有关投标文件的重要说明。

2. 问题

(1)该投标人投标过程是否得当？请加以说明。在评标时有可能会出现什么问题？

(2)从所介绍的背景资料来看，在该项目招标程序中存在哪些问题？请分别作简单说明。

(3)在规定的开标时间前1小时，该投标人递交了补充材料，将原报价降低49%。但是，招标单位拒收该投标人的补充材料。招投标人是否有不妥之处？

(4)投标人增加建议方案是否有不妥之处？说明理由。

3. 分析要点

本案例是考核投标方法的运用。本案例旨在强调投标、评标时需注意对理论的全面运用，深刻理解。如问题(2)给学员的启示是须深刻理解题意，才能灵活运用相关理论。

4. 答案

(1)该投标人运用多方案报价法、增加建议方案法和突然降价法。多方案报价时，必须对原方案报价，建议方案作为备选同时另报。而该投标人说明该工期要求难以实现，却并未报出相应的投标价。在投标文件的符合性评审时，该投标人不按原招标书要求报价。投标文件未实质上响应招标文件的条款，有显著的保留，初步评审不能通过。

(2)该项目招标程序中存在以下问题：①招标单位的有关工作人员不应拒收补充文件，因为投标人在投标截止时间之前所递交的任何正式书面文件都是有效文件，都是投标文件的有效组成部分，也就是说，补充文件与原投标文件共同构成一份投标文件，而不是两份相互独立的投标文件。②根据《中华人民共和国招标投标法》，应由招标人（招标单位）主持开标会，并宣读投标单位名称、投标价格等内容，而不应该由市招投标办工作人员主持和宣读。③资格审查应在投标之前进行，公证处人员无权对投标人资格进行审查，其到场的作用在于确认开标的公正性和合法性。④公证处人员确认所有投标文件均为有效标书是错误的，因为该承包商的投标文件仅有单位公章和项目经理的签字，而无法定代表人或其代理人的印鉴，按废标处理。即使该承包商的法定代表人赋予该项目经理有合同签字权，且有正式的委托书，该投标文件仍应作废标处理。

(3)原投标文件的递交时间比规定的投标截止时间仅提前1天多，这既是符合招投标法律法规要求，起到了迷惑竞争对手的作用。若提前时间太多，会引起竞争对手的怀疑，而在开标前1小时突然递交一份补充文件，这时竞争对手已不可能再调整报价了。

(4)增加建议方案完全正确，通过对两个结构体系方案的技术经济分析和比较（这意味着对两个方案均报了价），论证了建议方案（框架体系）的技术可行性和经济合理性，对业主有很强的说服力。

【案例 9-5】

采用综合评议法评标

1. 工程项目背景摘要

某建设工程项目采用公开招标方式，有 A、B、C、D、E、F 共 6 家承包商参加投标，经资格预审该 6 家承包商均满足业主要求。该工程采用两阶段评标法评标，评标委员会由 7 名委员组成，评标的具体规定如下：

第一阶段评技术标：技术标共计 40 分，其中施工方案 15 分，总工期 8 分，工程质量 6 分，项目班子 6 分，企业信誉 5 分；技术标各项内容的得分，为各评委评分去除一个最高分和一个最低分后的算术平均值；技术标合计得分不满 28 分者，不再评其商务标。

各评委对 6 家承包商施工方案评分的汇总表

投标单位＼评标	一	二	三	四	五	六	七
A	13.0	11.5	12.0	11.0	11.0	12.5	12.5
B	14.5	13.5	14.5	13.0	13.5	14.5	14.5
C	12.0	10.0	11.5	11.0	10.5	11.5	11.5
D	14.0	13.5	13.5	13.0	13.5	14.0	14.5
E	12.5	11.5	12.0	11.0	11.5	12.5	12.5
F	10.5	10.5	10.5	10.0	9.5	11.0	10.5

各承包商总工期、工程质量、项目班子、企业信誉得分汇总表

投标单位	总工期	工程质量	项目班子	企业信誉
A	6.5	5.5	4.5	4.5
B	6.0	5.0	5.0	4.5
C	5.0	4.5	3.5	3.0
D	7.0	5.5	5.0	4.5
E	7.5	5.5	4.0	4.0
F	8.0	4.5	4.0	3.5

第二阶段评商务标：共计 60 分。以标底的 50% 与承包商报价算术平均数的 50% 之和为基准价，但最高（最低）报价高于（低于）次高（次低）报价的 15% 者，在计算承包商报价算术平均数时不予考虑，且商务标得分为 15 分。

以基准价为满分（60 分），报价比基准价每下降 1%，扣 1 分，最多扣 10 分；报价比基准价每增加 1%，扣 2 分，扣分不保底。

标底和各承包商的报价汇总表　　单位：万元

投标单位	A	B	C	D	E	F	标底
报　　价	13656	11108	14303	13098	13241	14125	13790

评分的最小单位为 0.5，计算结果保留二位小数。

2. 问题

(1)请按综合得分最高者中标的原则确定中标单位。

(2)若该工程未编制标底,以各承包商报价的算术平均数作为基准价,其余评标规定不变,试按原定标原则确定中标单位。

(3)该工程评标委员会人数是否合法?评标委员会2名委员由招标办专业干部组成,是否可行?

3. 分析要点

本案例是考核评标方法的运用。本案例旨在强调两阶段评标法所需注意的问题和报价合理性的要求。虽然评标大多采用定量方法,但是,实际仍然在相当程度上受主观因素的影响,这在评定技术标时显得尤为突出,因此需要在评标时尽可能减少这种影响。例如,本案例中将评委对技术标的评分去除最高分和最低分后再取算术平均数,其目的就在于此。商务标的评分似乎较为客观,但受评标具体规定的影响仍然很大。本案例通过问题2结果与问题1结果的比较,说明评标的具体规定不同,商务标的评分结果可能不同,甚至可能改变评标的最终结果。

针对本案例的评标规定,特意给出最低报价低于次低报价15%和技术标得分不满28分的情况,而实践中这两种情况是较少出现的。从考试的角度来考虑,也未必用到题目所给出的全部条件。

4. 答案

问题(1)答案:

解:

计算各投标单位施工方案的得分

评委 投标单位	一	二	三	四	五	六	七	平均得分
A	13.0	11.5	12.0	11.0	11.0	12.5	12.5	11.9
B	14.5	13.5	14.5	13.0	13.5	14.5	14.5	14.1
C	12.0	10.0	11.5	11.0	10.5	11.5	11.5	11.2
D	14.0	13.5	13.5	13.0	13.5	14.5	14.5	13.7
E	12.5	11.5	12.0	11.0	11.5	12.5	12.5	12.0
F	10.5	10.5	10.5	10.0	9.5	11.0	10.5	10.4

计算各投标单位技术标的得分

投标单位	施工方案	总工期	工程质量	项目班子	企业信誉	合计
A	11.9	6.5	5.5	4.5	4.5	32.9
B	14.1	6.0	5.0	5.0	4.5	34.6
C	11.2	5.0	4.5	3.5	3.0	27.2
D	13.7	7.0	5.5	5.0	4.5	35.7
E	12.0	7.5	5.0	4.0	4.0	32.5
F	10.4	8.0	4.5	4.0	3.5	30.4

由于承包商 C 的技术标仅得 27.2，小于 28 分的最低限，按规定不再评其商务标，实际上已作为废标处理。

计算各承包商的商务标得分

因为(13098 − 11108)/13098 = 1519% > 15%

(14125 − 13656)/13656 = 3.43% < 15%

所以承包商 B 的报价(11108 万元)在计算基准价时不予考虑。

则：基准价 = 13790 × 50% + (13656 + 13098 + 13241 + 14125)/4 × 50% = 13600 万元

各投标单位商务标得分

投标单位	报价(万元)	报价与基准价的比例(%)	扣　分	得　分
A	13656	(13656/13660) × 100 = 99.97	(100 − 99.7) × 1 = 0.03	59.97
B	11108			15.00
D	13098	(13098/13660) × 100 = 95.89	(100 − 95.89) × 1 = 4.11	55.89
E	13241	(13241/13660) × 100 = 96.93	(100 − 96.93) × 1 = 3.07	56.93
F	14125	(14125/13660) × 100 = 103.40	(103.40 − 100) × 2 = 6.80	53.20

计算各承包商的综合得分

投标单位	技术标得分	商务标得分	综合得分
A	32.9	59.97	92.47
B	34.6	15.00	49.60
D	35.7	55.89	91.59
E	32.5	56.93	89.43
F	30.4	53.20	83.60

问题(2)答案：

计算各承包商的商务标得分

投标单位	报价(万元)	报价与基准价的比例(%)	扣　分	得　分
A	13656	(13656/13530) × 100 = 100.93	(100.93 − 100) × 2 = 1.86	58.14
B	11108			15.00
D	13098	(13098/13530) × 100 = 96.81	(100 − 96.81) × 1 = 3.19	56.81
E	13241	(13241/13530) × 100 = 97.86	(100 − 97.86) × 1 = 2.14	57.86
F	14125	(14125/13530) × 100 = 104.44	(104.44 − 100) × 2 = 8.88	51.12

基准价 = (13656 + 13098 + 13241 + 14125)/4 = 13530 万元

计算各承包商的综合得分

投标单位	技术标得分	商务标得分	综合得分
A	32.9	58.14	91.04
B	34.6	15.00	49.6
D	35.7	56.81	92.51
E	32.5	57.86	90.36
F	30.4	51.12	81.52

因为承包商D的综合得分最高，故应选择其为中标单位。

问题(3)答案：合法，不可行。

【案例9-6】

招投标程序和其他规定的运用

1. 工程项目背景摘要

某办公楼工程全部由政府投资兴建。该项目为该市建设规划的重点项目之一，且已列入地方年度固定投资计划，概算已经主管部门批准，征地工作尚未全部完成，施工图纸及有关技术资料齐全。现决定对该项目进行施工招标。因估计除本市施工企业参加投标外还可能有外省市施工企业参加投标，故招标人委托咨询单位编制了两个标底，准备分别用于对本市和外省市施工企业投标价的评定。招标人于2000年3月5日向具备承担该项目能力的A、B、C、D、E五家承包商发出投标邀请书，其中说明，3月10～11日9～16时在招标人总工程师室领取招标文件，4月5日14时为投标截止时间。该五家承包商均接受邀请，并领取了招标文件。3月18日招标人对投标单位就招标文件提出的所有问题统一作了书面答复，随后组织各投标单位进行了现场踏勘。4月5日这五家承包商均按规定的时间提交了投标文件。但承包商A在送出投标文件后发现报价估算有较严重的失误，遂赶在投标截止时间前10分钟递交了一份书面声明，撤回已提交的投标文件。

开标时，由招标人委托的市公证处人员检查投标文件的密封情况，确认无误后，由工作人员当众拆封。由于承包商A已撤回投标文件，故招标人宣布有B、C、D、E四家承包商投标，并宣读该四家承包商的投标价格、工期和其他主要内容。

评标委员会委员由招标人直接确定，共由7人组成，其中招标人代表2人，技术专家3人，经济专家2人。

按照招标文件中确定的综合评标标准，4个投标人综合得分从高到低的依次顺序为B、C、D、E，故评标委员会确定承包商B为中标人。由于承包商B为外地企业，招标人于4月8日将中标通知书寄出，承包商B于4月12日收到中标通知书。最终双方于5月12日签订了书面合同。

2. 问题

(1)从招标投标的性质看，本案例中的要约邀请、要约和承诺的具体表现是什么？

(2)招标人对投标单位进行资格预审应包括哪些内容？

(3)在该项目的招标投标程序中哪些方面不符合《招标投标法》的有关规定？

3. 分析要点

本案例是考核招标程序和《招标投标法》的有关规定的运用，提高学员的招投标业务能力。

4. 答案

问题(1)答案

在本案例中，要约邀请是招标人的投标邀请书，要约是投标人提交的投标文件，承诺是招标人发出的中标通知书。

问题(2)答案

招标人对投标单位进行资格预审应包括以下内容:投标单位组织与机构和企业概况;近3年完成工程的情况;目前正在履行的合同情况;资源方面,如财务状况、管理人员情况、劳动力和施工机械设备等方面的情况;其他情况(各种奖励和处罚等)。

问题(3)答案

该项目招标投标程序中在以下几方面不符合《招标投标法》的有关规定,分述如下:

1)本项目征地工作尚未全部完成,不具备施工招标的必要条件,因而尚不能进行施工招标。

2)不应编制两个标底,因为根据规定,一个工程只能编制一个标底,不能对不同的投标单位采用不同的标底进行评标。

3)现场踏勘应安排在书面答复投标单位提问之前,因为投标单位对施工现场条件也可能提出问题。

4)招标人不应仅宣布4家承包商参加投标。按国际惯例,虽然承包商A在投标截止时间前撤回投标文件,但仍应作为投标人宣读其名称,但不宣读其投标文件的其他内容。

5)评标委员会委员不应全部由招标人直接确定。按规定,评标委员会中的技术、经济专家,一般招标项目应采取(从专家库中)随机抽取方式,特殊招标项目可以由招标人直接确定。本项目显然属于一般招标项目。

6)订立书面合同的时间不符合法律规定。招标人和中标人应当自中标通知书发出之日(不是中标人收到中标通知书之日)起30日内订立书面合同,而本案例为34日,已经违反了法律规定。

【案例9-7】

运用经评审的最低投标价法评标

1. 工程项目背景摘要

某国外援助资金建设项目施工招标,该项目是职工住宅楼和普通办公大楼,标段划分甲、乙两个标段。招标文件规定:国内投标人有7.5%的评标价优惠;同时投两个标段的投标人给予评标优惠;若甲标段中标,乙标段扣减4%的作为评标价优惠;合理工期为以24~30个月内,评标工期基准为24个月,每增加1个月在评标价加0.1百万元。经资格预审有A、B、C、D、E五个承包商的投标文件获得通过,其中A、B两投标人同时对甲乙两个标段进行投标;B、D、E为国内承包商。承包商的投标情况如下:

投标人	报价(百万元)		投标工期(月)	
	甲段	乙段	甲段	乙段
A	10	10	24	24
B	9.7	10.3	26	28
C		9.8		24
D	9.9		25	
E		9.5		30

2. 问题

(1)该工程采用什么招标方式?如果仅邀请3家施工单位投标,是否合适?为什么?

(2)可否按综合评标得分最高者中标的原则确定中标单位？你认为什么方式合适并说明理由？

(3)若按经评审的最低投标价法评标，是否可以把质量承诺作为评标的投标价修正因素？为什么？

(4)确定两个标段的中标人。

3. 分析要点

本案例考核招标方式和评标方法的运用。要求熟悉招标的运用条件及有关规定，并能根据给定的条件正确选择评标办法。本案例的问题均是课本的基本知识要点的反映，目的是提高学员阅读理解能力，实现素质教育宗旨，重点是评标的方法。

4. 答案

问题(1)：采用公开招标的方式。不合适，因为根据有关规定，对于技术复杂的工程，允许采用邀请招标方式，邀请参加投标的单位不得少于3家。而公开招标投标人应该适当超过3家。

问题(2)：不宜，应该采用经评审的最低投标价法评标，其一，因为经评审的最低投标价法评标一般适用于施工招标，需要竞争的是投标人的价格，报价是主要的评标内容。其二因为经评审的最低投标价法适用于具有通用技术、性能标准或者招标人对其技术、性能没有特殊要求的普通招标项目。如一般的住宅工程的施工项目。

问题(3)：不能，因为质量承诺是技术标的内容，不可以作为最低投标价法的修正因素。

问题(4)：评标结果如下：

甲段为：

投标人	报价(百万元)	修 正 因 素		评标价(百万元)
		工期因素(百万元)	本国优惠(百万元)	
A	10		+0.75	10.75
B	9.7	+0.2		9.9
D	9.9	+0.1		10

因此，甲段的中标人应为投标人B。

乙段为：

投标人	报价(百万元)	修 正 因 素			评标价(百万元)
		工期因素(百万元)	两个标段优惠(百万元)	本国优惠(百万元)	
A	10			+0.75	10.75
B	10.3	+0.4	-0.412		10.288
C	9.8			+0.735	10.535
E	9.5	+0.6			10.1

因此，乙段的中标人应为投标人E。

第三节　工程索赔管理

【案例 9-8】

施工索赔成立的条件

1. 工程项目背景摘要

某施工单位(乙方)与某建设单位(甲方)签订了某汽车制造厂的土方工程与基础工程合同,承包商在合同标明有松软石的地方没有遇到软石,因而工期提前一个月。但在合同中另一未标明有坚硬岩石的地方遇到了一些工程地质勘察没有探明的孤石。由于排除孤石拖延了一定的时间,使得部分施工任务不得不赶在雨季进行。施工过程中遇到数天季节性大雨后又转为特大暴雨引起山洪暴发,造成现场临时道路、管网和施工用房等设施以及已施工的部分基础被冲坏,施工设备损坏,运进现场的部分材料被冲走,乙方数名施工人员受伤,雨后乙方用了很多工时清理现场和恢复施工条件。为此乙方按照索赔程序提出了延长工期和费用补偿要求。

2. 问题

(1)简述工程施工索赔的程序?

(2)你认为乙方提出的索赔要求能否成立?为什么?

(3)在工程施工中,通常可以提供的索赔证据有哪些?

3. 法理评析

(1)简述工程施工索赔的程序:我国《建设工程施工合同(示范文本)》规定的施工索赔程序如下:①索赔事件发生后28d内,向工程师发出索赔意向通知;②发出索赔意向通知后的28d内,向工程师提出补偿经济损失和(或)延长工期的索赔报告及有关资料;③工程师在收到承包人送交的索赔报告于28d内给予答复,或要求承包人进一步补充索赔理由及证据;④工程师在收到承包人送交的索赔报告和有关资料后28d内未予答复或未对承包人作进一步要求,视为该项索赔已经认可;⑤当该索赔事件持续进行时,承包人应当阶段性向工程师发出索赔意向,在索赔事件终了后28d内提出有关索赔的资料报告。

(2)对处理孤石引起的索赔,这是预先无法估计的地质条件变化,属于甲方应承担的风险,应给予乙方工期顺延和费用补偿。

对于天气条件变化引起的索赔应分两种情况处理:①对于前期的季节性大雨,这是一个有经验的承包商预先能够合理估计的因素,应在合同工期内考虑,由此造成的时间和费用损失不能给予补偿。②对于后期特大暴雨引起的山洪暴发,不能视为一个有经验的承包商预先能够合理估计的因素,应按不可抗力处理由此引起的索赔问题。被冲坏的现场临时道路、管网和施工用房等设施以及已施工的部分基础,被冲走的部分材料,清理现场和恢复施工条件等经济损失应由甲方承担;损坏的施工设备、受伤的施工人员以及由此造成的人员窝工和设备闲置等经济损失应由乙方承担,工期顺延。

(3)可以提供的索赔证据有:①招标文件、工程合同及附件、业主认可的施工组织设计、工程图纸、技术规范;工程图纸、图纸变更及交底记录的送达份数及日期记录;②工程各项经业主或监理工程师签认的签证;工程预付款、进度款拨付的数额及日期记录;③工程各项往来信件、指令、信函、通知、答复及工程各项会议纪要；④施工计划及现场实施情况记录；施工日报及工长工作日志、备忘录；工程现场气候记录，有关天气的温度、风力、降雨雪量等；⑤工程送电、送水、道路开通、封闭的日期及数量记录；工程停水、停电和干扰事件影响的日期及恢复施工的日期；⑥工程有关部位的照片及录像等；⑦工程验收报告及各项技术鉴定报告等；⑧工程材料采购、订货、运输、进场、验收、使用等方面的凭据；⑨工程资料；⑩国家、省、市有关影响工程造价、工期的文件、规定等。

【案例 9-9】

国际工程承包合同管理与索赔程序

1. 工程项目背景摘要

某建筑公司（乙方）于某年4月20日与某厂（甲方）签订了修建建筑面积为3000m^2工业厂房（带地下室）的施工合同，乙方编制的施工方案和进度计划已获得监理工程师批准。该工程的基坑开挖土方量为4500m^3，假设直接费单价为4.2元/m^3，综合费率为直接费的20%。该基坑施工方案规定：土方工程采用租赁1台斗容量为1m^3的反铲挖掘机施工（租赁费450元/台班）。甲、乙双方合同约定5月11日开工，5月20日完工。在实际施工中发生了如下几项事件：

事件一：因租赁的挖掘机大修，晚开2天，造成人员窝工10个工日；

事件二：施工过程中，因遇软土层，接到监理工程师5月15日停工的指令，进行地质复查，配合用工15个工日；

事件三：5月19日接到监理工程师于5月20日复工令，同时提出基坑开挖深度加深2m的设计变更通知单，由此增加土方开挖量900m^3；

事件四：5月20日~5月22日，因下大雨迫使基坑开挖暂停，造成人员窝工10个工日；

事件五：5月23日用30个工日修复冲坏的永久道路，5月24日恢复挖掘工作，最终基坑于5月30日挖坑完毕。

2. 问题

（1）哪些事件建筑公司可以向厂方要求索赔？哪些事件不可以要求索赔（说明原因）？

（2）工期索赔是多少天？

（3）假设人工费单价为23元/工日，因增加用工所需的管理费为增加人工费的30%，则合理的费用索赔总额是多少？

（4）建筑公司应向厂方提供的索赔文件有哪些？

3. 法理评析

（1）事件一：不能提出索赔要求，因为租赁的挖掘机大修延迟开工，属于承包商的责任。

事件二：可提出索赔要求，因为地质条件变化属于业主应承担的责任。

事件三：可提出索赔要求，因为这是由设计变更引起的。

事件四：可提出索赔要求，因为大雨迫使停工，需推迟工期。

事件五：可提出索赔要求，因为雨后修复冲坏的永久道路，是业主的责任。

（2）事件二：可索赔工期5d（15日~19日）。

事件三：可索赔工期2d：$900m^3/(4500m^3/10d)=2d$

事件四：可索赔工期3d（20日~22日）。

事件五:可索赔工期 1 d(23 日)。

小计:可索赔工期 11d(5d + 2d + 3d + 1d = 11d)。

(3)事件二:人工费:工日 ×23 元/工日 ×(1 +30%) =448.5 元

机械费:450 元/台班 ×5d =2250 元

事件三:($900m^3$ ×4.2 元/m^3) ×(1 +20%) =4536 元

事件五:人工费:30 工日 × 23 元/工日 ×(1 +30%) =897(元)

机械费:450 元/台班 ×1d =450(元)

可索赔费用总额为:448.50 元 +4536 元 +897 元 +450 元 =8581.5(元)

(4)建筑公司向业主提供的索赔文件有索赔信、索赔报告、详细计算式与证据。

第四节　工程结算与合同争议的处理

【案例 9-10】

业主挪用履约保证金

1. 案情摘要

1996 年某房地产开发公司为建设某大厦进行了招标,招标文件中规定了中标单位应与招标单位签订履约保证金合同。中标单位确定为某建筑公司,原告某建筑公司与被告某房地产开发公司签订了一份履约保证金协议,约定由原告向被告支付 200 万元作为履约保证金,期限为 1 年;同时约定了补偿办法和违约责任等。协议签订后,经被告许可,原告实际支付了 150 万元。被告收取了此笔保证金,即将其挪用于工程建设。1 年期满后被告未按约如期履行返还义务。双方于 1999 年 9 月 24 日签订补充协议,约定从 1999 年 10 月起,被告按月归还,每季度不少于 50 万元,在 2000 年 7 月前归还全部保证金。但是到期后被告仍未归还,原告催索无着,遂书面通知被告解除补充协议,并向法院提起诉讼,要求法院判令被告归还保证金及利息。

2. 处理结果

在庭审过程中,原告认为保证金协议合法有效,关键在履约过程中,开发商挪用了保证金,使原本应是担保工期、质量的保证金性质发生了变化,这是导致保证金不能归还的根本原因。保证金协议尽管不完善、不规范,但是并没有违反法律的硬性规定,因此是合法的,而且 2000 年 1 月 1 日起生效的《中华人民共和国招标投标法》规定:“招标文件要求中标人提交履约保证金的,中标人应当提交。”这从而说明了本案关于保证金协议的超前设定,获得后续法律的肯定,本案的关键在于保证金的如何收取和有效监管。被告收取保证金并将其挪用从而使原本起到履约保证作用的保证金变作了投资款,这是导致被告无力归还引发纠纷的根本原因。被告不履行补充协议约定的还款义务,原告有权依据《合同法》第九十四条、第九十六条的规定解除补充协议。双方仍应按原保证金协议享有权利和履行义务。

被告认为保证金协议是无效的,双方后来签订的分期归还保证金的补充协议有效。被告未按约给付第一期还款,尚未到协议约定的最后一期还款日期,原告不应该这么早就起诉。双方签订的保证金协议实质上是拆借资金的协议,原告的目的是为了保证中标而屈就于原告,补充协议是一个新的协议,被告仅拖延了 1 个月未还,原告即行使解除权,是对双方友好关系的破坏。

经过法庭的调解,双方达成了和解,保证金应当全额返还,被告长期占用原告的资金,应当给予适当补偿。在此基础上,双方于2000年4月14日在法院主持下达成调解协议:开发商应归还施工方保证金150万元,并补偿施工方50万元,两项合计200万元,自调解生效之日起,每月给付100万元,2个月内还清。

3. 法律评析

本案是关于履约保证金制度的问题。工程合同履约保证金制度相当于国际工程中通行的履约保函,其设立的本意是为了确保建设工期和质量,并作为承包方履约的保证担保。本案中被告与原告签订了保证金协议,一是出于良好的初衷但最终却因为保证金被挪用而无力归还并导致纠纷和诉讼,其根本原因在于法律本身还存在一定的不足之处。《中华人民共和国招标投标法》第四十六条第二款规定:"招标文件要求中标人提交履约保证金的,中标人应当提交。"履约保证金的含义是什么?如何定性?如何使用与监管?在法律中都没有明确的规定。1995年10月1日实施的《中华人民共和国担保法》规定担保方式有保证、抵押、质押、留置和定金,显然"履约保证金"不属于这五种担保方式之一,但是在通用的国际工程承包发包过程中,履约保证金显然是对工程合同的履行起到保证作用。根据《FIDIC土木工程施工合同条件》的规定,在国际工程承包招标投标中,履约担保必须在签订合同协议书之前办理。履约担保协议是合同文件的组成部分,也是合同中担保文件之一。

【案例9-11】

工程合同的结算计价

1. 工程项目背景摘要

某行政办公大楼框架结构7层,业主经过招标选择A建筑工程公司承包本项目施工,中标价以标底人民币1400万元为双方签订合同的价格,A公司投标报价为人民币1500万元,合同约定工程结算是以合同价+变更价+政策性调整。在招标过程中业主暂定配电柜采用"奇胜"产品,开关及接线盒、插座均指定采用"鸿雁"产品,PVC管线指定采用"君子兰"产品(重型)。

2. 问题

(1)乙方提出甲方在招标书内暂定"奇胜"配电箱,后降低档次,使用普通产品,要求甲方不得扣除"奇胜"配电箱与普通配电箱的价差。该要求是否合理?说明合理的结算办法。

(2)乙方在施工过程中尽管采用了"君子兰"PVC管,但所使用的规格是轻型,假设标底价为A,投标价为B,PVC管线的工程量为C,重型与轻型的价差为P1-P2,请说明合理的结算办法。

(3)乙方施工中偷工减料,将"鸿雁"电料全部改用为"鸿燕"电料,该情况应如何处理?

(4)在竣工结算中,如果某分项工程工程量与单价、投标书与标底互不一致,如何结算?

(5)如果乙方以投标报价A优惠率X中标,项目中某一工序工程量增加,经甲方和监理确认,则该增量是否需给予业主优惠?说明理由。

(6)施工过程中多次发生停水、停电,且不属于乙方的原因,甲方是否需给予乙方费用补偿?

3. 法理评析

(1)乙方提出甲方在招标书内暂定“奇胜”配电箱,后降低档次,使用普通产品,要求甲方不得扣除“奇胜”配电箱与普通配电箱的价差。该要求不合理,合理的结算办法是扣除“奇胜”配电箱与普通配电箱的价差。

(2)乙方在施工过程中尽管采用了“君子兰”PVC管,但所使用的规格是轻型,假设标底价为A,投标价为B,PVC管线的工程量为C,重型与轻型的价差为P1-P2,合理的结算办法扣除价差,并且根据合同违约条款处理相关事宜。

(3)乙方施工中偷工减料,将“鸿雁”电料全部改用为“鸿燕”电料,应承担违约责任。

(4)在竣工结算中,如果某分项工程工程量与单价,投标书与标底互不一致,则依标底中标,执行标底分项工程的工程量与单价。

(5)如果乙方以投标报价A*优惠率X中标,项目中某一工序工程量增加,经甲方和监理确认,则该增量不需给予业主优惠,因为是变更。

(6)施工过程中多次发生停水、停电,且不属于乙方的原因,如果给乙方造成费用损失,工期延误,甲方需给予乙方费用补偿和工期补偿。

【案例9-12】

国内工程索赔技巧应用实例

1. 工程项目背景摘要

国内某建设工程项目,采用我国《建设工程施工合同(示范文本)》签订施工合同。合同内项目单价均按当地预算定额。施工单位在项目实施过程中与项目的建设单位和监理工程师的协调配合。在项目施工中,业主要求设计变更,在一层内增设墙体隔断。由项目监理工程师于2002年12月20日发布了书面的工程变更指令,并向施工单位提供设计单位提交的施工图,施工单位按照变更指令实施了工程,并经监理工程师检查质量完成符合要求。

2. 索赔过程

施工单位很快完成了这些工作,并且在接到变更指令后的第10天,向工程师提交了索赔通知,分别填报了现场签证报审表,见表9-1。并且附上了详细计算书,见表9-2。由于施工单位严格按照程序进行,计算准确,很快得到监理工程师和建设单位对此费用补偿的认可。

3. 法理评析

这是我国实际工程中承包商要求费用补偿的一个例子。虽然被称作经济签证,但实际上就是本书中所述的索赔。从这个索赔案例中我们看到,施工单位与建设单位和监理工程师的关系相处很好,并且施工单位的施工质量满足要求,这就为施工索赔打下了很好的基础。而且施工单位在合同规定的索赔时限内提出了经济补偿要求,并按照合同中规定的方法详细列出索赔款额计算,计算方法正确,并且明确变更的依据是监理工程师的书面指示。索赔要求有理有据,计算恰当,因此索赔事项很快得到批准。可见施工单位很好地运用了索赔的技巧。同时,从这个案例中,我们也看出,虽然索赔这个词对我国的承包商来说不是很熟悉,但现场签证却是熟之又熟,其实这就是索赔,并不是只有国际工程项目才存在索赔,在我们国内的项目中索赔事件也是经常发生的。因此,如何利用索赔来维护自己的权益,提高索赔的技巧,是每个承包商都要面临的重要问题。

现场签证报审表

工程名称：　　　　承包单位：　　　　**表 9-1**

签证项目	所在图号或部位
签证的原因或性质	根据2002年12月20日监理工程师的变更指令,在一层IT市场增设一道隔墙,属于设计变更
签证内容或简图	隔断墙体的直接费1924.491元。 依据的设计图编号为×××承包单位××× 项目负责人××× 日期2002.12.30
监理审查意见	监理工程师日期____总监理工程师____日期

施工现场经济签证书　　　　**表 9-2**

工程名称	×××大学科技大厦			签证编号	×××		
签证内容	按照监理工程师的变更指令,在一层IT市场增设一道隔墙的直接费 工程量计算:按照施工图所示尺寸 龙骨:$S_1=(6.1+0.6)\times 3.4=22.78m$。 面层:$S_2=22.78\times 2=45.56m^2$						
定额编号	分项工程名称	工程量		价值/元		其中人工费/元	
		单位	数量	基价	金额	单价	金额
2-50	墙体龙骨安装	$100m^2$	0.230	445.470	102.458	221.020	50.835
	龙骨	m^2	23.000	14.500	333.500		
2-67	面层安装	$100m^2$	0.460	681.370	313.430	465.670	297.008
	玻镁板	m^2	46.000	21.000	966.000		
11-363	玻镁板大白3遍	$100m^2$	0.460	263.420	121.173	197.690	90.937
11-333	玻镁板涂料	$100m^2$	0.460	191.150	87.929	87.170	40.098
	合计				1924.491		478.878
建设单位负责人				施工单位负责人:			

【案例 9-13】

1. 工程项目背景摘要

1992年12月26日,某项目业主(下称A公司)与某建筑工程公司(下称建筑公司)签订了《工程承包合同》一份。合同约定:A公司受某商厦筹建处(下称筹建处)委托,并征得市建委施工处、市施工招标办的同意,采用委托施工的形式,择定建筑公司为某商厦工程的施工总承包单位。又约定:工程基地面积为$6141m^3$;建筑面积为$38740m^3$;建筑高度为92.15m;结构层数为现浇框架地上28层,地下2层;施工范围按某市建筑设计院所设计的施工图施工,内容包括土建、装饰及室外总体等。同时,合同就工程开竣工时间、工程造价及调整、工程预付款、工程量的核定确认和工程验收、决算等均作了具体约定。

合同签订后,建筑公司即按约组织施工,于1996年12月28日竣工,并在1997年4月3日通过市建设工程质量监督总站的工程质量验收。1997年11月,建筑公司与筹建处就工程总造价进行决算,确认该工程总决算价为人民币50702440元;同月30日,又对已付工程款作了结算,确认截止1997年11月30日止,A公司尚欠建筑公司工程款人民币

13913923.17 元。后经建筑公司不懈地催讨，至 1999 年 2 月 9 日止，A 公司尚欠工程款人民币 950 万元。

在施工承包合同的履行过程中，A 公司曾于 1993 年 12 月致函建筑公司：《工程承包合同》的甲方名称更改为筹建处。但经查，筹建处未经市工商行政管理局注册登记备案。又查：该商厦的实际主建方为某上市公司（下称 B 公司）且已于 1995 年 12 月 14 日取得上海市外销商品房预售许可证。1999 年 7 月，建筑公司即以 A 公司为承包合同的发包人，B 公司为该商厦的所有人为由，将两公司作为共同被告向人民法院提起诉讼，要求二公司承担连带清偿责任。庭审中，A 公司、B 公司对于 950 万元的工程欠款均无任何异议。

但 A 公司辩称：A 公司为代理筹建处发包，并于 1993 年 12 月致函建筑公司，承包合同甲方的名称已改为筹建处；之后，建筑公司一直与筹建处发生关系，事实上已承认了承包合同的发包方的主体变更。同时 A 公司证实，筹建处为某局发文建立，并非独立经济实体，且筹建处资金来源于 B 公司。所以，A 公司不应承担支付 950 万元工程款项的义务。

B 公司辩称：B 公司与建筑公司无法律关系。承包合同的发包人为 A 公司；工程结算为建筑公司与筹建处间进行，与 B 公司不存在任何法律上的联系；筹建处有"筹建许可证"，系独立经济实体，应当独立承担民事责任。虽然 B 公司取得了预售许可，但 B 公司的股东已发生变化，故现在的公司对之前公司股东的工程欠款不应承担民事责任。庭审上，B 公司向法庭出示了一份"筹建许可证"，以证明筹建处依法登记至今未撤销。

建筑公司认为：A 公司虽接受委托，与建筑公司签订了承包合同，但征得了市建委施工处、市施工招标办的同意，该承包合同应当有效。而它作为承包合同的发包方，理应承担民事责任。而经查实，筹建处未经上海市工商行政管理局注册登记，它不具备主体资格，所以其无法取代 A 公司在承包合同中的甲方地位。

对于 B 公司，虽非承包合同的发包人，但其实际上已取得了该物业，是该商厦的所有权人，为真正的发包方，依法有承担支付工程款项的责任。

2. 法院判决

一审法院对原、被告出具的承包合同、筹建许可证、预售许可证及相关函件等证据进行了质证，认为：A 公司实质上为建设方的代理人，合同约定的权利义务应由被代理人承担，并判由 B 公司承担支付所有工程欠款的责任。

【案例 9-14】

1. 工程项目背景摘要

某施工队与某办事处 1985 年 5 月 18 日签订了一份建筑工程承包合同，工程项目为办事处建造 8 层楼的招待所，总造价 207 万元，后由于设计变更，建筑面积扩大，装修标准提高，双方于 1986 年 2 月 21 日又签订了补充合同，将造价条款约定为"预计 257 万元……"。施工队按合同约定的时间完工，办事处前后共支付了工程进度款 205 万元，随后施工队正式办理了验收证书。双方将施工队的结算书报送建行审定，被告在送审的结算书上写明："坚持按 1985 年 5 月 18 日合同，变更项目按规定结算，其他文件待后协商。"经建行审定，该工程最终造价为 289 万元，施工队要办事处按审定数字支付剩余的工程款，并承担从竣工日到支付日的未支付款项的利息作为违约金。办事处对审定结果有异议，并拒绝支付余下的工程款，施工队遂向人民法院起诉。

2. 法院判决

该案经法院一、二审，均以拖欠工程款为案由，判决办事处败诉，要办事处支付剩余款项的本金与利息。办事处不服，继续申诉，省高级人民法院认为该案确有不当之处，予以提审，高院判决书中认为：该案按工程款拖欠纠纷为案由审理不当，因按第一份合同，办事处已支付完了工程款，不存在拖欠，至于工程设计修改后，造价增加，对增加部分双方有分歧，在最终数量未定之前，不能算办事处违约，只能算工程款结算纠纷，该案案由应定为工程款结算纠纷，是确认之诉，不是给付之诉，所以违约金不能从竣工之日起算，只能从法院确认之日起算。最后高院将违约金计算时间定为从法院确认造价之日到办事处支付之日，判决办事处在此基础上支付施工余款本息。

【案例 9-15】

1. 工程项目背景摘要

某大型公共道路桥梁工程，跨越平原区河流。桥梁所在河段水深经常在 5m 以上，河床淤泥层较深。工程采用 FIDIC 标准合同条件。中标合同价为 7825 万美元，工期 24 个月。

工程建设开始后，在桥墩基础开挖过程中，发现地质情况复杂，淤泥深度比文件资料中所述数据大得很多，岩基高程较设计图纸高程降低 3.5m，在施工过程中，咨询工程师多次修改图纸，而且推迟交付施工图纸。因此，在工程将近完工时，承包商提出索赔，要求延长工期 6.5 个月，补偿附加开支约 3645 万美元。

业主与咨询工程师对该工程进行了分析，原来据业主自行计算，工程造价为 8350 万美元，工期 24 个月，承包商为了中标，将造价报为 7825 万美元，报价偏低（8350 - 7825）= 525 万美元，工期仍为 24 个月。

根据工程实际情况来看，该工程实际所需工期为 28 个月，造价约为 9874 万美元。本来 9874 - 8350 = 1524 万美元为承包商可以索赔的上限，但在投标中承包商少报了 525 万美元，可视为承包商自愿放弃。因此，1524 - 525 = 999 万美元为目前承包商可以索赔的上限，工期补偿为 28 - 24 = 4 个月。承包商工期超过投标工期 6.5 个月，其中 2.5 个月应当由业主反索赔，根据原合同，承包商每逾期 1 天的"误期损害赔偿金"为 95000 美元。

2. 洽商结果

经业主与承包商反复洽商，最后达成索赔与反索赔协议：（1）业主批准给承包商支付索赔款 999 万美元，批准延长工期 4 月。（2）承包商向业主支付工程建设误期损害赔偿款 95000 美元 × 7 天 = 722 万美元。（3）索赔款与反索赔款两相抵偿后，业主一次向承包商支付索赔款 277 万美元。

【案例 9-16】

1. 工程项目背景摘要

某房地产开发公司 A 在某一旧式花园洋房的东南方新建高层，将工程发包给施工企业 B。与此同时，该花园洋房的正东面业已有房地产开发公司 C 新建成一多层住宅。在 C 工程建设中，该花园洋房的墙壁出现开裂，地基不均匀下沉。B 施工以后，墙壁开裂加剧，花园洋房明显倾斜。

2. 诉讼请求

该洋房的业主以 B、C 为共同被告诉至法院，请求判令被告修复房屋并予赔偿；诉讼过程中又将 A 追加为被告。审理过程中，法院主持进行了技术鉴定，查明该房屋裂缝产生的原因是地基不均匀沉降：C 已建房屋地基不均匀沉降带动相邻的地基，已产生不利影响；而在其地基尚未稳定的情形下,A 新建房屋由施工企业 B 承包后开始开挖地基,此行为又雪上加霜,使该花园洋房损坏加剧出现险情。

3. 结果

三企业分别承担了部分赔偿责任。

【案例 9-17】

1. 工程项目背景摘要

某建筑公司与某厂签订建筑承包合同,承包方为发包方承担 6 台 400m³ 煤气罐检查返修的任务,工期 6 个月,10 月开工,合计工程费 42 万元。临近开工时,因煤气罐仍在运行,施工条件不具备,承包方同意发包方的提议将开工日期变更至次年 7 月动工。经发包方许可,承包方着手从本公司基地调集机械和人员如期进入施工现场,搭设脚手架,装配排残液管线。工程进展约两个月,发包方以竣工期无法保证和工程质量差为由,同承包商先是协商提前竣工期,继而洽谈解除合同问题,承包方未同意。接着,发包方正式发文:"本公司决定解除合同,望予谅解和支持。"同时,限期让承包方拆除脚手架,迫使承包方无法施工,导致原合同无法履行。为此承包方向法院起诉,要求发包方赔偿其实际损失 24 万元。

2. 调解过程

在法院审理中,被告方认为:施工方投入施工现场的人员少,素质差,不可能保证工程任务如期完成和保证工程质量。承包方认为:他们是根据工程进展有计划地调集和加强施工力量,足以保证工期按期完成;对方在工程完工前断言工程质量不可靠,缺乏根据。最后法院认为:这份建筑施工合同是双方协商一致同意签订的有效合同,是单方毁约行为,应负违约责任。考虑到此案实际情况,继续履行合同有困难,在法院主持下双方达成调解协议,承包合同尚未履行部分由发包方负担终止执行责任,由发包方赔偿承包方工程款、工程器材费和赔偿金等共 16 万元。

【案例 9-18】

1. 工程项目背景摘要

某单位(发包方)为建职工宿舍楼,与市建筑公司(承包方)签订一份建筑工程承包合同,合同约定:建筑面积 6000m³,高 7 层,总价格 150 万元,由发包方提供建材指标,承包方包工包料,主体工程和内外承重墙一律使用国家标准红机砖,每层有水泥圈梁加固,并约定了竣工日期等其他事项。

承包方按合同约定的时间竣工,在验收时,发包方发现工程 2 ~ 5 层所有内承重墙体裂缝较多,要求承包方修复后再验收;承包方拒绝修复,认为不影响使用。二个月后,发包方发现这些裂缝越来越大,最大的裂缝能透过其看到对面的墙壁,遂提出工程不合格,系危险房屋,不能使用,要求承包方拆除重新建筑,并拒付剩余款项;承包方提出,裂缝属于砖的质量问题,与施工技术无关。双方协商不成,发包方诉至法院。

2. 审理结果

经法院审理查明:本案建筑工程实行大包干的形式,发包方提供建材指标,承包方为节省费用,在采购机砖时,只采购了外墙和主体结构的红机砖,而对承重墙则使用了价格较低的粉煤灰砖,而粉煤灰砖因为干燥、吸水、伸缩性大,当内装修完毕待干后,导致裂缝出现。经法院委托市建筑工程研究所现场勘察、鉴定,认为:粉煤灰砖不能适用于高层建筑和内承重墙,强度达不到红机砖标准,建议所有内承重墙用钢筋网加水泥砂浆修复加固后方可使用。经法院调解，双方达成协议，承包方将2～5层所有内承重墙均用钢筋加固后再进行内装修，所需费用由承包方承担，竣工验收合格后，发包方在10日内将工程款一次结清给承包方。

复习思考题与综合案例分析题

一、复习思考题

1. 什么是反索赔？它的作用是什么？

2. 试述索赔与反索赔的辩证关系。

3. 合同双方应如何进行反索赔？

4. 业主反索赔的重点内容是什么？

二、综合案例分析题

1. 某工程下部为钢筋混凝土基础，上面安装设备。业主分别与土建、安装单位签订了基础、设备安装工程施工合同。两个承包商都编制了相互协调的进度计划，进度计划已得到批准。基础施工完毕，设备安装单位按计划将材料及设备运进现场，准备施工。经检测发现有近1/6的设备预埋螺栓位置偏移过大，无法安装设备，须返工处理。安装工作因基础返工而受到影响，安装单位提出索赔要求。

[问题]

①安装单位的损失应由谁负责？为什么？

②安装单位提出索赔要求，监理工程师应如何处理？

③监理工程师如何处理本工程的质量问题？

2. 某项工程建设项目，业主与施工单位按《建设工程施工合同文本》签订了工程施工合同，工程未进行投保。在工程施工过程中，遭受暴风雨不可抗力的袭击，造成了相应的损失，施工单位及时向监理工程师提出索赔要求，并附索赔有关的资料和证据。索赔报告的基本要求如下：(1)遭暴风雨袭击是因非施工单位原因造成的损失，故应由业主承担赔偿责任。(2)给已建分部工程造成损坏，损失计18万元，应由业主承担修复的经济责任，施工单位不承担修复的经济责任。施工单位人员因此灾害数人受伤，处理伤病医疗费用和补偿金总计3万元，业主应给予赔偿。(3)施工单位进场地在使用机械、设备受到损坏，造成损失8万元，由于现场停工造成台班费损失4.2万元，业主应负担赔偿和修复的经济责任。工人窝工费3.8万元，业主应支付。(4)因暴风雨造成现场停工8天，要求合同工期顺延8天。(5)由于工程破坏，清理现场需费用2.4万元，业主应予支付。

[问题]

①监理工程师接到施工单位提交的索赔申请后，应进行哪些工作(请详细分条列出)？

②不可抗力发生风险承担的原则是什么？对施工单位提出的要求如何处理(请逐条回答)？

3. 某项工程，钢筋混凝土大板结构，地下2层，地上18层，基础为整体底板，混凝土量为840m^3，底板底标高-6m，钢门窗框，木门，采用集中空调设备。施工组织设计确定，土方采用大开挖放坡施工方案，开挖土方工期20天，浇筑底板混凝土24小时连续施工需4天。

(1)施工单位在专用条款约定的开工日期前6天提交了一份请求报告，报告请求延期10天开工，其理由为：①电力部门通知，施工用电变压器在开工4天后才能安装完毕。②由铁路部门运输的5台施工单位自有施工主要机械在开工后8天才能运输到施工现场。③为工程开工所必须的辅助施工设施在开工后10天才能投入使用。

[问题]

①监理工程师接到报告后应如何处理？为什么？

②基坑开挖进行18天时，发现-6m地基仍为软土地基，与地质报告不符。监理工程师及时进行了以下工作：1)通知施工单位配合勘察单位利用2天时间查明地质情况。2)通知业主与设计单位洽商修改基础设计，设计时间为5天交图。确定局部基础深度加深到-7.5m，混凝土工程量增加70m^3。3)通知施工单

位修改土方施工方案,加深开挖,增大放坡,开挖土方需要4天。

[问题]

①监理工程师应核准哪些项目的工期顺延?应同意延期几天7

②对哪些项目(列出项目名称内容)应核准经济补偿?

(2)工程所需的200个钢门窗框是业主负责供货。钢门窗框运达施工单位工地仓库,并入库验收。施工过程中监理工程师进行质量检验时发现有10个钢窗框有较大变形,即下令施工单位拆除。经检查,原因属于钢窗框使用材料不符合要求。

[问题]

对此事故监理工程师应如何处理?

(3)业主供货,由施工单位选择的分包商将集中空调安装完毕,进行联动无负荷试车时需电力部门和旋工单位及有关外部单位进行某些配合工作。试车检验结果表明,该集中空调设备的某些主要部件存在严重的质量问题,需要更换。

[问题]

①按照合同规定的责任,试车应由谁负责组织?

②监理工程师应如何处理?

4. 某港口的码头工程,在施工设计图纸没有完成之前,业主通过招标选择了一家总承包单位承包该工程的施工任务。由于设计尚未完成,承包范围内待实施的工程虽性质明确,但工程量还难以确定,双方商定拟采用总价合同形式签订施工合同,以减少双方的风险。施工合同签订前,业主委托了一家监理单位拟协助业主签订施工合同和进行施工阶段监理。监理工程师查看了业主(甲方)和施工单位(乙方)草拟的施工合同条件,发现合同中有以下一些条款:

(1)乙方按监理工程师批准的施工组织设计(或施工方案)组织施工,乙方不应承担因此引起的工期延误和费用增加的责任。

(2)甲方向乙方提供施工场地的工程地质和地下主要管网线路资料,供乙方参考使用。

(3)乙方不能将工程转包,但允许分包,也允许分包单位将分包的工程再次分包给其他施工单位。

(4)监理工程师应当对乙方提交的施工组织设计进行审批或提出修改意见。

(5)无论监理工程师是否参加隐蔽工程的验收,当其提出对已经隐蔽的工程重新检验的要求时,乙方应按要求进行剥露,并在检验合格后重新进行覆盖或修复。检验如果合格,甲方承担由此发生的追加合同价款,赔偿乙方的损失并相应顺延工期。检验如果不合格,乙方则应承担发生的费用,工期可以顺延。

(6)乙方按专用条款约定时间应向监理工程师提交实际完成工程量的报告。监理工程师接到报告3天内按乙方提供的实际完成的工程量报告核实工程量(计量),并在计量24小时前通知乙方。

[问题]

①业主与施工单位选择的总价合同形式是否恰当?为什么?

②请逐条指出以上合同条款中的不妥之处,应如何改正?

③若检验工程质量不合格,你认为影响工程质量应从哪些主要因素进行分析?

5. 案例讨论分析

试对下述索赔案例进行讨论和分析。

(1)工程概况

某工程是为某港口修建一石砌码头,估计需要10万吨石块。某承包商中标后承担了该项工程的施工。在招标文件中业主提供了一份地质勘探报告,指出施工所需的石块可以在离港口工地35公里的A地采石场开采。

业主指定石块的运输由当地一国营运输公司作为分包商承包。

按业主认可的施工计划,港口工地每天施工需要500吨石块,则现场开采能力和运输能力都为每天500吨。

运输价格按分包商报价(加上管理费等)在合同中规定。

设备台班费,劳动力等报价在合同中列出。

进口货物关税由承包商承担。

合同中外汇部分的通货膨胀率为每月 0.8%。

(2)合同实施过程

工程初期一直按计划施工。但当在 A 处开采石达 6 万吨时,A 场石块资源已枯竭。经业主同意,承包商又开辟离港口 105 公里的另一采石场 B 继续开采。由于运距加大,而承担运输任务的分包商运输能力不足,每天实际开采 400 吨,而仅运输 200 吨石块,造成工期拖延。

(3)任务

学生分为两个组,分别作为业主和承包商,经过一轮索赔谈判后再交换角色。

索赔一方(承包商)任务:

1)索赔机会分析;

2)索赔理由提出;

3)干扰事件的影响分析和计算索赔值;

4)索赔证据列举。

索赔另一方(业主)在讨论中就索赔方的上述任务提出反驳。

在讨论中注意如下几种情况:

1)出现运输能力不足工程窝工现象后,承包商未请示业主,亦未采取措施;

2)承包商请示业主,要求雇用运输公司,但被业主否定;

3)承包商要另雇用运输公司,业主也同意,但当地已无其他运输公司。

共同讨论:如何通过完善合同条文以及如何在工程实施过程中采取措施,避免(承包商或业主)损失或保护自身的正当权益。

参 考 文 献

[1] 王兆俊．国际工程承包合同知识．北京:中国建筑工业出版社,1987.
[2] 顾昂然．中华人民共和国合同法讲话．北京:法律出版社,1999.
[3] 徐杰主编．经济合同基本原理．北京:法律出版社,1989.
[4] 汪馥郁．经济合同谈判．北京:中国经济出版社,1989.
[5] [英]比尔·斯科特著．叶志杰等译．贸易洽谈技巧．北京:中国对外经济贸易出版社,1987.
[6] 谢光渤编译．工程项目经营管理．北京:冶金工业出版社,1985.
[7] [美]阿诺德·M·罗斯金著．唐齐千译．工程师应知:工程项目管理．北京:机械工业出版社,1987.
[8] 钱昆润．建筑施工组织与计划．南京:东南大学出版社,1989.
[9] 周泽忠主编．建筑安装工程招标投标与承包知识问答．北京:冶金工业出版社,1986.
[10] 中国建筑工程总公司培训中心编．国际工程索赔原则及案例分析．北京:中国建筑工业出版社,1993.
[11] 汪小金编著．土建工程施工合同索赔管理．北京:中国建筑工业出版社,1994.
[12] 胡鸿高主编．合同法原理与应用．上海:复旦大学出版社,1999.
[13] 张晓强编著．工程索赔与实例．北京:中国建筑工业出版社,1993.
[14] 臧军昌,季小弟等译．土木工程施工合同条件应用指南(FIDIC 第四版,1988 年)．航空工业出版社,1991.
[15] 胡康生主编．中华人民共和国合同法释义．北京:法律出版社,1999.
[16] 全国监理工程师考试培训教材编写委员会．建设工程合同管理．北京:中国计划出版社,2000.
[17] 陈慧玲,马太建编著．建设工程招标投标指南．南京:江苏科学技术出版社,2000.
[18] 全国造价工程师考试培训教材编写委员会．工程造价管理相关知识．北京:中国计划出版社,2000.
[19] 成虎编著．建筑工程合同管理与索赔．南京:东南大学出版社,2000.
[20] 李启明主编．建设工程合同管理．北京:中国建筑工业出版社,1997.
[21] 雷俊卿主编．合同管理．北京:人民交通出版社,1999.
[22] 黄强光编著．建设工程合同．北京:法律出版社,1999.
[23] 全国造价工程师考试培训教材编写委员会．工程造价管理相关知识．北京:中国计划出版社,2000.